Jörg Grabow
Mechatronische Netzwerke
De Gruyter Studium

Weitere empfehlenswerte Titel

Computational Intelligence, 2. Auflage
A. Kroll, 2016
ISBN 978-3-11-040066-3, e-ISBN (PDF) 978-3-11-040177-6, e-ISBN (EPUB) 978-3-11-040215-5

Sensoren und Sensorschnittstellen
F. Hüning, 2016
ISBN 978-3-11-043854-3, e-ISBN (PDF) 978-3-11-043855-0, e-ISBN (EPUB) 978-3-11-042973-2

Technische Assistenzsysteme
W. Gerke, 2015
ISBN 978-3-11-034370-0, e-ISBN (PDF) 978-3-11-034371-7, e-ISBN (EPUB) 978-3-11-039657-7

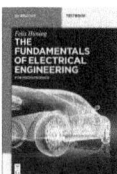

The Fundamentals of Electrical Engineering
F. Hüning, 2014
ISBN 978-3-11-034991-7, e-ISBN (PDF) 978-3-11-030840-2, e-ISBN (EPUB) 978-3-11-034990-0

Jörg Grabow

Mechatronische Netzwerke

Praxis und Anwendungen

DE GRUYTER
OLDENBOURG

Autor
Professor Dr.-Ing. habil. Jörg Grabow
Ernst-Abbe Hochschule Jena
Fachbereich Maschinenbau
Carl-Zeiss-Promenade 2
07745 Jena
joerg.grabow@eah-jena.de

ISBN 978-3-11-047084-0
e-ISBN (PDF) 978-3-11-047085-7
e-ISBN (EPUB) 978-3-11-047095-6

Library of Congress Control Number: 2018934806

Bibliografische Information der Deutschen Nationalbibliothek
Die Deutsche Nationalbibliothek verzeichnet diese Publikation in der Deutschen
Nationalbibliografie; detaillierte bibliografische Daten sind im Internet über
http://dnb.dnb.de abrufbar.

© 2018 Walter de Gruyter GmbH, Berlin/Boston
Umschlaggestaltung: Heike Hübler, Erfurt
Satz: le-tex publishing services GmbH, Leipzig
Druck und Bindung: CPI books GmbH, Leck

www.degruyter.com

Vorwort

Der Begriff der Mechatronik vereint mechanische und elektrische Systeme in gleicher Weise. Dabei darf jedoch nicht übersehen werden, dass sich sowohl die Mechanik als auch die Elektrotechnik aus vielen weiteren Teildisziplinen zusammensetzen. Stellvertretend dafür seien die Akustik, Strömungsmechanik, klassische Mechanik oder Elektrodynamik genannt. Eine gemeinsame Klammer über alle Teilgebiete bildet die Thermodynamik. Sie gibt uns nicht nur die Struktur eines universellen Kopplungsmechanismus vor, sondern bildet sogar die Basis einer neuen kompakten Beschreibungsform, der auf den ersten Blick doch sehr unterschiedlichen Teilgebiete. Eine vergleichende Betrachtungsweise ermöglicht uns, Unterschiede einzelner physikalischer Phänomene herauszuarbeiten sowie jeweils die gemeinsamen Merkmale zu unterstreichen.

In Kombination mit den Grundlagen der Netzwerkanalyse, angelehnt an die Elektrotechnik, bieten die mechatronischen Netzwerke neuartige Lösungsansätze zur Beschreibung komplexer mechatronischer Systeme. Diese einheitliche Beschreibungsform realisiert eine durchgehend konsistente Darstellung über alle gekoppelten mechatronischen Teilsysteme.

Das Fachbuch ist sowohl für Studierende der Mechatronik, der Elektrotechnik, des Maschinenbaus oder angrenzender Lehrgebiete geeignet. Im Vordergrund steht zunächst eine möglichst praxisnahe Darstellung aller Teilkomponenten, um sie anschließend universell zu verkoppeln. Jede Teilkomponente wird an ausführlichen Beispielen und Aufgaben analysiert und berechnet. Dabei beschränken sich die mechatronischen Netzwerke keineswegs auf lineare Ersatzelemente. Vielmehr werden bewusst nichtlineare Aufgabenstellungen einbezogen, um zu zeigen, dass die Modellbildung mechatronischer Netzwerke nicht nur für lineare Systeme seine Gültigkeit hat. Der Anhang enthält neben teilweise tiefergehenden Analysen die notwendigen Simulationsdateien für eine selbstständige Wissensvertiefung (alle Daten auch unter www.amesys.de).

Die Vereinheitlichung mehrerer Wissensgebiete der Physik bedingt jedoch auch eine Vereinheitlichung von vormals unterschiedlichen Variablen und Bezeichnungen. Das führt mitunter auf Differenzen zur bisherigen Literatur. Dennoch wird versucht auch hier eine systematische Vorgehensweise einzuführen.

Bei der Ausarbeitung der Übungsbeispiele haben mich die Mitarbeiter meines Fachgebietes Mechatronik an der EAH Jena tatkräftig unterstützt. Ihnen an dieser Stelle meinen Dank auszusprechen, ist mir ein besonderes Bedürfnis. Dem De Gruyter-Verlag danke ich für das auch hier wieder bewiesene Entgegenkommen und die außerordentliche Geduld.

Königssee, 19.10.2017   Jörg Grabow

https://doi.org/10.1515/9783110470857-201

Inhalt

1 Grundlagen

Beim praktischen Umgang mit Simulationssystemen ist die Frage nach dem tatsächlichen physikalischen Hintergrund der verwendeten Bauelemente in der Anfangsphase der Modellbildung meist nachrangig. So ist es zunächst uninteressant, ob der elektrische Widerstand durch elastische Stöße in einem Teilchenmodell oder durch ein lokales Ohm'sches Gesetz der beteiligten Feldgrößen beschrieben wird. Ausreichend sind die beiden physikalischen Größen elektrischer Strom und elektrische Spannung. Doch warum gerade diese zwei Größen? Der Widerstand könnte genauso gut durch den Quotienten aus magnetischer Flussänderung und Ladungsänderung beschrieben werden. Noch unübersichtlicher wird dieser Sachverhalt, wenn ein elektrisches System mit einem mechanischen System gekoppelt wird. Sofort kommt eine neue Palette physikalischer Größen ins Spiel. Welche Größen sollten nun in Kombination mit dem elektrischen System verwendet werden? Gibt es dabei besonders ausgezeichnete Größen? Um dieser Frage adäquat nachzugehen, bedarf es zunächst einiger grundsätzlicher Überlegungen zu physikalischen Grundgrößen.

1.1 Das Energiestromprinzip

Betrachten wir zunächst das mechatronische System eines kardanisch stabilisierten Kamerasystems (Abb. 1.1) und zerlegen es in einzelne Funktionsgruppen. Unschwer lassen sich einzelne elektrische und mechanische Funktionseinheiten erkennen.

Berücksichtigen wir die Tatsache, dass sowohl bei den elektrischen als auch bei den mechanischen Funktionseinheiten Verluste in Form von Wärme auftreten, kommt noch eine thermodynamische Komponente hinzu. Abstrakt betrachtet, interagie-

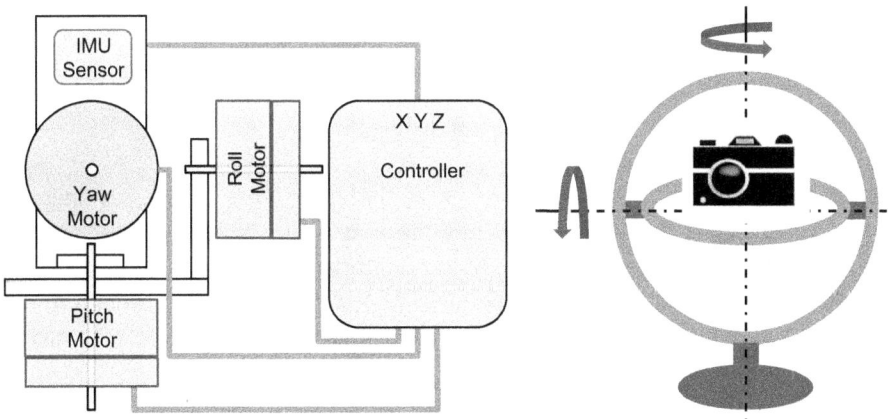

Abb. 1.1: Funktionsschema einer kardanisch stabilisierten Kameraplattform

https://doi.org/10.1515/9783110470857-001

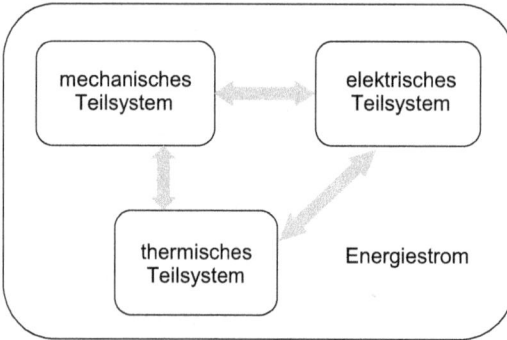

Abb. 1.2: Physikalische Teilsysteme der Kameraplattform

ren drei physikalische Teilsysteme (mechanisch, elektrisch, thermisch) miteinander (Abb. 1.2).

Um eine einheitliche Kopplungsbeschreibung zu gewährleisten, wird als einzige Koppelgröße der jeweilige Energiestrom (Energiefluss) zugelassen.

$$I_E := \frac{dE}{dt}; \quad [I_E] = \frac{J}{s} = W$$

Die Einheit des Energiestroms ist Watt. Wie wir sehen, hat der Energiestrom die gleiche Einheit wie die Leistung, ist jedoch nicht mit ihm zu verwechseln! Im Allgemeinen ist der Energiestrom ungleich der Leistung. Eine Systemkopplung über den Energiestrom erfolgt immer bidirektional, d. h., der Energiefluss erfolgt in beide Richtungen. Abb. 1.3 soll diesen Sachverhalt grafisch verdeutlichen.

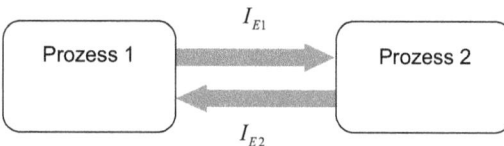

Abb. 1.3: Bidirektionaler Energiestrom

Über einen Energiespeicher oder einen energetischen Prozess 1 fließt ein Energiestrom I_{E1} zu einem zweiten Speicher oder Prozess 2. Gleichzeitig verlässt ein Energiestrom I_{E2} den Prozess 2 und fließt zur ursprünglichen Quelle zurück. Dieses Verhalten erscheint zunächst ungewöhnlich, da wir nur einen Energiestrom in die eine Richtung erwarten. Erst mit der Hinzunahme der Prozessleistung wird dieses bidirektionale Verhalten besser verständlich.

Um einen Energiestrom auszulösen, benötigen wir im Speicher 1 eine gewisse Menge an Energie, da laut Energieerhaltungssatz Energie nicht erzeugt oder vernichtet werden kann. Der Energieaustausch erfolgt zwischen beiden Systemen in ganz be-

Tab. 1.1: Übersicht über die zugeordneten Energieträger

Nr.	Energiestrom	Energieträger	Teilgebiet
1	Bewegungsenergiestrom	Impuls	Mechanik
2	Fluidenergiestrom	schwere Masse	Mechanik
3	Rotationsenergiestrom	Drehimpuls	Mechanik
4	elektrischer Energiestrom	elektrische Ladung	Elektrotechnik
5	magnetischer Energiestrom	magnetische Ladung[a]	Elektrotechnik
6	Wärmestrom	Entropie	Thermodynamik
7	chemischer Energiestrom	Teilchenanzahl	Chemie

[a] Gemeint ist hier die gebundene magnetische Ladung [2].

stimmten Energieformen (elektrische Energie, mechanische Energie, chemische Energie). Jede Energieform ist dadurch definiert, dass der zugehörige Energiestrom I_E an eine weitere physikalische Größe X, den Energieträger gebunden ist [1].

1.2 Primärgrößen

Die Zuordnung des jeweiligen Energieträgers X erfolgt dabei keineswegs willkürlich, sondern unterliegt den mathematischen Grundlagen der Thermodynamik [3]. Phänomenologisch kann diese Zuordnung über die Betrachtung der Materieeigenschaften gewonnen werden. Dabei wollen wir uns die Materie nicht als ein Festkörper vorstellen, sondern vielmehr die Modellvorstellung eines molekularen Gases nutzen (Abb. 1.4).

Die Materie (das Gas) besitzt dabei zahlreiche spezifische Materialeigenschaften wie Dichte, Elastizität, elektrische und magnetische Eigenschaften, Wärmeleitfähigkeit sowie weitere physikalische und chemische Eigenschaften. Einige dieser Eigenschaften können dabei direkt einem Gasmolekül zugeordnet werden. Ein bewegtes

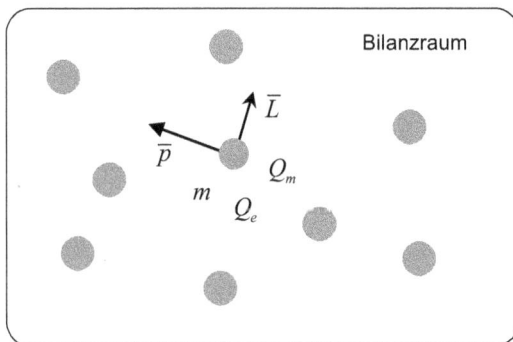

Abb. 1.4: Energieträgergrößen im Modell eines molekularen Gases

Molekül hat einen spezifischen Impuls und Drehimpuls, bestimmte Polarisierbarkeit und Magnetisierung, eine Masse und eine Stoffmenge.

Diese Energieträgergrößen sind einem ganz bestimmten Raumbereich zugeordnet, in dem sie bilanzierbar sind. Wir sprechen auch von einem Bilanzraum. Folglich existiert zu jedem Energieträger eine entsprechende Dichte. Ändert sich der Träger mit der Zeit, existiert ein zugehöriger Trägerstrom I_X. Wenn dieser Trägerstrom durch ein bestimmtes Flächenelement des Bilanzraumes fließt, sprechen wir von einer Stromdichte.

Nun wollen wir die bis hier gemachten Aussagen verallgemeinern und zusammenfassen. Dazu definieren wir die Primärgröße X wie in Tab. 1.2.

Tab. 1.2: Eigenschaften einer Primärgröße

Primärgröße	Eigenschaft
$X(t)$	ist einem bestimmten Raumbereich zugeordnet
$X(t)$	ist bilanzierbar (Bilanzraum)
$X(t)$	zur Primärgröße existiert eine Dichte
$X(t)$	zur Primärgröße existiert ein Trägerstrom I_X
$X(t)$	zur Primärgröße existiert eine Stromdichte J_X

Abbildung 1.5 gibt uns weitere Hinweise zu den Eigenschaften der Primärgröße. $X(t)$ ist eine Quantitätsgröße (extensive Größe). Ändert sich die Größe des Basissystems, so ändert sich auch die Primärgröße. Weiterhin kann die Primärgröße $X(t)$ genau in einem exakt lokalisierbaren Raumpunkt gemessen werden. Wir können von jedem Molekül zum Beispiel den Impuls oder die Ladung bestimmen. Diese beiden Eigenschaften wollen wir in der Variable q_P zusammenfassen, q für Quantität und P für die Messung in einem Raumpunkt (P – per.). Der Energieträger $X(t)$ wird damit zu einer Primärgröße mit den Eigenschaften q_P.

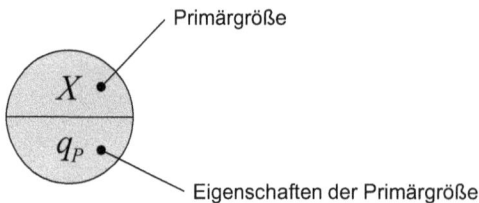

Abb. 1.5: Symbolische Darstellung einer Primärgröße

1.2.1 Ströme

Wie wir im letzten Abschnitt gesehen haben, sind die Primärgrößen aus Tab. 1.1 extensive Größen. In diesem Zusammenhang spricht man auch von mengenartigen Grö-

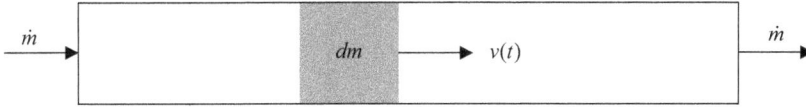

Abb. 1.6: Rohrströmung eines Fluides

ßen. Sie sind einem Raumbereich zugeordnet und können in diesem Raum selbst strömen. Es wird also eine gewisse Menge der Primärgröße X im Raum über eine gewisse Zeit transportiert. Anschaulich verdeutlicht das zum Beispiel eine Rohrströmung aus Abb. 1.6.

Ein Fluidzylinder der Masse dm bewegt sich mit einer bestimmten Geschwindigkeit innerhalb des Rohres (Raumbereich). Wir sprechen auch von einem Massestrom. Da jede Primärgröße X strömen kann, kennzeichnet der Index X die jeweilige strömende Primärgröße zum zugehörigen Strom I.

$$I_X := \frac{d}{dt}X \qquad (1.1) \ \blacksquare$$

Aus physikalischer Sicht verkörpert die Primärgröße den jeweiligen Energieträger des Energiestroms. Strömt der Energieträger selbst in Form eines Stroms I_X, so kommt ihm die Bedeutung eines Trägerstroms zu. Ein Energiestrom und ein Trägerstrom treten also immer gleichzeitig auf; sie sind untrennbar miteinander verbunden (Abb. 1.7).

Die Primärgröße hat die Eigenschaft einer Quantität, messbar in einem Punkt. Durch die Zeitableitung der Primärgröße erhält der Strom die Eigenschaft einer Intensitätsgröße. Somit ist der Strom eine Zustandsgröße des Basissystems X, die sich nicht mit der betrachteten Systemgröße ändert. An der messtechnischen Eigenschaft (messbar in einem Raumpunkt) ändert sich hingegen nichts. Diese Eigenschaft wird gewissermaßen von der Primärgröße an den Strom vererbt.

$$i_P := \frac{d}{dt}q_P \qquad (1.2) \ \blacksquare$$

Fassen wir beide Aussagen zusammen, die Trägerstromeigenschaft und die Intensität, messbar in einem Punkt, so ergibt sich die folgende Darstellung (Abb. 1.8).

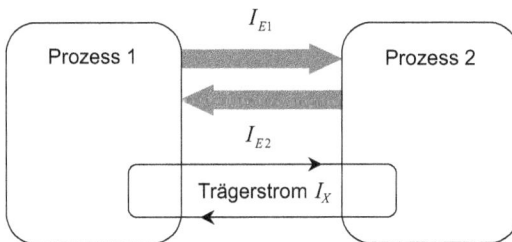

Abb. 1.7: Kopplung zwischen Energie- und Trägerstrom

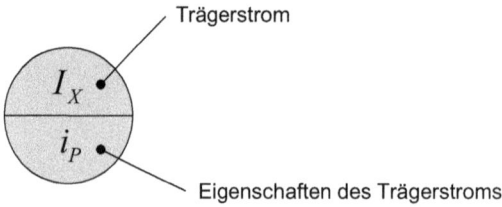

Abb. 1.8: Symbolische Darstellung einer Flussgröße

Da der Trägerstrom und die Primärgröße selbst durch die Zeitableitung verbunden sind, können wir beide Größen auch in ihrem Zusammenhang darstellen (Abb. 1.9).

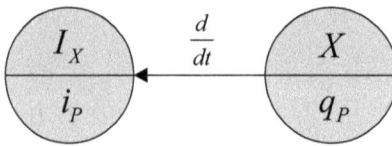

Abb. 1.9: Mathematischer Zusammenhang zwischen Primärgröße und Trägerstrom

1.2.2 Potentiale und Potentialdifferenzen

Für eine vollständige Energiebetrachtung reichen jedoch die bisher eingeführten Grundgrößen noch nicht aus. Betrachten wir dazu einmal die Energie einer Masse m auf einer bestimmten Höhe h_0 (Abb. 1.10).

Offensichtlich haben neben der Primärgröße m (schwere Masse) noch die Höhe und die Erdbeschleunigung Einfluss auf die Energie im Punkt h_0. Um sie nun zu bestimmen, gehen wir davon aus, dass $\mathbf{g}_0$ innerhalb von h konstant ist. Damit können wir für die potentielle Energie die folgende Gleichung angeben.

$$E_{\text{pot}} = g_0 h_0 m$$

Variieren wir an der Stelle h_0 nun die Masse geringfügig und bestimmen erneut die potentielle Energie an h_0, so stellen wir eine Proportionalität zwischen der Energieänderung und der Massenänderung fest.

$$dE_{\text{pot}} = g_0 h_0 dm$$

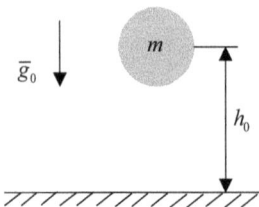

Abb. 1.10: Energiebetrachtungen an einer Masse

Als Proportionalitätsfaktor können wir das Produkt der beiden konstanten Größen g_0 und h_0 angeben. Dieses Produkt bezeichnen wir auch als das Potential[1] φ der Masse m.

$$dE_{\text{pot}} = \varphi \cdot dm$$

Somit kann die Energieänderung, bedingt durch die Primärgröße, allgemein immer als ein Produkt aus einem Potential und der Änderung der Primärgröße dargestellt werden.

$$\delta E_X := \varphi \cdot \delta X \qquad (1.3)$$

Das δ-Symbol drückt dabei aus, dass es sich im Allgemeinen bei der Energie nicht um ein vollständiges Differential handelt. Dieser Fall würde nur dann vorliegen, wenn das Energieintegral über eine geschlossene Kurve null ergibt.

$$\oint_C dE = 0$$

In der Mechanik liegt eine Wegunabhängigkeit der Energie jedoch nur bei konservativen Kräften vor, und auch in der Thermodynamik ist die Arbeit in einem p-V-Diagramm keineswegs unabhängig von der Prozessgestaltung. Das Potential φ an einem bestimmten Ort ist also die Energie δE einer kleinen Menge Primärgröße δX an dieser Stelle, geteilt durch diese Menge selbst.

$$\varphi := \frac{\delta E_X}{\delta X} \qquad (1.4)$$

Die Bestimmung des Potentials gestaltet sich in der Praxis oft schwierig. So besitzt das Potential in den meisten Fällen keinen ausgezeichneten Nullpunkt. In einem elektrischen Stromkreis ist zwar das Potential an jeder Stelle der Schaltung definiert, nur kennt man den absoluten Wert nicht. Wird jedoch der Stromkreis an einer geeigneten Stelle geerdet und damit ein Referenzpunkt angegeben, können alle Potentialwerte auf diesen Punkt bezogen werden. Diese Eigenschaft ist bei vielen anderen physikalischen Größen zu finden, die Potentialcharakter tragen. Einfacher ist die Bestimmung der Potentialdifferenz $\Delta\varphi$. Im obigen Beispiel (Abb. 1.10) heben wir nun die Masse von der Höhe h_0 auf die Höhe h_1. Über die notwendige Hubarbeit[2] W kann nun sehr einfach die Potentialdifferenz ermittelt werden.

$$Y := \frac{\delta \Delta E_X}{\delta X} \qquad (1.5)$$

---

[1] In der Physik wird der Begriff Potential auch oft nur für die potentielle Energie verwendet. Diese Größe ist hier ausdrücklich nicht gemeint.
[2] Von der Arbeit sprechen wir in der Physik immer dann, wenn Energie auf mechanischem Wege übertragen wird.

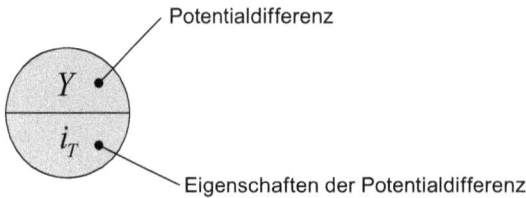

Abb. 1.11: Symbolische Darstellung einer Potentialdifferenz

Auch hier ist eine Untersuchung der Potentialdifferenz bezüglich ihrer allgemeinen physikalischen Eigenschaften sehr nützlich. Dabei stellen wir fest, dass die Potential-differenz eine Intensitätsgröße ist, also eine Zustandsgröße, die nicht von der Größe des Basissystems abhängig ist.

Sowohl das Potential als auch die Potentialdifferenz können nur über mindestens zwei Messpunkte bestimmt werden. Beim Potential selbst ist es ein zugehöriger Re-ferenzpunkt, bei der Potentialdifferenz sind es beide Potentialpunkte. Das Potential und die Potentialdifferenz haben also die Eigenschaft einer Intensität i, die mindes-tens zwei Messpunkte (T – trans.) benötigt.

Ausgehend von der Primärgröße lassen sich über die Zeitableitung und die Ener-gie alle drei Systemgrößen in einen Zusammenhang bringen (Abb. 1.12).

Mit der Einführung der Potentiale bzw. Potentialdifferenzen kann die Darstellung des Energiestromprinzips nun in einem Schema vervollständigt werden. Gleichzeitig sind alle Größen definiert, um den tatsächlichen Energiestrom zwischen zwei Prozes-sen exakt zu bestimmen. Dabei wird deutlich, warum der Energiestrom nicht nur in ei-ne Richtung fließt, sondern die Flussrichtung tatsächlich bidirektional ist (Abb. 1.13). Unter Zuhilfenahme des Potentials und des Primärstroms werden der Wert und die Richtung des Energiestroms bestimmt. Die Stromrichtung von I_X gibt dabei die Fluss-richtung des Energiestroms an.

$$I_E = I_X \cdot \varphi = \frac{d}{dt}E \qquad (1.6)$$

Anschaulich wird dieses Prinzip bei der Analyse der zwei folgenden einfachen Strom-kreise. Stromkreis 1 (Abb. 1.14) beinhaltet nur einen Verbraucher in Form einer Ohm'schen Last (Glühlampe). Im Stromkreis 2 (Abb. 1.14) ist eine zweite Ohm'sche Last (Widerstand) mit der Glühlampe in Reihe geschaltet. Die etwas ungewöhnli-che Leitungsführung ist nur dem besseren Verständnis des Energiestromprinzips geschuldet. Als Referenzpunkt für das Potential wird der Nullpunkt verwendet. Für die Schaltung 1 gelten die folgenden Parameter.

Grundgröße	physikalische Größe	Gleichung
Trägerstrom	elektrischer Strom	$I_X = I = 1\,\text{A}$
Potential 1	elektrisches Potential	$\varphi_1 = 220\,\text{V}$
Potential 2	elektrisches Potential	$\varphi_2 = 0\,\text{V}$

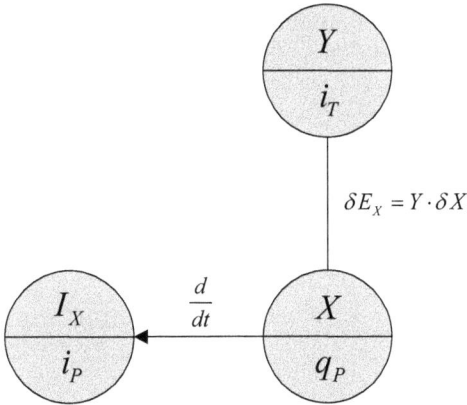

Abb. 1.12: Zusammenhang zwischen der Primärgröße und ihren abgeleiteten Größen

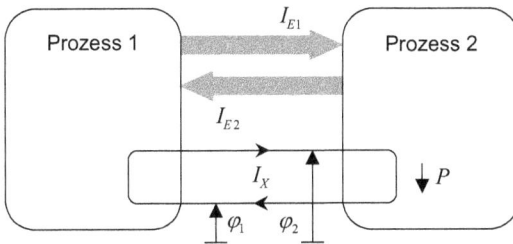

Abb. 1.13: Parameter zur Bestimmung des Energiestroms

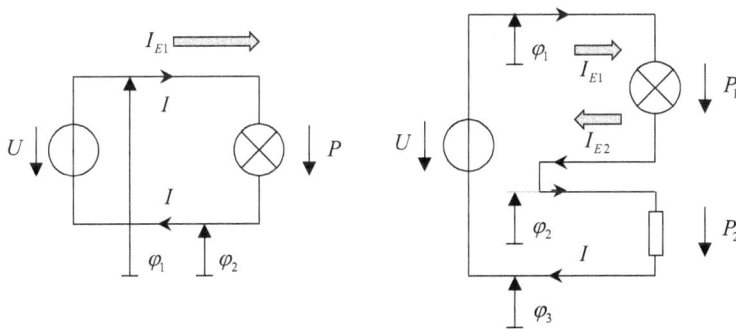

Abb. 1.14: Stromkreise mit unterschiedlichen Ohm'schen Lasten

Der Energiestrom I_{E1}, welcher von der Spannungsquelle in die Lampe fließt, beträgt

$$I_{E1} = I_X \cdot \varphi_1 = 220\,\text{W}\,.$$

Aus der Lampe in die Spannungsquelle fließt der Energiestrom

$$I_{E2} = I_X \cdot \varphi_2 = 0\,\text{W}$$

zurück. In diesem Beispiel fließt der Energiestrom tatsächlich nur in eine Richtung. Die dabei transportierte Leistung ergibt sich aus der Differenz beider Energieströme.

$$P = \Delta I_E = I_{E1} - I_{E2} = 220 \, \text{W} \, .$$

Wie wir sehen, stimmt die Leistung nur deshalb mit dem Energiestrom I_{E1} überein, weil aus der Schaltung kein Energiestrom zurück in die Quelle fließt. In der zweiten Schaltung (Abb. 1.14) haben wir jedoch einen gänzlich anderen Sachverhalt.

Grundgröße	physikalische Größe	Gleichung
Trägerstrom	elektrischer Strom	$I_X = I = 1 \, \text{A}$
Potential 1	elektrisches Potential	$\varphi_1 = 220 \, \text{V}$
Potential 2	elektrisches Potential	$\varphi_2 = 20 \, \text{V}$
Potential 3	elektrisches Potential	$\varphi_3 = 0 \, \text{V}$

Hier fließt ein Energiestrom

$$I_{E1} = I_X \cdot \varphi_1 = 220 \, \text{W}$$

in den ersten Verbraucher, die Glühlampe. Von dieser Glühlampe fließt nun ein zweiter Energiestrom

$$I_{E2} = I_X \cdot \varphi_2 = 20 \, \text{W}$$

wieder zurück. Die Energiestromdifferenz

$$I_{E1} - I_{E2} = P_1 = 200 \, \text{W}$$

verbleibt im ersten Verbraucher (Glühlampe). Da der Energiestrom

$$I_{E3} = I_X \cdot \varphi_3 = 0 \, \text{W}$$

ist, verbleibt die zweite Energiestromdifferenz vollständig

$$I_{E2} - I_{E3} = P_2 = 20 \, \text{W}$$

im Verbraucher (Ohm'scher Widerstand).

1.3 Die Gibbs'sche Fundamentalform

Die Beispiele des letzten Absatzes haben gezeigt, dass sich unterschiedliche Energieformen (elektronisch und mechanisch) durch jeweils zwei paarweise auftretende Größen beschreiben lassen. Zunächst ist die Energieänderung eines Systems immer mit der Änderung einer extensiven Größe q verbunden. Sie lässt sich also stets als Funktion $E(q_1, \ldots, q_n)$ seiner unabhängigen extensiven Variablen $\{q_1, \ldots, q_n\}$ darstellen.[3] Der zugehörige Proportionalitätsfaktor ist eine intensive Größe i.

---

3 Eine solche Funktion wird auch als Massieu-Gibbs-Funktion bezeichnet [3].

Daraus folgt die allgemeine Form der Gibbs'schen Fundamentalform.

$$dE = i_1 \cdot dq_1 + i_2 \cdot dq_2 + \ldots + i_n \cdot dq_n \qquad (1.7) \; !$$

$$i_n = \frac{\partial E(q_1, \ldots, q_m)}{\partial q_n} \qquad (1.8) \; !$$

Die Größen i_n bezeichnen die zugehörigen energiekonjugiert intensiven Größen. Ihre Bestimmungsgleichungen (Gl. 1.8) werden auch als Zustandsgleichungen bezeichnet.

$$dE = \sum_{j=1}^{n} i_j (q_1, \ldots, q_m) \, dq_j \qquad (1.9) \; !$$

Welchen Freiheitsgrad hat nun ein zu untersuchendes physikalisches System? Für unser einfaches mechanisches Beispiel $dE_{\text{pot}} = g_0 h_0 \cdot dm$ ist der Freiheitsgrad $n = 1$. Nun lassen sich jedoch schnell Beispiele finden, bei denen ein Körper neben der potentiellen Energie auch kinetische Energie besitzt. Ist er zusätzlich elektrisch geladen, kommen sofort weitere Energieformen dazu. Wie wir sehen, entspricht jeder Freiheitsgrad einem zusätzlichen Energieimport, über den wir dem Gesamtsystem Energie zuführen.

Besteht das System nur aus einer Punktmasse m, so können wir für die Energieänderung des Systems einfach

$$dE = v \cdot dp$$

schreiben. Bewegt sich dieser Körper zusätzlich in einem Kraftfeld, kommt ein weiterer Energieanteil hinzu.

$$dE = v \cdot dp - F \cdot dr$$

Rotiert der Körper um eine Achse und besitzt eine bestimmte Wärme, so kommen wiederum zwei neue Energieanteile hinzu.

$$dE = v \cdot dp - F \cdot dr + \omega \cdot dL + T \cdot dS$$

Für den Physiker steht diese Summenform der Gibbs'schen Fundamentalform für den allgemeinen Fall der Energiedarstellung der Materie. Sie findet hauptsächlich in der Thermodynamik ihre Anwendung, ist jedoch keineswegs darauf beschränkt.

Bei mechatronischen Systemen erscheint die Abgrenzung nach einzelnen Energieanteilen praktikabler. Wie in der Mechanik zum Beispiel nach kinetischer oder potentieller Energie unterschieden wird, bedient sich die Elektrotechnik der elektrischen oder der magnetischen Energie. Welches Kriterium könnte nun für eine Energieabgrenzung der Mechatronik vorteilhaft sein?

Dazu betrachten wir nochmals die Gibbs'sche Fundamentalform Gl. 1.7. Die einzelnen Energieanteile bestehen aus jeweils paarweise energiekonjugierten Größen.

$$dE = \sum i \cdot dq$$

Eine Intensitätsgröße als Proportionalitätsfaktor und eine Quantitätsgröße. Wie wir an den bisherigen Beispielen gesehen haben, besitzen beide Zustandsgrößen zusätzlich ganz bestimmte messtechnische Eigenschaften. Entweder lassen sie sich in einem Punkt messen (per.), oder wir benötigen mindestens zwei Messpunkte (trans.). Angewendet auf die potentielle Energie aus dem Beispiel in Abb. 1.10 bekommen beide Zustandsgrößen die folgende messtechnische Form.

$$dE_P = i_T \cdot dq_P \tag{1.10}$$

Die P-Eigenschaft der Primärgröße soll dabei dem Energieanteil den Namen geben. Wir sprechen auch von P-Energie.

Gleichzeitig lieferte die Zeitableitung der Primärgröße X den Trägerstrom I_X, ebenfalls eine Intensitätsgröße, allerdings mit einer P-Eigenschaft. Somit liegt es nahe, mittels einer zusätzlichen energiekonjugierten Zustandsgröße ein weiteres energetisches Paar der Gibbs'schen Fundamentalform zu bilden.

$$dE_T = i_P \cdot dq_T \tag{1.11}$$

Dabei soll die T-Eigenschaft der Quantität der Energieform wiederum ihren Namen geben. Wir sprechen von der T-Energie. Eine Bestimmungsgleichung für q_T gewinnen wir wiederum über die Zeitableitung bzw. das Integral über die Zeit. Da die Intensität generell aus der Ableitung der Quantität gewonnen wird,

$$i = \frac{d}{dt}q$$

lässt sich q_T einfach durch

$$q_T = \int i_T \, dt$$

bestimmen. Wohlgemerkt handelt es sich hierbei erst um die Eigenschaften der zu bestimmenden Zustandsvariable. Verwenden wir die tatsächliche Zustandsgröße Potentialdifferenz, so lautet die Bestimmungsgleichung wie folgt.

$$Ex = \int Y \, dt \tag{1.12}$$

Diese Zustandsgröße erhält den Namen **Extensum**. Sie ist eine Quantitätsgröße mit der Eigenschaft trans., also nur messbar über zwei Raumpunkte.

Das Extensum selbst erfüllt nicht die Bedingungen der Bilanzierbarkeit, es besitzt keine Dichte und damit keinen Strom bzw. keine Stromdichte. Das Extensum ist jedoch notwendig, um einen zweiten Energieanteil der Primärgröße zu bilden (Abb. 1.15).

Somit ist die Frage nach dem notwendigen Freiheitsgrad der Gibbs'schen Fundamentalform für ein mechatronisches System beantwortet. Mit dem Freiheitsgrad $n = 2$ kann die Energieänderung innerhalb einer physikalischen Domäne eines mechatronischen Systems ausreichend charakterisiert werden.

$$dE = dE_X + dEx \tag{1.13}$$

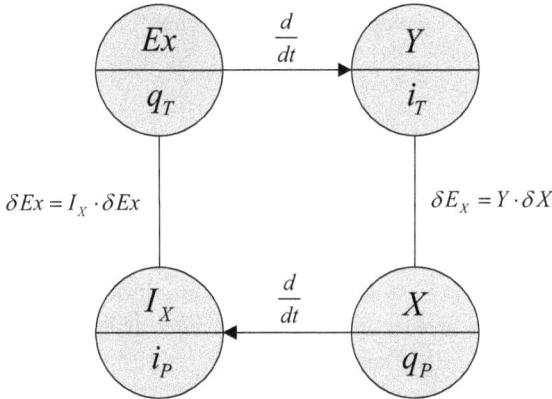

Abb. 1.15: Energetisches mechatronisches System mit dem Freiheitsgrad n = 2

Dem Mechaniker dürfte die derart abgeleitete Betrachtungsweise nicht unbekannt sein, erklärt doch die Hamilton-Funktion genau diesen Sachverhalt. In der Hamilton'schen Mechanik beschreibt die Hamilton-Funktion die Energie eines Systems von Massen als Funktion des Phasenraumes. Die Energie hängt zum einen von den verallgemeinerten Ortskoordinaten $q = (q_1, \ldots, q_n)$ und zum anderen von den verallgemeinerten Impulskoordinaten $p = (p_1, \ldots, p_n)$ ab. Über die Zeitableitung lassen sich die kanonischen Gleichungen der Hamilton-Funktion finden. Sie entsprechen gerade den Hamilton'schen Bewegungsgleichungen.

Dazu betrachten wir als mechanisches Beispiel die freie und gedämpfte Schwingung mit dem Freiheitsgrad $n = 1$ (eindimensionaler harmonischer Oszillator, Abb. 1.16).

Um die Hamilton-Funktion zu finden, benötigen wir zunächst die Lagrange-Funktion $L = T - U$. Mit den Energieformen P-Energie und T-Energie

$$T = \frac{m}{2}\dot{x}^2; \quad U = \frac{c}{2}x^2$$

erhalten wir für die Lagrange-Funktion.

$$L = \frac{m}{2}\dot{x}^2 - \frac{c}{2}x^2$$

Die partielle Ableitung der Geschwindigkeit liefert uns den generalisierten Impuls.

$$p = \frac{\partial L}{\partial \dot{x}} = m\dot{x}$$

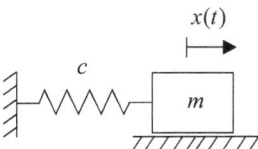

Abb. 1.16: Mechanisches Modell eines eindimensionalen harmonischen Oszillators

Dieser stimmt im vorliegenden Beispiel gerade mit dem gewöhnlichen Impuls über-ein. Mit dem generalisierten Impuls und der generalisierten Geschwindigkeit kann die Hamilton-Funktion gebildet werden.

$$H = p\dot{x} - L = p\frac{p}{m} - \frac{m}{2}\left(\frac{p}{m}\right)^2 + \frac{c}{2}x^2$$

!

$$H = \frac{p^2}{2m} + \frac{c}{2}x^2 \overset{!}{=} E \tag{1.14}$$

Die Hamilton-Funktion Gl. 1.14 beschreibt also genau den Energieinhalt des Systems für das mechanische Beispiel, zusammengesetzt aus der Summe der kinetischen En-ergie und der potentiellen Energie. Um die Hamilton'sche Beschreibung direkt mit der Energieflussbeschreibung zu vergleichen, können die kanonischen Gleichungen der Hamilton-Funktion genutzt werden.

$$\dot{p} = -\frac{\partial H}{\partial x} = -cx; \quad \dot{x} = \frac{\partial H}{\partial p} = \frac{p}{m}$$

Sie entsprechen vollständig der Gibbs'schen Fundamentalform (Abb. 1.17).

$$\partial H_1 = F \cdot \partial x = \delta E_{Ex}$$
$$\partial H_2 = v \cdot \partial p = \delta E_x$$

Auch der Thermodynamiker ist mit dieser Darstellungsweise vertraut. Hier werden die Gibbs-Funktionen thermodynamische Potentiale genannt. Ob also Energiefunk-tion, Hamilton-Funktion oder Massieu-Gibbs-Funktion, diese universelle Darstel-lungsweise beschreibt im Grunde genommen ein und denselben Sachverhalt. Da gerade die Mechatronik eine Brücke zwischen all diesen Teilgebieten schlägt, kommt der Darstellungsweise verkoppelter mechatronischer Systeme mittels der Massieu-Gibbs-Funktion eine universelle Bedeutung zu. Weitere didaktisch gut aufgearbeitete Anwendungsbeispiele aus dem großen Komplex der Physik sind in der modernen Thermodynamik [4] zu finden.

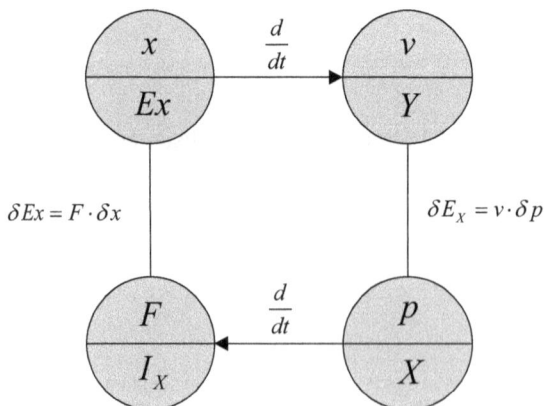

Abb. 1.17: Darstellung der energetischen Größen im harmonischen Oszillator

1.4 Konstitutive Gesetze

Zu Beginn dieses Kapitels haben wir uns die Frage gestellt, mit welchen physikalischen Größen ein mechatronisches System optimal im Sinne einer Simulation oder eines Systementwurfs abgebildet werden kann. Das Energiestromprinzip liefert uns dazu eine plausible Antwort. Innerhalb einer Domäne bietet sich die Darstellung über zwei unterschiedliche Energieanteile der Massieu-Gibbs-Funktion an. Praktisch bedeutet das, dass in jedem physikalischen Teilsystem zwei unabhängige Energiespeicher existieren müssen. Beide Energiespeicher stehen direkt miteinander in Verbindung und können ihre Energieanteile untereinander über den Energiestrom austauschen (Abb. 1.18).

Damit stellt sich natürlich die Frage, wo konkret die jeweilige Energie gespeichert ist und ob der Energieaustausch über den Energiestrom verlustfrei erfolgt oder ob bei diesem Prozess Energie verloren gehen kann.

Reale Systeme sind immer Systeme mit verteilten Parametern (Kontinua). Bei mechatronischen Systemen wie zum Beispiel bei einem verformbaren Bauteil haben wir ortsabhängige Spannungs-Dehnungs-Beziehungen. In der Elektrotechnik beschreiben wir die Vorgänge durch die Maxwell'schen Gleichungen sowie durch die Materialgleichungen. In der Thermodynamik basiert die Wärmeübertragung bei der Wärmeleitung auf dem Fourier'schen Gesetz. Die Beschreibung erfolgt in aller Regel durch partielle Differentialgleichungen, welche bis auf ausgewählte Randbedingungen und Geometrien nicht mehr analytisch lösbar sind. Hier kommen numerische Lösungsverfahren wie die Finite-Elemente-Methode zum Einsatz. Eine weitere mögliche Abstraktion realer Systeme bietet die Modellbildung über Netzwerkmodelle mit konzentrierten Ersatzelementen [2].

Das Modell der konzentrierten Ersatzelemente vereinfacht die Beschreibung des Verhaltens von räumlich verteilten physikalischen Systemen, in dem gewisse örtliche und funktionelle Abgrenzungen des realen Systems vorgenommen werden. Diese Modellbeschreibung ist nur noch in dem ihm zugewiesenen Kontext gültig. Mathematisch betrachtet werden die partiellen Differentialgleichungen in gewöhnliche Diffe-

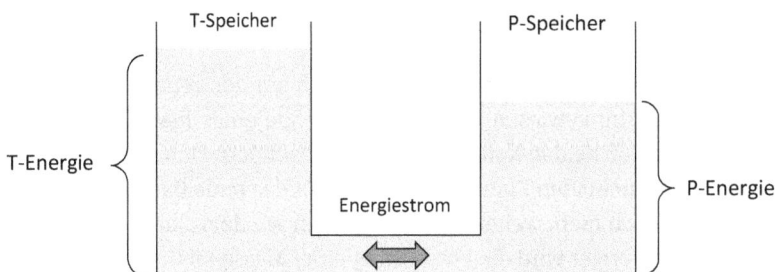

Abb. 1.18: Modell zweier unabhängiger Energiespeicher

rentialgleichungen mit einer finiten Anzahl von Parametern überführt. Die Modellparameter beziehen sich dann auf das räumlich konzentrierte Ersatzmodell, nicht mehr auf das verteilte System. Eigenschaften, welche für die Aufgabenstellung nicht relevant sind, werden vernachlässigt. Eigenschaften, die nur noch von untergeordneter Bedeutung sind, werden in Ersatzgrößen zusammengefasst.

Bei einer reinen Translationsbewegung eines räumlich ausgedehnten Körpers sind die Farbe und die Temperatur dieses Körpers für eine zu beschreibende Bahnkurve ohne Bedeutung. Diese Größen werden also vernachlässigt. Auch die Massenverteilung spielt bei einer Translation keine Rolle mehr, sehr wohl aber die Gesamtmasse des Körpers. Im Modell des konzentrierten Ersatzelementes reicht es also aus, dem Ersatzmodell eine Masse, konzentriert in einem Punkt zuzuordnen. Der Mechaniker spricht auch vom Massepunkt. Ähnliche Überlegungen können in der Elektrotechnik angestellt werden. Die realen dielektrischen Verluste innerhalb eines Kondensators treten räumlich verteilt über das gesamte Dielektrikum auf. In einem Kondensatormodell können diese Verluste durch einen einzigen parallel geschalteten Widerstand abgebildet werden. Selbstverständlich sind bei der Verwendung des Modells der konzentrierten Ersatzelemente die Gültigkeitsbereiche ständig zu überprüfen.

Die in Abb. 1.18 dargestellten zwei Energieformen sollen jeweils in einem konzentrierten Ersatzelement gespeichert werden. Für die P-Energie verwenden wir den Begriff des kapazitiven Speichers und für die T-Energie den Begriff des induktiven Speichers. Beide Begriffe sind historisch bedingt und gehen auf die Eigenschaften dieser Energiespeicher zurück (lat. capacitas – Fassungsvermögen, lat. inertia – Trägheit). Mathematisch formulieren wir die Energiespeicherung in den beiden konstitutiven Gesetzen.

$$C := \frac{X}{Y}; \quad L := \frac{Ex}{I_X} \tag{1.15}$$

Betrachten wir die zugehörigen Eigenschaften der verwendeten physikalischen Größen, so erkennen wir, dass ein Energiespeicher in Form eines konzentrierten Ersatzelementes immer durch den Quotienten einer Quantitätsgröße durch eine Intensitätsgröße ausgedrückt wird. Die messtechnischen Eigenschaften treten dabei wechselseitig auf.

$$C := \frac{q_P}{i_T}; \quad L := \frac{q_T}{i_P}$$

In diesem Zusammenhang muss nochmals ausdrücklich auf den reinen Modellcharakter dieser Vorstellung hingewiesen werden. Die Energie eines Plattenkondensators steckt keinesfalls in den beiden Kondensatorplatten, sondern ist real räumlich im elektrischen Feld zwischen beiden Platten verteilt. Da wir das reale Bauelement Kondensator jedoch gedanklich nicht weiter zerlegen, ordnen wir dem Objekt die gesamte Energie zu. Noch schwieriger wird die Vorstellung einer Masse im Gravitationsfeld. Hier ordnen wir der Masse m auf einer bestimmten Höhe h die potentielle Energie zu. Tatsächlich ändern wir durch die Hubarbeit die Feldenergie zwischen der Masse und

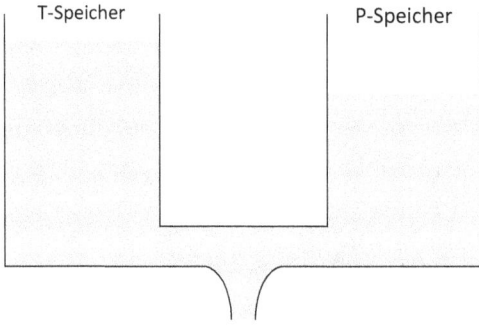

Abb. 1.19: Modell zweier unabhängiger Energiespeicher mit Energieverlusten

der Erde. Genauso gut könnten wir der Erde die Energie zuordnen. Bei der Nutzung der Modelle der konzentrierten Ersatzelemente sollte uns dieser Sachverhalt immer bewusst sein.

Neben der Energiespeicherung gibt es noch die Möglichkeit des Energieaustausches zwischen beiden Speichern. Wir sprechen vom Energiestrom. Erfolgt der Energiestrom verlustfrei, gilt innerhalb einer Domäne der Energieerhaltungssatz (abgeschlossenes System). Die Energie kann endlos zwischen den beiden Speichern pendeln. Ein System, bestehend aus zwei unterschiedlichen Energiespeichern, ist also prinzipiell schwingungsfähig. Real ist jedoch jeder Energiestrom mit Verlusten verbunden. Wir können uns das so vorstellen, als ob die Verbindungsleitung zwischen den beiden Energiespeichern ein Leck hätte (Abb. 1.19). Beim Energietransport zwischen beiden Speichern geht dem System unwiderruflich Energie verloren. Diese Energie verlässt das ansonsten abgeschlossene System. Innerhalb dieses Systems gilt nun nicht mehr der Energieerhaltungssatz. Den (dissipativen) Energieverlust können wir wiederum durch ein konstitutives Gesetz beschreiben – das resistive Gesetz (lat. renisus – Widerstand).

$$R := \frac{Y}{I_X} \tag{1.16}$$

Das verlustbehaftete Bauelement Widerstand wird durch den Quotienten zweier Intensitätsgrößen mit wechselseitigen messtechnischen Eigenschaften definiert.

$$R := \frac{i_T}{i_P}$$

Der Energieverlust pro Zeiteinheit kann auch über eine Prozessleistung

$$P := Y \cdot I_X \tag{1.17}$$

ausgedrückt werden. Die Prozessleistung entspricht genau der Differenz beider Energieströme (Abb. 1.13).

Zunächst ist der Widerstand ein fiktives konzentriertes Ersatzelement in n-Tor-Form. Verwenden wir das Modell des Eintors, so betrachten wir die Verlustenergie in

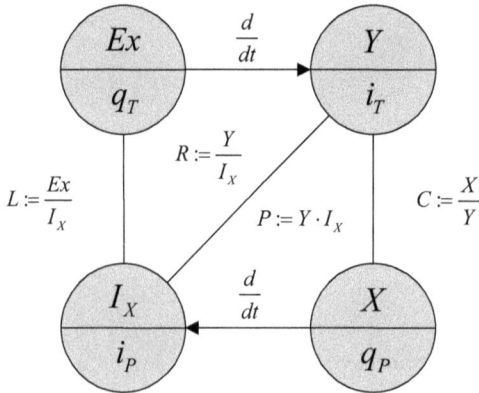

Abb. 1.20: Asymmetrische Darstellung der Basisgrößen

Form von Wärme meist nicht weiter. Sie entsteht zwar im Prozess, wird jedoch innerhalb eines Gesamtmodells nicht weiter genutzt. Mit der Verwendung von Mehrtoren haben wir jedoch die Möglichkeit, diesen Energieverlust innerhalb eines Systems in die Gesamtmodellbildung mit einzubeziehen. Diesem Komplex widmen sich die mechatronischen Wandler [2].

Übertragen wir nun die drei konstitutiven Gesetze auf die Darstellung der Basisgrößen (Abb. 1.20), fällt uns eine Asymmetrie auf. Es existiert keine Verbindung zwischen den beiden Quantitätsgrößen. Nun ist es jedoch nicht verboten, wenn es physikalisch zweckmäßig erscheint, eine weitere physikalische Größe einzuführen. Das wird in Form des Memristors [5] getan.

$$M := \frac{\mathrm{Ex}}{X} \qquad (1.18)$$

Der Memristor ist als Quotient der beiden Quantitätsgrößen Extensum und Primärgröße definiert.

Um die physikalische Bedeutung des Memristors zu verstehen, rufen wir uns nochmals das Energieflussprinzip in Erinnerung. Die Wahl der Primärgröße X bestimmt vollständig alle weiteren Größen des Energieflussschemas. Um innerhalb einer Domäne alle Basisgrößen zu finden, ist es also nur notwendig, die Primärgröße und die jeweiligen Energien zu kennen. Potentialdifferenz, Mengenstrom und Extensum können über ihre festen mathematischen Ableitungen eindeutig gebildet werden. Somit sind zwei der vier Basisgrößen ausreichend, um auch eindeutig alle Netzwerkbauelemente (zwei Speichergrößen, eine dissipative Größe) zu bestimmen.

Historisch (nicht nur aus messtechnischen Gründen) haben sich dabei die beiden Intensitätsgrößen I_X und Y etabliert. Werden nur diese beiden Variablen in der Netzwerkdarstellung verwendet, so sind ihre Speicherelemente integrale Größen.

$$L := \frac{1}{I_X} \int Y \, dt; \quad C := \frac{1}{Y} \int I_X \, dt; \quad R := \frac{Y}{I_X}$$

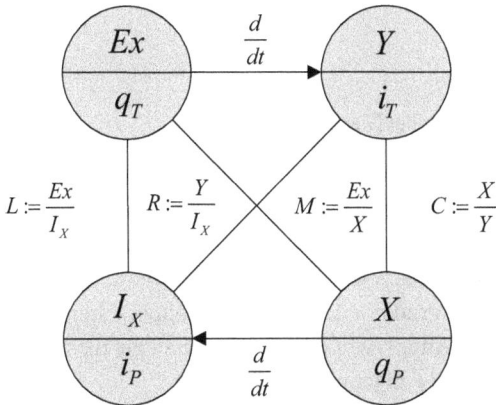

Abb. 1.21: Vollständige Darstellung aller Basisgrößen

Oft sind jedoch ausschließlich lineare algebraische Beziehungen für weitere Berechnungen vorteilhafter. In diesem Fall sind die beiden Variablen Ex und X für die Darstellung der Speicherelemente günstiger.

$$L := \frac{1}{I_X}E_X; \quad C := \frac{1}{Y}X; \quad M := \frac{E_X}{X}$$

Wie wir erkennen, sind die beiden Gleichungen für die Speichergröße gerade die Definitionsgleichungen dieser Speichergrößen. Zusätzlich wird aus dem Widerstand der Memristor. Da dieser für den linearen Fall jedoch mit dem Widerstand äquivalent ist, hat das Widerstandsäquivalent Memristor bisher keine große Verbreitung gefunden. Der Vollständigkeit halber gehört der Memristor jedoch zur Energieflussdarstellung (Abb. 1.21).

1.5 Die Verallgemeinerung des Energieflussprinzips

Neben den sieben Primärgrößen (Tab. 1.1) ist die Energie selbst auch eine Primärgröße (Abb. 1.22). Sie erfüllt alle Bedingungen dazu. Die Energie ist einem Raumbereich zugeordnet und bilanzierbar. Der Energieerhaltungssatz für ein abgeschlossenes System drückt gerade diese beiden Eigenschaften aus. Weiterhin besitzt die Energie eine Energiedichte und einen Energieträgerstrom I_X. Sie erfüllt somit alle Bedingungen für ein Energieflussschema (Abb. 1.20). Wenn, wie bereits behandelt, sich alle weiteren Basisgrößen aus der Primärgröße ableiten lassen, muss das auch für die Energie gelten. Und dennoch nimmt die Energie eine Sonderstellung ein, ohne die zuvor erwähnten Gesetzmäßigkeiten zu verletzen.

Der Energiestrom I_X wird formal aus der Zeitableitung der Energie gewonnen. Doch genau an dieser Stelle muss das Ergebnis der Zeitableitung kritisch analysiert werden. Formal handelt es sich zunächst nur um einen Energiestrom. Durchläuft die-

E

X

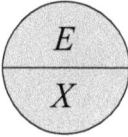

Abb. 1.22: Symbolische Darstellung der Energie als Primärgröße

ser Energiestrom auf seinem Transportweg eine Potentialdifferenz, so wird üblicherweise eine Prozessleistung frei (Abb. 1.23). Ein Teil der Prozessleistung dient meist der Kopplung zwischen unterschiedlichen Domänen, der Rest wird dissipiert. Wir sprechen auch davon, dass der Prozesswirkungsgrad $\eta < 1$ ist. Im Energieflussschema der Energie als Primärgröße wird genau dieser Anteil der Leistung, nämlich die dissipativ umgesetzte Leistung P_{diss} der Zeitableitung I_X zugeordnet (Abb. 1.23).

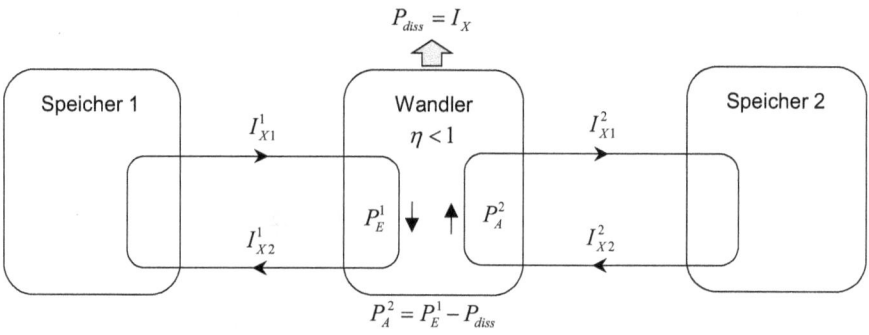

$$P_{diss} = I_X$$

| Speicher 1 | Wandler $\eta < 1$ | Speicher 2 |

I_{X1}^1 I_{X1}^2

P_E^1 P_A^2 I_{X2}^2

I_{X2}^1

$$P_A^2 = P_E^1 - P_{diss}$$

Abb. 1.23: Verlustbehafteter Wandler

Besitzt der mechatronische Wandler einen Prozesswirkungsgrad von $\eta = 1$, so ist die Flussgröße I_X tatsächlich null.

Die Potentialdifferenz Y, eine T-Intensität, ist bisher mit der Speichergröße Energie über die Gibbs'sche Form verknüpft. Da die Energie jedoch nun selbst Primärgröße ist, kann sie nicht gleichzeitig Speichergröße sein. Als neue Speichergröße bietet sich in diesem Fall die Entropie an. Die gesuchte Potentialdifferenz Y wird somit aus der Ableitung der Entropie nach der Energie gewonnen.[4]

$$Y := \frac{dS}{dE} = \beta \tag{1.19}$$

Eine so definierte Größe β wird in der statistischen Physik auch als die inverse Temperatur bezeichnet. Mit diesen drei Größen kann das Energieflussschema für die Primärgröße Energie aufgebaut werden, wobei das Extensum, also das Zeitintegral der inversen Temperatur eine abstrakte Größe bleibt (Abb. 1.24).

---

4 An dieser Stelle ist das vollständige Differential zulässig, da in E alle Energieformen vereint sind.

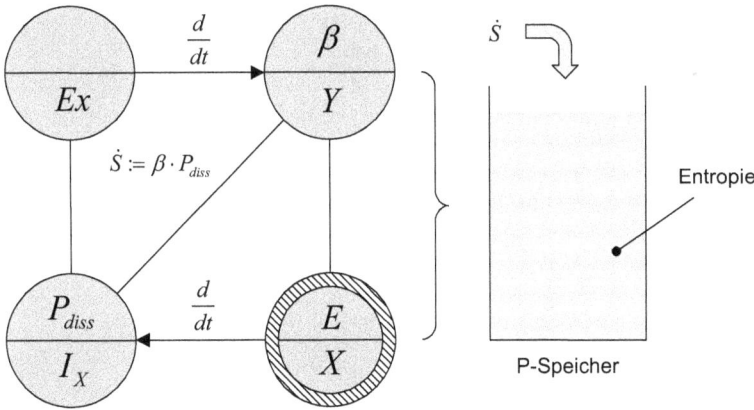

Abb. 1.24: Energieflussschema mit der Energie als Primärgröße

An die Stelle des üblichen Widerstandes als dissipatives Bauelement tritt ein Widerstand mit veränderter Funktionalität.

$$R := \frac{Y}{I_X} = \frac{\beta}{P_{\text{diss}}} \tag{1.20}$$

Wir können uns den Widerstand so vorstellen, als ob eine dissipative Leistung durch den Widerstand strömt und dabei einen Entropiestrom freisetzt (Abb. 1.25).

Formal bedienen wir uns wiederum der eingeführten konstitutiven Gesetze.

$$P_{\text{diss}} \cdot \beta = \frac{dE}{dt} \cdot \frac{dS}{dE} = \dot{S}$$

Wie Abbildung 1.23 bereits andeutet, handelt es sich wie bei allen dissipativen Effekten nicht um ein Eintor im klassischen Sinne, sondern um ein Zweitor. Es wird Energie benötigt, um einen Energiestrom zu erzeugen. Hat dieser Energiestrom dissipative Anteile, so wird Entropie erzeugt. Umgangssprachlich kürzt man den Zusammenhang oft ab. Man spricht einfach nur davon, dass Energie dissipiert wird.

Alle Prozesse, die genau nach diesem Prinzip ablaufen, nennt man dissipative Prozesse. Das zugehörige mechatronische Bauelement (exakt eigentlich ein Wandler) nennt man Widerstand (Abb. 1.26). Davon abweichende Widerstandsformulierungen werden diesem Formalismus nicht gerecht.

In dem Zusammenhang ist es durchaus interessant, sich nochmals mit dem Entropiespeicher zu beschäftigen. Da das Durchströmen des Widerstandes mit dissipativer

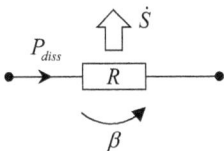

Abb. 1.25: Veränderte Funktion eines Widerstandes

Widerstand

$$I_{E1} = P_{diss} \cdot \varphi_1$$

$$\Delta I_E = P_{diss} \cdot (\varphi_1 - \varphi_2)$$

$$\Delta I_E = P_{diss} \cdot \beta = \dot{S}$$

$$P_{diss}$$

$$\Delta I_E = \dot{S}$$

$$\dot{S}$$

$$\eta = 1$$

$$I_{E2} = P_{diss} \cdot \varphi_2 \qquad \varphi_1 \quad \varphi_2$$

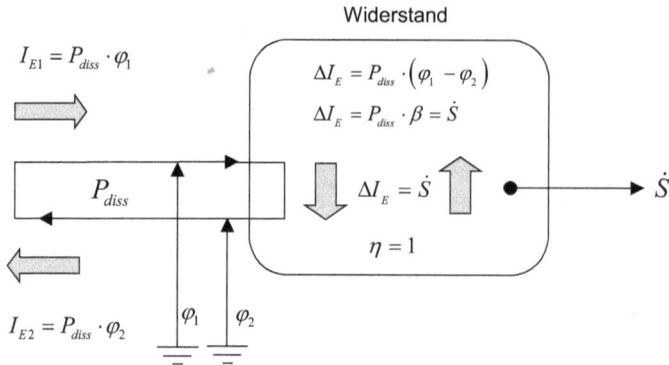

Abb. 1.26: Entropieproduktion am Widerstand

Prozessleistung einen Entropiestrom freisetzt, kann der Entropiestrom wiederum dazu dienen, den Entropiespeicher selbst wieder aufzufüllen (Abb. 1.24). Kann sich nun ein Gleichgewichtszustand im Entropiespeicher einstellen?

Wenn in einem Prozess Energie aus einem der beiden Energiespeicher fließt und dissipiert wird, entsteht Entropie, welche sofort den Entropieinhalt erhöht. Um einen Gleichgewichtszustand zu halten, müsste Entropie abfließen und in Energie gewandelt werden. Solch ein Vorgang ist jedoch unmöglich, Entropie kann niemals in Energie zurückgewandelt werden. Genau diese Aussage trifft ja auch der zweite Hauptsatz der Thermodynamik. Somit nimmt die Entropie so lange im P-Speicher zu, bis die Energie vollständig aufgebraucht ist. Man spricht umgangssprachlich auch vom Wärmetod.

! Alle Vorgänge, bei denen Entropie erzeugt wird, sind nicht umkehrbar, d. h., alle dissipativen Prozesse sind immer irreversible Prozesse.

Sommerfeld [6] wählt dafür in einer Übersetzung von „Why do we have Heating?" eine passende Formulierung, die auf R. Emden [10] zurückgeht.

> Als Student las ich mit Vorteil ein kleines Buch von F. Auerbach[5]: Die Herrin der Welt und ihr Schatten. Damit waren Energie und Entropie gemeint. Mit zunehmender Einsicht scheinen mir die beiden ihre Plätze gewechselt zu haben. In der riesigen Fabrik der Naturprozesse nimmt das Entropieprinzip die Stelle des Direktors ein, denn es schreibt die Art und den Ablauf des ganzen Geschäftsganges vor. Das Energieprinzip spielt nur die Rolle des Buchhalters, indem es Einnahmen und Ausgaben ins Gleichgewicht bringt.

---

5 Felix Auerbach,*Die Weltherrin und ihr Schatten: ein Vortrag über Energie und Entropie* (Jena: Gustav Fischer, 1902, S. 38–39)

1.6 Grundlagen der Netzwerkberechnung

Die Entwicklung der Netzwerktheorie ist eng mit der Entwicklung der Elektrotechnik und der Systemtheorie verbunden. So kann schon die erste Analyse elektrischer Stromkreise durch Kirchhoff als Beginn einer Netzwerktheorie angesehen werden. Einen ausführlichen Überblick über die Historie elektrischer Netzwerke gibt Mathis in seiner „Theorie nichtlinearer Netzwerke" [7]. Heute sind formalisierbare computergestützte Verfahren bei der Analyse und Berechnung von elektrischen Netzwerken nicht mehr wegzudenken.

Die einheitliche Darstellung unterschiedlicher physikalischer Teilsysteme durch zwei unabhängige Variablen gestattet es, die netzwerktheoretischen Analysemethoden direkt auf mechatronische Systeme zu übertragen. Das reale mechatronische System wird zu einem Modell eines mechatronischen Netzwerkes, welches mit Standardwerkzeugen des Ingenieurs gelöst werden kann.

1.6.1 Mechatronische Netzwerke

Unter einem mechatronischen Netzwerk verstehen wir eine zusammenhängende Schaltung aus beliebigen Eintoren, die durch Maschen, Knoten und Zweige gekennzeichnet sind.

Eine Masche ist ein geschlossener Zweig, ein Knoten ein Verbindungspunkt von mindestens drei Zweigen und ein Zweig ein Eintor, welches zwei Knoten miteinander verbindet (Abb. 1.27).

Mathematische Basis der Netzwerkberechnung sind die aus der Elektrotechnik bekannten Kirchhoff'schen Gesetze; der Knotenpunktsatz und der Maschensatz. Bei den mechatronischen Netzwerken bekommen jedoch beide Gesetze eine weitaus universellere Bedeutung. Das erste Kirchhoff'sche Gesetz (Knotenpunktsatz) beschreibt den Zusammenhang aller Ströme an einem Knoten. Versieht man die Richtung der Ströme mit einem Vorzeichen (zum Beispiel Ströme zum Knoten positiv, Ströme vom

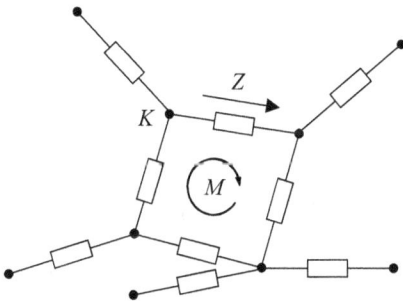

Abb. 1.27: Ausschnitt aus einem mechatronischen Netzwerk

Knoten negativ), so muss die Summe aller Ströme an diesem Knoten null ergeben.

$$\sum_{j=1}^{n} I_j = 0$$

Bei den mechatronischen Netzwerken wird jedoch eine allgemeine Flussgröße als Basisgröße verwendet. Somit kann der elektrische Strom durch die Basisgröße I_X ersetzt werden. Das erste Kirchhoff'sche Gesetz bekommt einen universellen Charakter (Gl. 1.21).

$$\sum_{j=1}^{n} I_{Xj} = 0 \qquad (1.21)$$

Dieser Sachverhalt begegnet uns in der Physik sehr häufig, hat jedoch oft einen anderen Namen. Verwenden wir zum Beispiel für die Flussgröße der Mechanik (Translation) die Kraft, so lautet das erste Kirchhoff'sche Gesetz:

$$\sum_{j=1}^{n} \mathbf{F}_j = \mathbf{0}$$

Der Mechaniker spricht auch von einem Kräftegleichgewicht. Ersetzen wir die Basisgröße I_X in der Fluidmechanik durch den Massestrom, so erhalten wir:

$$\sum_{j=1}^{n} \dot{m}_j = 0$$

In der Fluidmechanik sprechen wir dann von einer Kontinuitätsgleichung.

Das zweite Kirchhoff'sche Gesetz (Maschensatz) sagt aus, dass die Summe aller vorzeichenbehafteten Spannungen einer Masche gleich null ist.

$$\sum_{j=1}^{n} U_j = 0$$

Auch hier kann die elektrische Spannung, eine Potentialdifferenz, durch eine mechatronische Basisgröße Y ersetzt werden.

$$\sum_{j=1}^{n} Y_j = 0 \qquad (1.22)$$

Wie schon der Knotenpunktsatz hat auch dieses Gesetz eine universelle Bedeutung. Ob die Potentialdifferenz durch eine Temperaturdifferenz oder eine Druckdifferenz ersetzt wird, die Summe dieser Größen in einer Masche müssen immer null ergeben.

Mathematisch finden sich die beiden Kirchhoff'schen Gesetze im Maschenstromverfahren und Knotenpotentialverfahren wieder. Letztlich muss ein lineares Gleichungssystem gelöst werden. Bei sehr umfangreichen Netzwerken wird die Koeffizientenmatrix des Gleichungssystems zu einer dünn besetzten Bandmatrix. An dieser Stelle setzen effiziente Algorithmen zur Lösung des Gleichungssystems an (Sparse-Matrix-Methoden).

1.6.2 Netzwerkelemente

Grundsätzlich besteht ein mechatronisches Netzwerk aus der Reihen- und/oder Parallelschaltung von mechatronischen Eintoren. Wie wir später noch sehen werden, können Eintore auch zu Eintoren zusammengefasst werden.

Für eine nachfolgende Netzwerkanalyse ist eine Klassifizierung der beteiligten Netzwerkkomponenten in aktive und passive Elemente sehr vorteilhaft. Zu den passiven Elementen gehören die zwei Speichergrößen Kapazität und Induktivität sowie die dissipative Größe Widerstand. Aktive Elemente sind die beiden Basisgrößen I_X (Flussgröße) und Y (Potentialdifferenz). Da diese Größen in allen physikalischen Teilsystemen auftreten, erhalten sie universelle mechatronische Netzwerksymbole (Abb. 1.28).

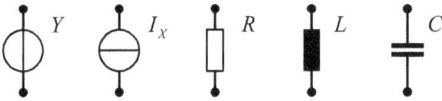

Abb. 1.28: Universelle mechatronische Netzwerksymbole

Wir behalten dabei die in der Elektrotechnik übliche Vorzeichenkonvention bei. Ein Fluss in einem Zweig fließt immer von einem positiven Potential zu einem negativen Potential. Bei der Verwendung des in diesem Buch genutzten Simulationssystems *LTSpice* ist die folgende Besonderheit zu beachten:

Ein Zweipol ist immer durch zwei Anschlussknoten definiert. Der Fluss durch dieses Bauelement fließt vereinbarungsgemäß immer von Knoten 1 zu Knoten 2 (Abb. 1.29). Verdeutlichen kann man sich das sehr einfach durch die Strommesszange des Simulationssystems. Wird ein solches Bauelement im Schaltplan um 180° gedreht, so fließt der Fluss genau entgegengesetzt (Abb. 1.29). Das Werkzeug Strommesszange zeigt also einen negativen Fluss an. Um in einer Schaltung die tatsächliche Flussrichtung zu bestimmen, muss die Richtung des Flusses durch die Strommesszange und das Vorzeichen des Anzeigewertes beachtet werden.

Tabelle 1.3 zeigt nochmals die drei passiven Netzwerkbauelemente sowie ihren jeweiligen physikalischen Zusammenhang zu den Basisgrößen.

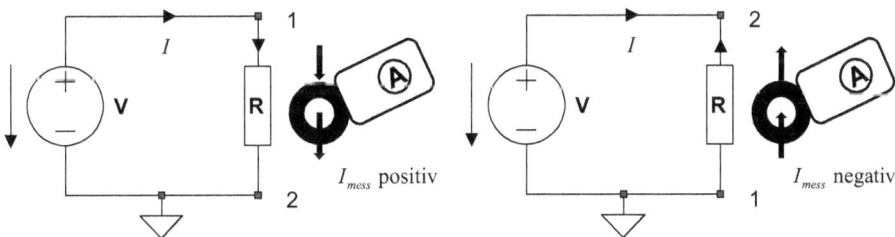

Abb. 1.29: Knotengebundene Flussrichtung an Bauelementen

Tab. 1.3: Passive mechatronische Bauelemente und deren physikalischer Zusammenhang

Netzwerksymbol	Potentialdifferenz Y	Flussgröße I_X
R	$Y = R \cdot I_X$	$I_X = \dfrac{Y}{R}$
L	$Y = L \cdot \dfrac{d}{dt} I_X$	$I_X = \dfrac{1}{L} \cdot \int Y\, dt$
C	$Y = \dfrac{1}{C} \cdot \int I_X\, dt$	$I_X = C \cdot \dfrac{d}{dt} Y$

Widerstände als dissipative Bauelemente entnehmen einem aktiven Element immer Energie und geben diese Energie in Form von Wärme ab. Tatsächlich ist ein Widerstand also ein mechatronischer Wandler, dessen Ausgangstor immer mit der Thermodynamik verknüpft ist. Die Leistung an einem Widerstand ist somit konventionsgemäß immer positiv. Man spricht auch von einer **Wirkleistung**.

Speicherelemente nehmen beim Ladevorgang auch Leistung auf, geben sie beim Entladevorgang jedoch wieder ab. Im zeitlichen Mittel wird diese Leistung damit null. Deshalb wird sie auch als **Blindleistung** bezeichnet.

Zusammenfassung

Jedes mechatronische System, unabhängig von der Art und Anzahl seiner physikalischen Komponenten, kann über ein mechatronisches Netzwerk abgebildet und simuliert werden.

Aus der Vielzahl der möglichen Basisgrößen werden genau zwei Basisgrößen, der Fluss I_X und die Potentialdifferenz Y, zur Netzwerkbeschreibung ausgewählt. Werden für die Analyse noch weitere Größen benötigt, können sie eindeutig aus den beiden Basisgrößen durch Integration bzw. Differentiation abgeleitet werden.

Jedes physikalische Teilsystem kann genau zwei unterschiedliche Energiespeicherkomponenten und eine dissipative Komponente enthalten, wobei jede Teilkomponente aus mehreren Einzelelementen bestehen kann. Der physikalische Zusammenhang zwischen den Speicher- und dissipativen Elementen und deren Basisgrößen wird durch die konstitutiven Gesetze hergestellt.

Jedes mechatronische Netzwerk kann aktive und passive Elemente enthalten. Aktive Elemente werden nach dem Erzeugerpfeilsystem (Leistungsabgabe) und passive Elemente nach dem Verbraucherpfeilsystem (Leistungsaufnahme) behandelt.

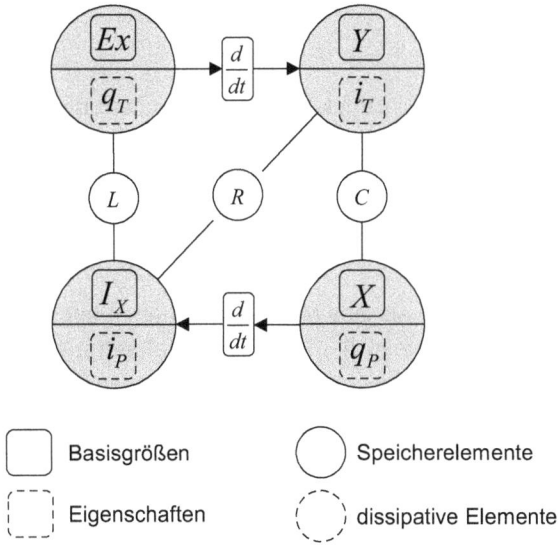

Abb. 1.30: Übersicht der verwendeten Systemgrößen

Zwei aktive (I_X, Y) und drei passive (R, L, C) Elemente bilden die Basiselemente eines mechatronischen Netzwerkes. Alle fünf Basiselemente können jeweils formal in einem Elementarzweipol abgebildet werden. Ist der Fluss eines Elementarzweipols an Anschlussklemme 1 gleich dem Fluss an Anschlussklemme 2, so wird aus dem Zweipol ein Eintor.

Ein *passives* Eintor gibt im zeitlichen Mittel keine Leistung über seine Anschlussklemmen ab. Ein *aktives* Eintor gibt im zeitlichen Mittel eine Leistung über seine Anschlussklemmen ab. Bei einem *linearen* Eintor gilt zwischen Fluss- und Potentialdifferenz der Überlagerungssatz.

2 Zweipole

In diesem Kapitel werden die Grundlagen und Besonderheiten der mechatronischen Zweitore sowie ihre Anwendung im Simulationssystem behandelt. Im Allgemeinen wird es sich sogar um lineare Eintore handeln. Bei Besonderheiten wie zum Beispiel Nichtlinearitäten oder Modellen mit tatsächlichem Zweitorcharakter wird gesondert darauf hingewiesen. Domänenspezifische Besonderheiten werden an der jeweiligen Stelle separat behandelt.

Reale komplexe mechatronische Systeme als eine Menge von Eintoren mit ihrer jeweiligen Verschaltung abzubilden, birgt immer die Gefahr von Fehlinterpretationen und Modellfehlern. Mechatronische Bauelemente liegen im Allgemeinen nicht so kompakt vor wie einfache elektronische Bauelemente. Vielmehr ist ihre Funktion gewissermaßen in der jeweiligen Konstruktion oder im Aufbau „versteckt". Hier kommt es oft auf Abstraktionsvermögen sowie Fähigkeiten in der Modellbildung an. Diese Eigenschaften können jedoch nur über eigenständiges Üben erlernt werden. Somit ist es sinnvoll, die nachfolgenden Schritte der Modellbildung tatsächlich selbst nachzuvollziehen und gegebenenfalls auf eigene spezifische Aufgabenstellungen abzuwandern.

Die Bedienung und Arbeitsweise der Simulationsumgebung werden dabei weitgehend vorausgesetzt. Nur dort, wo es explizit notwendig erscheint, werden spezielle Hinweise für die Bedienung gegeben.

2.1 Mechanik Translation

2.1.1 Träge Masse – mechatronische Kapazität

Das ideale mechanische Bauelement *träge Masse*[1] speichert als ideale Kapazität nur P-Energie. Da die Kapazität selbst keine dissipativen Eigenschaften besitzt, beinhaltet sie auch keine Leistungsverluste in Form von Prozessleistung. Das Ersatzschaltbild der idealen Kapazität enthält deshalb

- keine Induktivität
- einen Serienwiderstand von $R_S = 0$
- einen Parallelwiderstand von $R_P = \infty$

! Die träge Masse ist im Allgemeinen kein erdfreies Bauelement. Das bedeutet, dass alle in einem mechatronischen Netzwerk vorhandenen Massen in einem Punkt verbunden sind. Dieser Punkt hat immer die Geschwindigkeit null.

---

1 In der Mechanik sprechen wir auch von einem starren Körper.

https://doi.org/10.1515/9783110470857-002

Tab. 2.1: Träge Masse – mechatronische Kapazität

Beschreibung	Größe	Gleichung /	Formelzeichen	Maßeinheit
Bauelement	träge Masse	C_m	m_T	kg
Flussgröße i_P	Kraft	l_X	F	N
Differenzgröße i_P	Geschwindigkeit	Y	v	m/s
Eintorgleichung		$C_m = \frac{1}{v}\int F\,dt$		
Energie im Bauelement		$E = \frac{1}{2C_m}p^2$		
Co-Energie im Bauelement		$E_{Co} = \frac{C_m}{2}v^2$		
Energie allgemein		$E_{Co} = \frac{1}{2}v\cdot p$		
Symbol	mechanisch	C_M_T		
Symbol	mechatronisch	CM		
EAGLE			Mechatronik.lbr	
LTSpice			Mechatronik.lib	

Das Symbol der trägen Masse, exakt des starren Körpers, hat zwei Anschlusselemente, obwohl aus mechanischer Sicht die *träge Masse* vollständig durch ihren Schwerpunkt charakterisiert ist. Wo führt also der zweite Anschluss hin? Dazu sind abweichend von der bekannten elektrischen Kapazität besondere Überlegungen notwendig. Unter der Voraussetzung der Newton'schen Grundgesetze erfährt eine Masse unter der Einwirkung äußerer Kräfte eine Beschleunigung. Diese Beschleunigung muss gegen ein Inertialsystem gemessen werden. Da die Messung einer Differenz Y immer mindestens zwei Messpunkte erfordert, ist der ruhende oder mit konstanter Geschwindigkeit bewegte Bezugspunkt dem Bauelement *träge Masse* zuzuordnen. Erst beide Messpunkte, der Schwerpunkt der Masse und der Bezugspunkt des Inertialsystems bilden die Anschlussbauelemente des mechanischen Bauelementes *träge Masse*. Im Allgemeinen besitzen alle bewegten Massen innerhalb eines mechatronischen Netzwerkes ein gemeinsames Inertialsystem. Somit liegen auch alle mechatronischen Bauelemente *träge Masse* einseitig an diesem einen Bezugspunkt. Sie sind alle gemeinsam geerdet. Diese Schaltungsanordnung ist innerhalb der mechanischen Systeme eine Besonderheit und tritt so bei elektronischen Systemen nicht auf. Hier können elektrische Kapazitäten an unterschiedlichen Bezugspotentialen liegen. Diese Besonderheit mechanischer Systeme ist vor allem bei der Synthese von mechatronischen Netzwerken zu beachten. Nicht alle Synthesemethoden gehen von gemeinsam geerdeten Massen aus.

Übungsaufgaben

2.1. BEWEGUNG VON ZWEI MASSEN

Zwei ideale träge Massen bewegen sich mit unterschiedlichen Geschwindigkeiten auf einer gemeinsamen Bahn. Durch ihre Geschwindigkeitsdifferenz stoßen beide Massen genau zum Zeitpunkt t_0 zusammen und bewegen sich dann als ein neues Gesamtobjekt weiter.

- Berechnen Sie den Impuls und die Energie jeder Einzelmasse vor dem Stoßvorgang und den Impuls und die Energie des neuen Gesamtobjektes nach dem Stoßvorgang.
- Erstellen Sie das zugehörige mechatronische Netzwerk im Simulationssystem.
- Simulieren Sie den zeitlichen Verlauf der Geschwindigkeiten in einem Zeitbereich von 1 s.
- Wie ändert sich die Stoßkraft in Abhängigkeit der Stoßzeit?

Lösung

Eine ideale träge Masse besitzt keinerlei elastische Eigenschaften (Modell des starren Körpers). Deshalb kann bei einem Stoßvorgang nicht von einem elastischen Stoß ausgegangen werden. Vielmehr haften beide Massen nach ihrem Zusammenstoß aneinander.

Obwohl sich beide Massen frei bewegen können, sind sie keine erdfreien Bauelemente. Jeweils ein Bezugspunkt der Masse muss mit dem Inertialsystem verbunden sein. Die Geschwindigkeiten der beiden Massen werden äquivalent zum Bezugspunkt im gleichen Inertialsystem gemessen, d. h., die beiden Quellen der Differenzgröße liegen am gleichen Bezugspunkt wie die Massen. Vor dem Zusammenprall bewegen sich beide Massen mit ihren jeweiligen Geschwindigkeiten (S2 ist offen). Kurz vor dem Zusammenprall werden beide Massen von ihren jeweiligen Quellen gelöst (S1 und S3 öffnen), und genau zum Zeitpunkt des Zusammenpralls wird der Schalter S2 geschlossen (Abb. 2.1).

Geg.:	Massen	$m_1 = 1\,\text{kg}$	Geschwindigkeiten	$v_1 = 1\,\text{m/s}$
		$m_2 = 1\,\text{kg}$		$v_2 = 2\,\text{m/s}$
Lsg.:	Einzelimpulse	$p_1 = 1\,\text{Ns}$	Einzelenergie	$E_1 = 0{,}5\,\text{J}$
		$p_2 = 2\,\text{Ns}$		$E_2 = 2\,\text{J}$
	Gesamtimpuls $(t < t_0)$	$p_3 = 3\,\text{Ns}$	Gesamtimpuls $(t > t_0)$	$p_3 = 3\,\text{Ns}$
	Gesamtenergie $(t < t_0)$	$E_3 = 2{,}5\,\text{J}$	Gesamtenergie $(t > t_0)$	$E_3 = 2{,}25\,\text{J}$

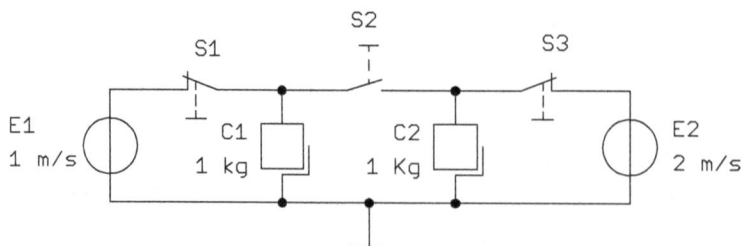

Abb. 2.1: Mechatronisches Netzwerk mit zwei unabhängig bewegten Einzelmassen

Simulation

Simulationsdatei: *Bsp_2_1.asc*

Die Bauelemente finden Sie über das
Menü KOMPONENT in den nebenstehenden Bibliotheken.

Bauelement	Bibliothek	Bemerkung
voltage	Standard	Spannungsquelle
sw	Standard	Schalter
C_m_p	Mechatronik.lib	träge Masse

Die Spannungsquellen V1 und V3 stellen als Differenzquellen die jeweiligen Geschwindigkeiten v_1 und v_2 für die Massen m_1 und m_2 bereit. Die Schalter SW2 und
SW3 sind dazu geschlossen. Kurz vor dem Zusammenprall beider Massen zum Zeitpunkt t_0 öffnen die Schalter SW2 und SW3, und beide Massen bewegen sich frei
mit ihren jeweiligen Geschwindigkeiten. Genau zum Zeitpunkt t_0 schließt der Schalter SW1, und beide Massen prallen aufeinander. Da der Schalter SW1 geschlossen
bleibt, bewegen sich nun beide Massen als eine einzige neue Masse m_3 weiter. Aus
dem Impulserhaltungssatz und dem sich nun einstellenden Gesamtimpuls kann die
Geschwindigkeit $v_3 = 1,5$ m/s der Gesamtmasse ermittelt werden. Exakt diese Geschwindigkeit stellt sich auch im Simulationsmodell ein (Abb. 2.3).

Vergleicht man jedoch die Energie beider Massen vor dem Zusammenprall und
die Energie der Gesamtmasse nach dem Zusammenprall, so fällt eine Energiedifferenz
von $\Delta E = 0,25$ J auf. Wo bleibt also diese fehlende Energie?

Dazu betrachten wir den Impulsstrom durch Schalter SW1 vor dem Zusammenprall, genau zum Zeitpunkt des Zusammenpralls und nach dem Zusammenprall. Vor
dem Zusammenprall und nach dem Zusammenprall ist der Impulsstrom jeweils null.
Das bedeutet, dass kein Impulsaustausch zwischen den Massen stattfindet. Genau
zum Zeitpunkt des Zusammenpralls wird der Impulsstrom jedoch unendlich groß.[2]
Damit wirken unendlich große Kräfte zwischen beiden Massen. Sie würden tatsäch-

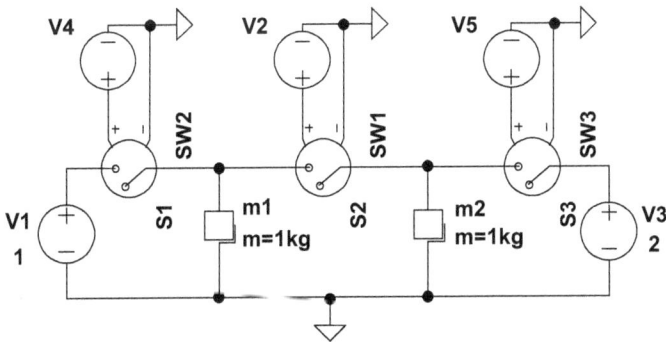

Abb. 2.2: LTSpice-Realisierung der zwei unabhängig bewegten Einzelmassen

---

2 Die endliche Größe des Impulsstroms in der Simulation resultiert aus der endlichen Schaltzeit von
SW1.

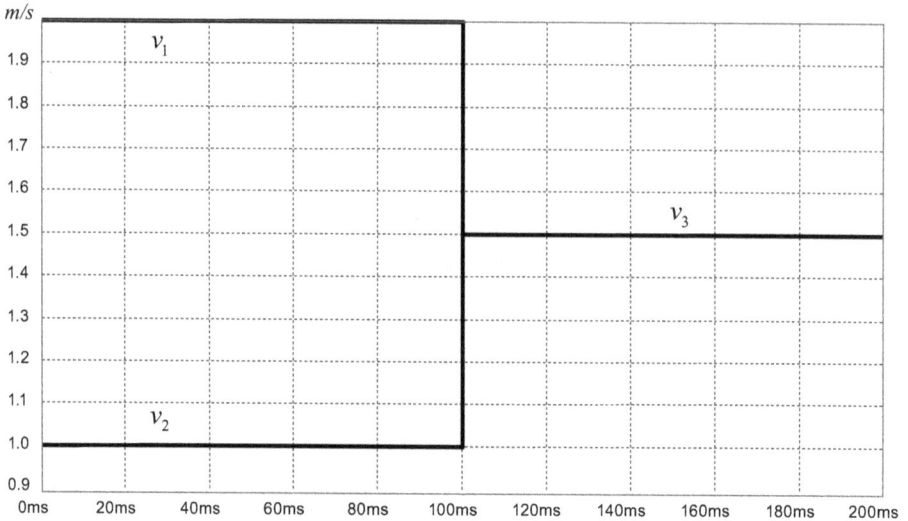

Abb. 2.3: Geschwindigkeiten der beiden Massen vor und nach ihrem Kontakt

lich sofort voneinander abprallen. Der geschlossene Schalter verhindert jedoch diese Bewegung, da beide Schwerpunkte auf das gleiche Potentialniveau gezwungen werden. Weiterhin beinhaltet das Modell der idealen trägen Masse ja selbst keine Elastizität. Bei einem realen Stoßvorgang würde genau diese Elastizität den Impulsstrom begrenzen.

! Das Modell der idealen trägen Masse ist für die Analyse von Stoßvorgängen ungeeignet.

2.1.2 Steifigkeit – mechatronische Induktivität

Die mechanische Steifigkeit ist eine physikalische Größe, die eng mit der höheren Festigkeitslehre verknüpft ist. Sie lässt sich im Allgemeinen nicht durch eine einfache Gleichung beschreiben. Vielmehr ist sie ein Maß dafür, wie ein Körper auf äußere Beanspruchungen mit elastischen Verformungen reagiert. Somit hängt die Steifigkeit eines mechanischen Bauteils nicht nur von den elastischen Eigenschaften des Werkstoffes ab, sondern auch stark von der Geometrie des Bauteils.

Die Spannungsbeziehungen eines Bauteils werden durch den Spannungstensor erfasst. Dabei führen äußere Belastungen auf einen Verzerrungstensor. Den Zusammenhang zwischen dem Spannungs- und Verzerrungszustand stellen die jeweiligen Stoffgesetze (Materialgesetze) her. Der einfachste Ansatz zwischen Spannungen und Verzerrungen ist ein linear-elastischer Zusammenhang. Damit kann praktisch das Werkstoffverhalten vieler Metalle sehr gut in erster Näherung beschrieben werden.

Beschränken wir uns zunächst auf den einachsigen Spannungszustand, zum Beispiel ein nur in Längsrichtung belasteter Zugstab, so existiert eine einfache Proportionalität zwischen der Spannung und der Dehnung.

$$\sigma = E \cdot \varepsilon$$

Der Proportionalitätsfaktor, das Elastizitätsmodul E, ist dabei eine Werkstoffkonstante. Ersetzt man die Spannung durch die Normalspannung

$$\sigma = \frac{F}{A}$$

kann das Hooke'sche Gesetz in der folgenden Form formuliert werden:

$$\varepsilon = \frac{F}{E \cdot A}$$

Der Faktor $E \cdot A$ beschreibt, inwieweit die Dehnung (eine relative Längenänderung) mit der Ursache, der Kraft, zusammenhängt. Somit wird dieser Faktor auch als relative (Dehn-)Steifigkeit bezeichnet. Ähnliche Zusammenhänge finden wir auch bei den Belastungsarten Torsion oder Biegung. Hier existieren äquivalente relative Steifigkeiten.

$$\kappa = \frac{M_b}{E \cdot I}; \quad E \cdot I \; - \; \text{Biegesteifigkeit}$$

$$\varphi' = \frac{M_t}{G \cdot I_T}; \quad G \cdot I_T \; - \; \text{Torsionssteifigkeit}$$

Praktisch ist jedoch die Dehnung, die Krümmung oder die Drillung als relatives Maß recht schwer zu bestimmen. Einfacher ist es, eine absolute Größe wie zum Beispiel die Längenänderung, den Drehwinkel oder die Durchbiegung zu bestimmen. Betrachten wir dazu wiederum den nur in Längsrichtung belasteten Zugstab und ersetzen die relative Größe Dehnsteifigkeit durch eine absolute Größe Steifigkeit c.

$$\varepsilon = \frac{\Delta L}{L} = \frac{F}{EA}; \quad EA = c \cdot L$$

$$\varepsilon = \frac{F}{c \cdot L}$$

Wie wir an der Bestimmungsgleichung

$$c = \frac{EA}{L}$$

erkennen, wird die relative Größe Dehnsteifigkeit auf die absolute Länge L bezogen. Die so definierte Größe ist eine absolute Steifigkeit oder kurz Federkonstante. In dieser Darstellung wird ein weiterer Zusammenhang deutlich. Formt man das Hooke'sche Gesetz nach der Kraft um,

$$F = c \cdot \Delta L$$

entspricht diese Formulierung direkt dem induktiven Gesetz.

$$L = \frac{Ex}{I_X}$$

Beim einachsigen Spannungszustand am Zugstab entspricht die mechatronische Induktivität der inversen absoluten Steifigkeit.

$$L = \frac{\Delta L}{F} = \frac{1}{c} = n$$

Der Kehrwert der absoluten Steifigkeit wird auch Nachgiebigkeit genannt. Im allgemeinen Belastungsfall ist eine einfache Trennung der Steifigkeit nach den Belastungsarten jedoch nicht mehr möglich. Die zu ermittelnden Steifigkeiten bilden dann einen Steifigkeitstensor.

Um mittels mechatronischer Netzwerke dennoch eine Simulation durchführen zu können, wird ein stark vereinfachtes Bauelement, die mechanische Induktivität, eingeführt. Das ideale mechanische Bauelement Steifigkeit ist eine absolute Größe und speichert nur T-Energie. Da Reibungseigenschaften und Materialdämpfungen unberücksichtigt bleiben, beinhaltet die Steifigkeit keine Leistungsverluste in Form von Prozessleistung. Der linear-elastische Zusammenhang gilt immer nur in einer Bewegungsrichtung. Kopplungen, die durch räumliche Verzerrungen auftreten, werden nicht berücksichtigt. Das Ersatzschaltbild der idealen Steifigkeit enthält deshalb
- keine Kapazität
- einen Serienwiderstand von $R_S = 0$
- einen Parallelwiderstand von $R_P = \infty$

Tab. 2.2: Nachgiebigkeit – mechatronische Induktivität

Beschreibung	Größe	Gleichung /	Formelzeichen	Maßeinheit
Bauelement	Nachgiebigkeit	L_m	n	m/N
Flussgröße i_P	Kraft	I_X	F	N
Differenzgröße i_P	Geschwindigkeit	Y	v	m/s
Eintorgleichung		$L_m = \frac{1}{F} \int v \, dt$		
Energie im Bauelement		$E = \frac{1}{2L_m} s^2$		
Co-Energie im Bauelement		$E_{Co} = \frac{L_m}{2} F^2$		
Energie allgemein		$E_{Co} = \frac{1}{2} s \cdot F$		
Symbol	mechanisch	L_M_T		
Symbol	mechatronisch	LM		
EAGLE			Mechatronik.lbr	
LTSpice			Mechatronik.lib	

Übungsaufgaben

2.2. REIHENSCHALTUNG VON ZWEI STEIFIGKEITEN (FEDERN)
Zwei Federn werden in Reihe geschaltet, d. h., eine von außen angreifende Kraft fließt mit gleicher Intensität durch beide Federn.
- Bestimmen Sie die Kraft durch jede einzelne Feder. Bestimmen Sie den Weg an jeder einzelnen Feder.
- Ersetzen Sie die beiden Einzelfedern durch eine Ersatzfeder mit identischen Eigenschaften.
- Erstellen Sie das zugehörige mechatronische Netzwerk im Simulationssystem.
- Simulieren Sie den zeitlichen Verlauf der Kräfte und Wege.

Lösung
Die Stromquelle F1 stellt als Flussquelle die Kraft F bereit. Dabei wird die Kraft in 100 ms linear von 0 N auf 1 N erhöht. Anschließend bleibt sie bis zum Ende der Simulationszeit konstant 1 N. Bei der Reihenschaltung beider Federn sind die jeweiligen Federwege gesucht. Dazu ist die Potentialdifferenz Geschwindigkeit einmal zu integrieren. In der Schaltungsanordnung sind beide Induktivitäten in Reihe zu schalten. Da die Induktivitäten direkt der Nachgiebigkeit entsprechen, erhalten beide Bauelemente den Kehrwert der geforderten Steifigkeit (Abb. 2.4).

Geg.: Steifigkeiten $c_1 = 100$ N/m Kraft $F = 1$ N
$c_2 = 100$ N/m

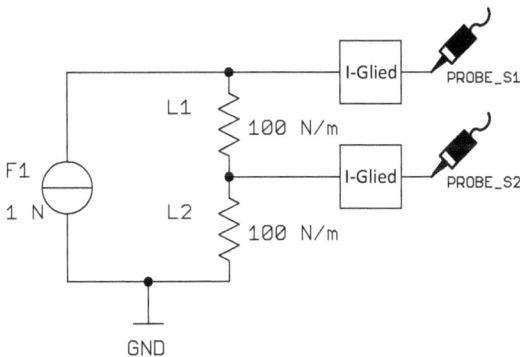

Abb. 2.4: Mechatronisches Netzwerk einer Reihenschaltung von zwei Federn

Simulation
Simulationsdatei: *Bsp_2_2.asc*

Die Bauelemente finden Sie über das Menü KOMPONENT in den nebenstehenden Bibliotheken.

Bauelement	Bibliothek	Bemerkung
current	Standard	Stromquelle
I-Glied	Control.lib	Integrator
inductor	Standard	Induktivität

Als Schaltungssimulation ist eine DC-Analyse (Time = 500 ms) durchzuführen. Da beide Steifigkeiten als verlustfreie Bauelemente zu simulieren sind, wird der jeweilige Serienwiderstand auf null gesetzt. Über den Integrator kann nun an jedem Knoten exakt der jeweilige Federweg gemessen werden. Mittels der Stromzange wird der Kraftfluss durch jede Feder gemessen. Wie zu erwarten fließt durch jede Feder exakt der gleiche Kraftfluss von genau 1 N. Da beide Federn die gleichen Federsteifigkeiten aufweisen, stellen sich bei der Simulation für jede Feder auch die gleichen Federwege ein. So betragen der Federweg vom Nullpunkt bis zum Punkt X1 10 mm und der Federweg vom Punkt X1 bis zum Punkt X2 ebenfalls 10 mm. Mit diesem Experiment kann die Steifigkeit einer Ersatzfeder berechnet werden. Wie wir sehen, ist der Gesamtfederweg die Summe der Einzelfederwege.

$$x_{\text{ges}} = \sum_{i=1}^{n} x_i = x_1 + x_2 + \ldots x_n$$

Der Kraftfluss durch jede einzelne Feder ist jedoch bei der Reihenschaltung immer gleich.

$$F = c_i \cdot x_i$$

Setzen wir nun die Einzelwege in den Gesamtweg ein, erhalten wir

$$x_{\text{ges}} = \sum_{i=1}^{n} \frac{F}{c_i}.$$

Für eine Ersatzfeder kann über den Gesamtweg und die Kraft eine Ersatzsteifigkeit bestimmt werden.

$$x_{\text{ges}} = \frac{F}{c_{\text{ges}}}$$

Somit erhalten wir eine Bestimmungsgleichung für eine äquivalente Ersatzsteifigkeit.

$$\frac{1}{c_{\text{ges}}} = \sum_{i=1}^{n} \frac{1}{c_i} \quad n_{\text{ges}} = \sum_{i=1}^{m} n_i \tag{2.1}$$

Bei der Reihenschaltung von Federn werden die Nachgiebigkeiten addiert.

2.3. PARALLELSCHALTUNG VON ZWEI STEIFIGKEITEN (FEDERN)
Zwei Federn werden parallel geschaltet, d. h., eine von außen angreifende Kraft teilt sich den Fluss durch beide Federn.
- Bestimmen Sie die Kraft durch jede einzelne Feder. Bestimmen Sie den Weg an jeder einzelnen Feder.
- Ersetzen Sie die beiden Einzelfedern durch eine Ersatzfeder mit identischen Eigenschaften.
- Erstellen Sie das zugehörige mechatronische Netzwerk im Simulationssystem.
- Simulieren Sie den zeitlichen Verlauf der Kräfte und Wege.

Lösung

Die Stromquelle F1 stellt als Flussquelle die Kraft F bereit. Dabei wird die Kraft in 100 ms linear von 0 N auf 1 N erhöht. Anschließend bleibt sie bis zum Ende der Simulationszeit konstant 1 N. Bei der Parallelschaltung beider Federn ist der Gesamtfederweg gesucht. Dazu ist die Potentialdifferenz Geschwindigkeit einmal zu integrieren. In der Schaltungsanordnung sind beide Induktivitäten parallel zu schalten. Da die Induktivitäten direkt den Nachgiebigkeiten entsprechen, erhalten beide Bauelemente den Kehrwert der geforderten Steifigkeit (Abb. 2.5).

Geg.:　Steifigkeiten　$c_1 = 100$ N/m　Kraft　$F = 1$ N
　　　　　　　　　　$c_2 = 100$ N/m

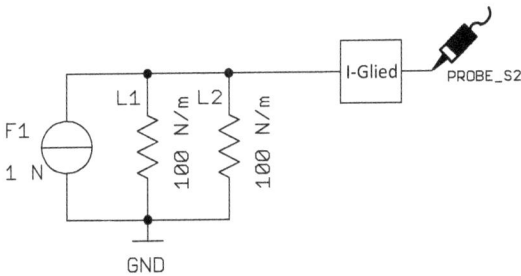

Abb. 2.5: Mechatronisches Netzwerk einer Parallelschaltung von zwei Federn

Simulation

Simulationsdatei: *Bsp_2_3_a.asc*

Die Bauelemente finden Sie über das Menü KOMPONENT in den nebenstehenden Bibliotheken.

Bauelement	Bibliothek	Bemerkung
current	Standard	Stromquelle
I-Glied	Control.lib	Integrator
inductor	Standard	Induktivität

Als Schaltungssimulation ist eine DC-Analyse (Time = 500 ms) durchzuführen. Da beide Steifigkeiten als verlustfreie Bauelemente zu simulieren sind, wird der jeweilige Serienwiderstand auf null gesetzt. Über den Integrator kann am gemeinsamen Knoten exakt der Federweg beider Steifigkeiten gemessen werden. Mittels der Stromzange wird der Kraftfluss durch jede Einzelfeder gemessen. Wie zu erwarten, teilt sich der Kraftfluss durch beide Steifigkeiten auf. Nur in der Zuleitung der Flussquelle beträgt der Kraftfluss genau 1 N. Da beide Federn die gleichen Federsteifigkeiten aufweisen, halbiert sich der Gesamtkraftfluss genau. Die Federwege beider Einzelfedern sind identisch X = 5 mm. Mit diesem Experiment kann die Steifigkeit einer Ersatzfeder berechnet werden.

Durch die Parallelschaltung der Federn sind die Federwege alle gleich.

$$x_{ges} = x_1 = x_2 = x_i$$

Die Gesamtkraft teilt sich jedoch im gemeinsamen Knoten in Einzelkräfte auf.

$$F_{ges} = \sum_{i=1}^{n} F_i = F_1 + F_2 + \ldots + F_n$$

Dabei wird jede Einzelkraft durch die jeweilige Einzelsteifigkeit und den Gesamtweg aller Federn bestimmt.

$$F_i = c_i \cdot x_{ges}$$

Somit kann für die Einzelkraft eine Summenform angegeben werden.

$$F_{ges} = \sum_{i=1}^{n} c_i \cdot x_{ges} = c_{ges} \cdot x_{ges} \tag{2.2}$$

Die Gesamtsteifigkeit (Ersatzsteifigkeit) von parallel geschalteten Federn ergibt sich aus der Summe der Einzelsteifigkeiten.

Simulation

Simulationsdatei: *Bsp_2_3_b.asc*

Die Bauelemente finden Sie über das Menü KOMPONENT in den nebenstehenden Bibliotheken.

Bauelement	Bibliothek	Bemerkung
current	Standard	Stromquelle
I-Glied	Control.lib	Integrator
Steifigkeit	Mechatronik.lib	Induktivität

Um in einem mechatronischen Netzwerk direkt mit den jeweiligen Bauelementen einer physikalischen Domäne arbeiten zu können, bietet sich die LTSpice-Bibliothek *Mechatronik.lib* an. Die hier zusammengefassten Bauelemente werden direkt mit ihren physikalischen Parametern spezifiziert. Mechatronische Induktivitäten, in der Mechanik Steifigkeiten, erhalten auch den Zahlenwert ihrer Steifigkeit. Es muss also nicht wie im vorhergehenden Beispiel mit den jeweiligen Nachgiebigkeiten gearbeitet werden. Die unterschiedlichen Symbole erleichtern zudem die optische Trennung unterschiedlicher physikalischer Domänen.

Bei der Simulation von idealen parallel geschalteten Induktivitäten (Abb. 2.6) ist die Funktionsweise des internen Gleichungslösers zu beachten. Bei parallel geschalteten Bauelementen in einer Masche darf der Gleichstromwiderstand nicht gleich null sein. Das führt zu einem Simulationsabbruch. Diese Bedingung kann dadurch vermieden werden, indem einer der beiden Steifigkeiten ein sehr kleiner Gleichstromwiderstand (1E-99) zugeordnet wird. Die jeweilige Syntax dieser Parameter ist aus dem Anhang der *Mechatronik.lib* zu entnehmen.

2.1.3 Dämpfung – mechatronischer Widerstand

Unter einem mechatronischen Widerstand verstehen wir ein passives, rein dissipatives Bauelement. Die Dissipation ist dabei ein Prozess, bei dem Energie zerstreut und

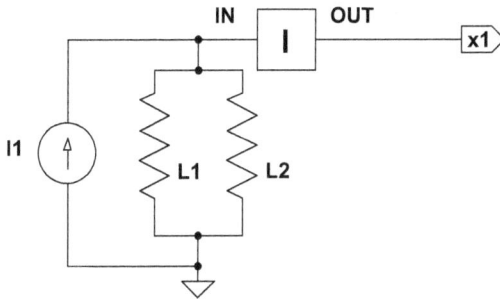

Abb. 2.6: Parallelschaltung von Federn in korrekter grafischer Darstellung

in Entropie umgewandelt wird. In der Mechanik spricht man auch von Dämpfung. Dämpfungsursachen können dabei sehr vielfältig sein und sowohl auf makroskopischen als auch auf mikroskopischen Effekten beruhen. Makroskopische Effekte sind zum Beispiel eine äußere Reibung oder Strömungen zwischen Festkörpern. Mikroskopische Effekte beschreiben das Materialverhalten in Form von innerer Reibung oder Plastizität.

Um in der Mechanik Dämpfungsvorgänge zu erfassen, gehen wir zunächst von einem elastisch deformierbaren Körper aus.

Unter dem Einfluss äußerer Lasten verformt sich dieser Körper in seinen drei Raumkomponenten (Abb. 2.7). Die dabei auftretenden Deformationen können durch einen Verzerrungstensor [8] beschrieben werden. Prinzipiell kann der Verzerrungstensor in zwei unabhängige Anteile zerlegt werden, denen eine besondere physikalische Bedeutung zukommt [9]. Ein Anteil, der Deviator, gibt die Gestaltänderung des Körpers bei konstantem Volumen wieder. Der zweite Anteil, der Kugeltensor, ist dadurch gekennzeichnet, dass die Dehnungen in allen drei Achsrichtungen gleich sind und die Winkeländerungen null ergeben. T^D, der Deviator, beschreibt also eine volumentreue Gestaltänderung und T^K, der Kugeltensor, eine gestalttreue Volumenänderung.

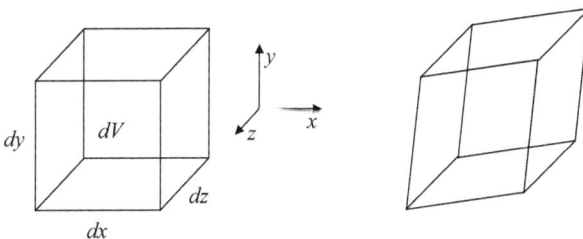

Abb. 2.7: Elastisch deformierbarer Körper

Den Zusammenhang zwischen dem Spannungstensor und dem Verzerrungstensor gibt uns das Hooke'sche Gesetz. Nun verhalten sich jedoch die meisten Materialien weder rein elastisch noch wie zähe Flüssigkeiten, vielmehr existiert eine Reihe von recht komplexen Materialmodellen. Sehr viele Werkstoffe verhalten sich bei reiner Druckbelastung in erster Näherung entsprechend dem Hooke'schen Gesetz. Im Modell eines mechatronischen Bauelementes entspricht dieser Effekt einer Steifigkeit bzw. einer mechatronischen Induktivität. Treten jedoch zusätzlich Schubspannungen auf, so zeigt sich ein sehr unterschiedliches Verhalten der verschiedenen Werkstoffe. Neben dem Hooke'schen Gesetz beobachten wir auch ein Verhalten, das als Newton'sche Flüssigkeit bezeichnet wird.

$$\sigma_{ik} \sim \dot{\varepsilon}_{ik} \tag{2.3}$$

Die Spannungen verhalten sich hierbei proportional zur Dehnungsgeschwindigkeit. Genau dieses Verhalten entspricht dem geforderten dissipativen Prozess für einen mechatronischen Widerstand. Der mechatronische Widerstand bzw. die mechanische Dämpfung ist also nur ein Anteil des Materialverhaltens mechanischer Werkstoffe. Um für die mechatronischen Netzwerke ein Bauelement mit genau diesem Anteil zu entwerfen, betrachten wir wiederum das viskose Materialverhalten der Newton'schen Flüssigkeit in einer Koordinatenrichtung (einachsiger Spannungszustand). Somit können für Spannungen Kräfte und für die Dehnungen bzw. Dehnungsgeschwindigkeiten Wege und Geschwindigkeiten angesetzt werden.

Stellen wir uns vor, der zu untersuchende Werkstoff wird über eine harmonische Wegfunktion belastet (Abb. 2.8).

$$x(t) = \hat{x} \cdot \sin(\Omega t)$$

Um mit der mechatronisch konjugierten Variable zu arbeiten, muss die Wegfunktion durch Differentiation in eine Potentialdifferenz überführt werden.

$$v(t) = \Omega \cdot \hat{x} \cdot \cos(\Omega t)$$

Die Dämpferkraft entsteht durch obige Annahme aus dem Modell des Newton'schen Fluides (Gl. 2.3). Sie ist also proportional zur Geschwindigkeit.

$$F_D = k \cdot v(t)$$

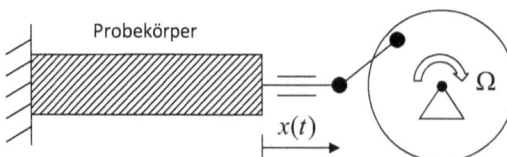

Abb. 2.8: Harmonische Belastung eines Probekörpers

Aus dem Produkt der Dämpferkraft und der Dehnungsgeschwindigkeit kann nun ganz im Sinne der konstitutiven Gesetze (Abbildung 1.20) die dissipative Leistung ermittelt werden, welche im untersuchten Werkstoff in Entropie umgesetzt wird. Das zugehörige mechatronische Bauelement ist der gesuchte Widerstand.

Interessant ist die Fragestellung nach der notwendigen Energie für die Energiedissipation im Widerstand. Dazu kann die Leistung im Bauelement über eine volle Periode der harmonischen Erregung aufintegriert werden.

$$\int_0^T F_D(t) \cdot v(t) dt = \pi \, k \, \Omega \, \hat{x}^2$$

Eliminiert man aus einer der verwendeten mechatronischen Variablen $F(t)$ oder $v(t)$ die Zeit und setzt sie in die jeweilige andere Variable ein, ergibt sich die Parameterform.

$$\frac{x^2}{\hat{x}^2} + \frac{F_D^2}{k^2 \Omega^2 \hat{x}^2} = 1$$

Diese Gleichung entspricht einer Ellipsengleichung mit den beiden Halbachsen a und b.

$$\frac{x^2}{a^2} + \frac{F_D^2}{b^2} = 1$$

Der Flächeninhalt (Abb. 2.9) der Ellipse

$$A = \pi \cdot a \cdot b = \pi \, k \, \Omega \, \hat{x}^2$$

gibt genau die dissipierte Energie im mechatronischen Widerstand wieder.
Das ideale mechatronische Bauelement Dämpfung ist nur eine Komponente der Materialeigenschaften mechanischer Systeme. Da dabei die elastischen Eigenschaften vernachlässigt werden, beinhaltet die Komponente Dämpfung keinerlei Energiespeicher. Vielmehr wird die dissipative Energie vollständig in Entropie gewandelt. Das Ersatzschaltbild der idealen mechanischen Dämpfung enthält
- keine Kapazität
- keine Induktivität

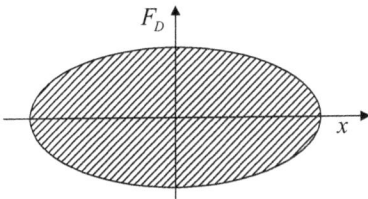

Abb. 2.9: Energiedissipation bei harmonischer Belastung

Tab. 2.3: Dämpfung – mechatronischer Widerstand

Beschreibung	Größe	Gleichung / Formelzeichen		Maßeinheit
Bauelement	Dämpfung	R_m	d	m/Ns
Flussgröße i_P	Kraft	I_X	F	N
Differenzgröße i_P	Geschwindigkeit	Y	v	m/s
Eintorgleichung		$R_m = \dfrac{v}{F}$		
Leistung im Bauelement		$P = F \cdot v$		
Leistung im Bauelement		$P = R_m \cdot F^2$		
Leistung im Bauelement		$P = \dfrac{1}{R_m} v^2$		
Symbol	mechanisch	R_M_T		
Symbol	mechatronisch	RM		
EAGLE		Mechatronik.lbr		
LTSpice		Mechatronik.lib		

Übungsaufgaben

2.4. DISSIPIERTE ENERGIE EINES MECHANISCHEN DÄMPFERS (WIDERSTAND)
Ein mechanischer Dämpfer wird über eine äußere Wegfunktion harmonisch erregt.
- Bestimmen Sie die dissipierte Energie im mechanischen Dämpfer.
- Erstellen Sie das zugehörige mechatronische Netzwerk im Simulationssystem.
- Simulieren Sie den zeitlichen Verlauf der Kräfte und Wege.

Lösung

Die Spannungsquelle V1 stellt als Potentialdifferenz die Geschwindigkeit $v(t)$ mit einer Erregerfrequenz von 1 Hz und einer Erregergeschwindigkeit von 1 m/s bereit. Da für die dissipierte Energie die Wegfunktion benötigt wird, ist diese über eine einfache Integration zu gewinnen. Erhält die Spannungsquelle eine Phasenverschiebung von +90°, so ist die Integrationskonstante des nachgeschalteten Integrators gerade null. Das Zusammenwirken der beteiligen mechatronischen Grundgrößen zeigt Abb. 2.10.

Geg.: Geschwindigkeit $v = 1$ m/s Erregerfrequenz $f = 1$ Hz

Simulation

Simulationsdatei: *Bsp_2_4_a.asc*

Die Bauelemente finden Sie über das Menü KOMPONENT in den nebenstehenden Bibliotheken.

Bauelement	Bibliothek	Bemerkung
voltage	Standard	Spannungsquelle
I-Glied	Control.lib	Integrator
Dämpfung	Mechatronik.lib	Widerstand

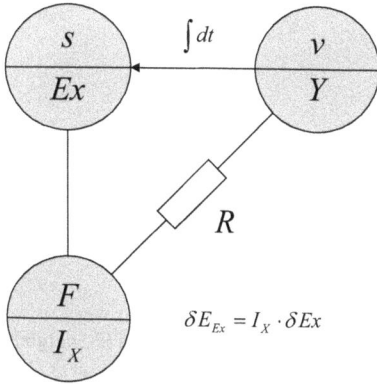

$$\delta E_{Ex} = I_X \cdot \delta Ex$$

Abb. 2.10: Bildung der dissipierten Energie (T-Energie) an einem mechanischen Dämpfer

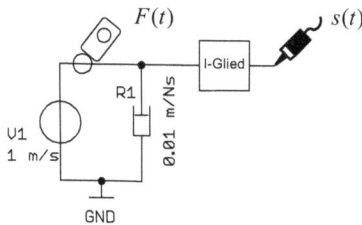

Abb. 2.11: Energiedissipation (T-Energie) der mechanischen Dämpfung als mechatronischer Widerstand

In dieser Simulation kann direkt mit dem mechanischen Bauelement *Dämpfung* gearbeitet werden. Es befindet sich in der LTSpice-Bibliothek *Mechatronik.lib*. Die hier zusammengefassten Bauelemente werden direkt mit ihren physikalischen Parametern spezifiziert. Mechatronische Widerstände in Form von mechanischer Dämpfung erhalten den Zahlenwert einer Stokes'schen Dämpfungskonstanten. Es muss also nicht mit dem Kehrwert eines Widerstandes gearbeitet werden. Um die Energiedissipation (Abb. 2.9) im Simulationssystem darzustellen, sind für die y-Achse der Kraftverlauf (Strom durch die Spannungsquelle V1) und für die x-Achse der Weg (Integration der Geschwindigkeit) zu wählen (Abb. 2.11).

Die in der Simulation 2.4.a dargestellte Methode zur Berechnung der dissipierten Energie stellt jedoch keineswegs die einzige Methode zur Energieberechnung dar. Abb. 1.17 machte deutlich, dass in jeder physikalischen Domäne zwei Formen der Energie existieren. Im Beispiel 2.4.a wurde dabei die T-Energie verwendet. Benutzt man zur Energieberechnung die Grundgrößen Impuls und die Geschwindigkeit, so erhält man selbstverständlich exakt die gleiche dissipierte Energie am Widerstand. In diesem Fall ist die berechnete Energie jedoch P-Energie (Abb. 2.12).

Simulation

Simulationsdatei: *Bsp_2_4_b.asc*

Die Bauelemente finden Sie über das Menü KOMPONENT in den nebenstehenden Bibliotheken.

Bauelement	Bibliothek	Bemerkung
bv	Standard	Spannungsquelle
I-Glied	Control.lib	Integrator
resistor	Standard	Widerstand

$$\delta E_X = Y \cdot \delta X$$

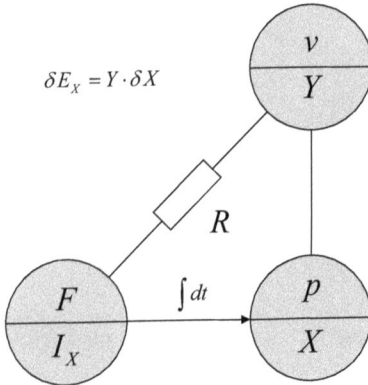

Abb. 2.12: Bildung der dissipierten Energie (P-Energie) an einem mechanischen Dämpfer

In dieser Simulation wird statt mit dem mechanischen Bauelement *Dämpfung* direkt mit dem Widerstand gearbeitet. Mechatronische Widerstände in Form von mechanischer Dämpfung erhalten den Zahlenwert einer Stokes'schen Dämpfungskonstanten. Da der Widerstandswert der Kehrwert der Dämpfungskonstanten ist, muss im Simulationsmodell mit dem Kehrwert gearbeitet werden. Um die Energiedissipation (Abb. 2.9) im Simulationssystem für die P-Energie darzustellen, sind für die y-Achse die Spannung der Spannungsquelle V1 (Geschwindigkeit am Dämpfer) und für die x-Achse der Impuls (Integration der Kraft) zu wählen.

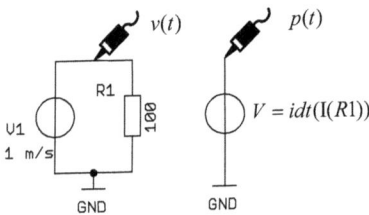

Abb. 2.13: Energiedissipation (P-Energie) der mechanischen Dämpfung als mechatronischer Widerstand

Übungsaufgaben

2.5. VERGRÖSSERUNGSFUNKTION

Die Vergrößerungsfunktion ist eine charakteristische Funktion der Maschinendynamik. Sie stellt den Zusammenhang zwischen der Eingangsgröße und der Ausgangsgröße eines von außen angeregten mechanischen Systems im eingeschwungenen Zustand her.

- Bestimmen Sie die Vergrößerungsfunktion für einen Einmassenschwinger mit harmonischer Krafterregung.
- Erstellen Sie das zugehörige mechatronische Netzwerk im Simulationssystem.
- Simulieren Sie die Vergrößerungsfunktion sowie den Phasenfrequenzgang im Frequenzbereich.

Lösung

Für die Herleitung der Vergrößerungsfunktion eines Einmassenschwingers bei harmonischer Krafterregung gehen wir von einem einfachen Modell nach Abb. 2.14 aus.

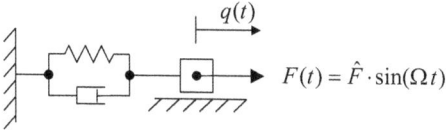

Abb. 2.14: Einmassenschwinger mit harmonischer Krafterregung

Eine reibungsfrei gelagerte Masse wird im Schwerpunkt mit einer konstanten Kraftamplitude harmonisch erregt. Weiterhin ist die Masse über einen Voigt-Kelvin-Körper mit dem Fundament gekoppelt. Über den Impulssatz kann die Differentialgleichung für die Bewegungskoordinate $q(t)$ aufgestellt werden.

$$m\,\ddot{q} + k\,\dot{q} + c\,q = \hat{F} \cdot \sin(\Omega\,t)$$

Da die Vergrößerungsfunktion nur den eingeschwungenen Zustand des mechanischen Systems beschreibt, ist auch nur die partikuläre Lösung der Differentialgleichung erforderlich. Der harmonische Ansatz

$$q_p(t) = A \cdot \cos(\Omega\,t) + B \cdot \sin(\Omega\,t) = C \cdot \sin(\Omega\,t - \varphi)$$

führt auf die partikuläre Lösung der Differentialgleichung.

$$q_p(t) = \frac{\hat{F}}{m \cdot \omega_0^2} \cdot \frac{1}{\sqrt{(1 - \eta^2)^2 + (2\,D\pi)^2}} \cdot \sin(\Omega\,t - \varphi)$$

$$q_p(t) = \frac{\hat{F}}{m \cdot \omega_0^2} \cdot V(\Omega, D) \cdot \sin(\Omega\,t - \varphi)$$

Diese Lösung kann direkt nach der gesuchten Vergrößerungsfunktion umgeformt werden.

$$V(\Omega, D) = \frac{q_p}{\hat{F}} \cdot m \cdot \omega_0^2 = \frac{q_p}{\hat{F}} \cdot c = \frac{q_p}{q_{st}} = \frac{1}{\sqrt{(1 - \eta^2)^2 + (2\,D\pi)^2}} \qquad (2.4)$$

Die Vergrößerungsfunktion wird also als Quotient aus der Ausgangsamplitude $q_p(t)$ und dem statischen Weganteil, bestehend aus der Erregerkraft und der Federsteifigkeit, gebildet.

Geg.: Masse $\quad m = 0{,}1\ \text{kg}\qquad$ Erregerkraft $\quad F = 10\ \text{N}$

Steifigkeit $\quad c = 394{,}78\ \text{N/m}\qquad$ Dämpfungsmaß $\quad D = 0{,}05$

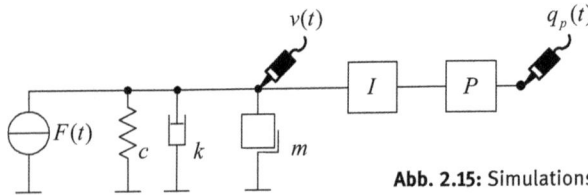

Abb. 2.15: Simulationsmodell des Einmassenschwingers

Simulation

Simulationsdatei: *Bsp_2_5.asc*

Die Bauelemente finden Sie über das Menü KOMPONENT in den nebenstehenden Bibliotheken.

Bauelement	Bibliothek	Bemerkung
F(t)	Standard	Stromquelle
P-Glied	Control.lib	proportional
I-Glied	Control.lib	Integrator
Masse	Mechatronik.lib	Kapazität
Feder	Mechatronik.lib	Induktivität
Dämpfung	Mechatronik.lib	Widerstand

Die Masse des mechanischen Systems sowie die Bauelemente für den Voigt-Kelvin-Körper werden der LTSpice-Bibliothek *Mechatronik.lib* entnommen. Die Masse, das Voigt-Kelvin-Modell und die Krafterregung erhalten ein gemeinsames Massepotential (Geschwindigkeit null). Da für die Vergrößerungsfunktion der Schwingweg benötigt wird, ist die Geschwindigkeit einmal zu integrieren. Die Division mit dem statischen Weganteil erfolgt mittels eines Proportionalgliedes der Verstärkung (Abb. 2.15):

$$P = \frac{1}{q_{st}}$$

Wie die Gleichung der Vergrößerungsfunktion zeigt, geht Gl. 2.4 für kleine Erregerfrequenzen gegen den Wert eins. Bei großen Erregerfrequenzen nähert sich die Vergrößerungsfunktion asymptotisch null. Lediglich um die Resonanzfrequenz ändert sich die Vergrößerungsfunktion in Abhängigkeit vom Dämpfungsmaß (Abb. 2.16).

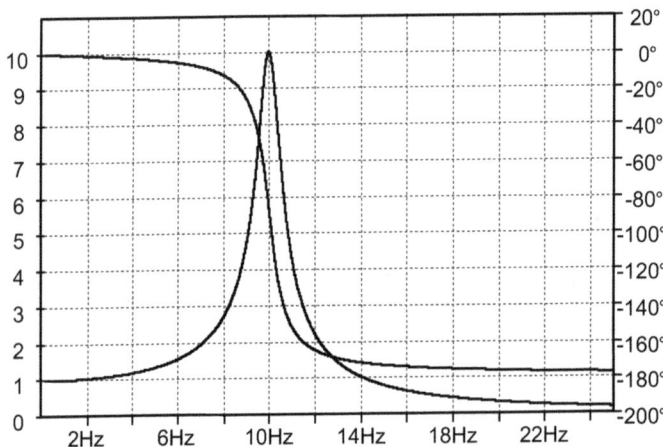

Abb. 2.16: Vergrößerungsfunktion und Phasengang einer Krafterregung

Komplexaufgaben

2.6. SCHWINGUNGSTILGER FÜR EIN BRÜCKENBAUWERK
Schwingungstilger sind besondere mechanische Konstruktionen zur Schwingungsminimierung. Dabei bildet eine Tilgermasse zusammen mit einer Tilgerfeder ein schwingungsfähiges Gebilde, welches auf die zu eliminierende Eigenfrequenz der zu schützenden Konstruktion eingestellt wird. Nun führt die eigentliche Konstruktion auf dieser Frequenz nur noch sehr geringe Bewegungen aus. Bei der Tilgerfrequenz kann der Tilger große Auslenkungen ausführen, und die Kräfte am Federansatzpunkt werden daher ebenfalls groß. Der Schwingungstilger entzieht bei der Tilgerfrequenz der Konstruktion Schwingungsenergie für seine eigenen Schwingbewegungen. Durch die Kopplung der beiden schwingungsfähigen Gebilde entstehen allerdings unter- und oberhalb der Tilgereigenfrequenz neue Eigenfrequenzen, die aus der Kombination der Struktur mit dem Tilger entstehen.
-   Entwerfen Sie ein Tilgersystem zur Verringerung der Schwingungsamplitude einer Fußgängerbrücke.
-   Erstellen Sie das zugehörige mechatronische Netzwerk im Simulationssystem.
-   Simulieren Sie die Reduktion der Schwingungsamplitude in Abhängigkeit der Tilgerdämpfung.

Lösung

Geg.:   Brückenmasse $m = 10\,\text{t}$ Erregerkraft $F = 10\,\text{kN}$
        Brückensteifigkeit $c = 9{,}87 \cdot 10^6\,\text{N/m}$ Brückendämpfung $D = 0{,}016$

Modellbildung
Für die Brücke und den Schwingungsträger werden jeweils Voigt-Kelvin-Körper verwendet. Der Schwingungstilger wird symmetrisch in der Mitte der Brücke angebracht (Abb. 2.17). Mathematisch handelt es sich um einen linearen Zweimassenschwinger mit konzentrierten Ersatzelementen und harmonischer Krafterregung am Hauptsystem.

Betrachtet man den Brückenträger als elastischen Stab und bringt das Tilgersystem genau an der Stabmitte an, so kann die Brücke durch das folgende Modell (Abb. 2.18) vereinfacht werden.

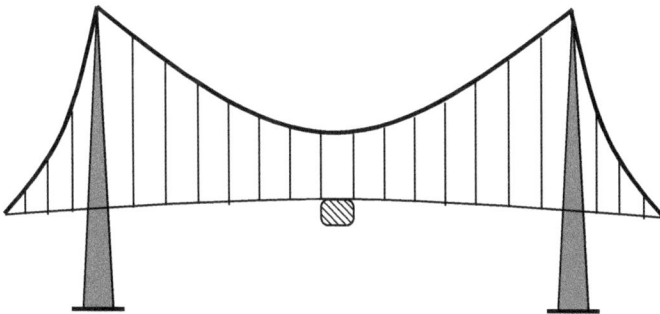

Abb. 2.17: Brücke mit mittig angebrachtem Tilgersystem

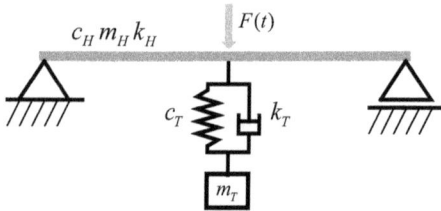

Abb. 2.18: Elastischer Stab mit Tilgersystem

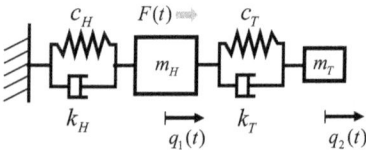

Abb. 2.19: Modell eines linearen Zweimassen-schwingers mit konzentrierten Ersatzelementen

Wird der elastische Stab selbst zu einem linearen Einmassenschwinger mit konzentrierten Ersatzelementen vereinfacht, so erhalten wir das Modell eines linearen Zweimassenschwingers (Abb. 2.19).

Auslegungsdaten für das Tilgersystem[3]
Aus statischen Gesichtspunkten sollte die Tilgermasse nicht größer als 5 % der Masse des Hauptsystems sein. Wir wählen dazu eine Tilgermasse von

$$m_T = 300\,\text{kg}$$

Die Eigenkreisfrequenz des Hauptsystems lässt sich zu

$$f_H = \frac{1}{2\pi} \sqrt{\frac{c_H}{m_H}} = 5\,\text{Hz}$$

berechnen. Für eine optimale Tilgerfrequenz findet man:

$$f_T = \frac{f_H}{1+\gamma} = 4{,}854\,\text{Hz}\,; \quad \gamma = \frac{m_T}{m_H}$$

Mit dem Massenverhältnis γ kann auch die optimale Tilgerdämpfung bzw. die Dämpfung des Hauptsystems bestimmt werden.

$$D_T = \sqrt{\frac{3\gamma}{8(1+\gamma)^3}} = 101{,}466 \cdot 10^{-3}$$

$$D_H = \frac{1}{2\sqrt{1+\frac{2}{\gamma}}} = 60{,}783 \cdot 10^{-3}$$

---

3 Die vollständigen Berechnungen sind dem Dokument Aufgabe_2_6.mcdx zu entnehmen.

Berechnungsergebnisse für das Tilgersystem
Die notwendige Tilgersteifigkeit ergibt sich aus der gewählten Tilgermasse und der
optimalen Tilgereigenfrequenz.

$$c_T = \omega_{0T}^2 \cdot m_T = 279{,}103 \cdot 10^3 \frac{N}{m}$$

Unter Zuhilfenahme der optimalen Tilgerdämpfung können die Dämpfungsparameter
der zugehörigen Voigt-Kelvin-Elemente bestimmt werden.

$$k_T = 2D_T \cdot \omega_{0T} \cdot m_T = 1{,}857 \cdot 10^3 \frac{Ns}{m}$$
$$k_H = 2D_H \cdot \omega_{0H} \cdot m_H = 38{,}192 \cdot 10^3 \frac{Ns}{m}$$

Damit ist das Modell des Haupt- und Tilgersystems vollständig bestimmt.

$$m_1 = m_H \quad k_1 = k_H \quad c_1 = c_H$$
$$m_2 = m_T \quad k_2 = k_T \quad c_2 = c_T$$

$$\begin{bmatrix} m_1 & 0 \\ 0 & m_2 \end{bmatrix} \cdot \begin{bmatrix} \ddot{q}_1 \\ \ddot{q}_2 \end{bmatrix} + \begin{bmatrix} k_1 + k_2 & -k_2 \\ -k_2 & k_2 \end{bmatrix} \cdot \begin{bmatrix} \dot{q}_1 \\ \dot{q}_2 \end{bmatrix} + \begin{bmatrix} c_1 + c_2 & -c_2 \\ -c_2 & c_2 \end{bmatrix} \cdot \begin{bmatrix} q_1 \\ q_2 \end{bmatrix} = \begin{bmatrix} F(t) \\ 0 \end{bmatrix}$$

Lösung
Um eine Vorstellung dafür zu bekommen, wie sich das System im Frequenzbereich
verhält, kann das ungedämpfte System mittels des harmonischen Ansatzes gelöst werden.

$$\begin{bmatrix} m_1 & 0 \\ 0 & m_2 \end{bmatrix} \cdot \begin{bmatrix} \ddot{q}_1 \\ \ddot{q}_2 \end{bmatrix} + \begin{bmatrix} c_1 + c_2 & -c_2 \\ -c_2 & c_2 \end{bmatrix} \cdot \begin{bmatrix} q_1 \\ q_2 \end{bmatrix} = \begin{bmatrix} \hat{F} \cdot \cos(\Omega t) \\ 0 \end{bmatrix}$$

Die beiden partikulären Schwingungsamplituden werden unter Vernachlässigung der
Phasenbeziehung zu

$$q_{p1} = \hat{q}_1 \cos(\Omega t)$$
$$q_{p2} = \hat{q}_2 \cos(\Omega t)$$

formuliert. Somit kann das Dgl.-System in zwei algebraische Gleichung zerlegt werden.

$$\left[\left(c_1 + c_2 - m_1 \Omega^2 \right) \hat{q}_1 - c_2 \hat{q}_1 \right] \cdot \cos(\Omega t) = \hat{F} \cos(\Omega t)$$
$$\left[-c_2 \hat{q}_1 + \left(c_2 - m_2 \Omega^2 \right) \hat{q}_2 \right] \cdot \cos(\Omega t) = 0$$

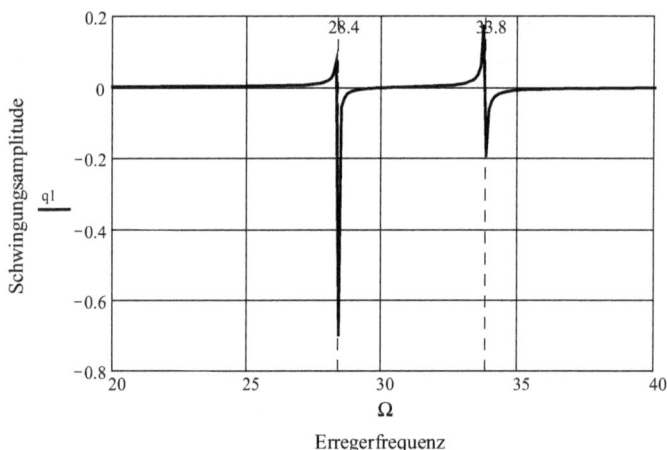

Abb. 2.20: Amplitudenfrequenzgang der Brücke mit Tilgersystem

Diese beiden Gleichungen lassen sich nach den gesuchten Schwingungsamplituden $\hat{q}_1$ und $\hat{q}_2$ auflösen.

$$\hat{q}_1 = \frac{\dfrac{\hat{F}}{m_1}\left(\dfrac{c_2}{m_2} - \Omega^2\right)}{\Delta(\Omega)} \qquad (2.5)$$

$$\hat{q}_2 = \frac{\dfrac{\hat{F}}{m_1} \cdot \dfrac{c_2}{m_2}}{\Delta(\Omega)}$$

$$\Delta(\Omega) = \left(\frac{c_1 + c_2}{m_1} - \Omega^2\right)\left(\frac{c_2}{m_2} - \Omega^2\right) - \frac{c_2^2}{m_1 \cdot m_2}$$

Die Aufgabe des Tilgersystems war es, die Amplitude des Hauptsystems auf der Eigenfrequenz des Hauptsystems zu reduzieren. Zu diesem Zweck wurde ein Tilgersystem mit einer optimalen Tilgerfrequenz entworfen. Diese Tilgerfrequenz wird nun zur Kontrolle in das Ergebnis der sich einstellenden Schwingungsamplitude eingesetzt (Gl. 2.5).

$$\Omega = \Omega_{\mathrm{T}} = \sqrt{\frac{c_2}{m_2}} \rightarrow \hat{q}_1 \overset{!}{=} 0$$

Wie diese einfache harmonische Analyse zeigt, wird die Schwingbewegung des Hauptsystems Brücke tatsächlich auf null reduziert. Einen Überblick über den kompletten Amplitudenfrequenzgang, bestehend aus Brücke und Tilger zeigt Abb. 2.20.

Dabei fallen neben der Reduzierung der Hauptschwingungen zwei systembedingte neue Resonanzfrequenzen auf. Es handelt sich hierbei um die Grundwelle und die erste Oberwelle des Zweimassenschwingers. Die Amplitudenverhältnisse zwischen Brücke und Tilgermasse können über die entsprechend normierten Eigenformen des zugehörigen Eigenwertproblems sehr gut grafisch dargestellt werden (Abb. 2.21).

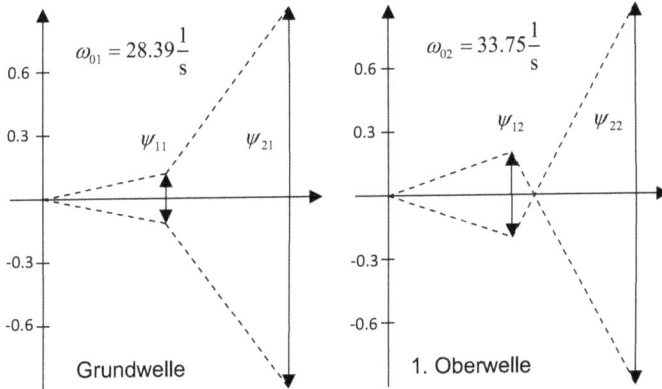

Abb. 2.21: Normierte Eigenformen des Eigenwertproblems

Gut zu erkennen ist der ca. 5-fach größere Ausschlag der Tilgermasse gegenüber der Hauptmasse sowohl auf der Grundwelle als auch der ersten Oberwelle.

Tatsächlich erfolgte die bisherige Betrachtung des Tilgersystems ohne die beiden Dämpfungen. Die Dämpfungen wirken sich jedoch zusätzlich auf das Zweimassensystem aus. Ein üblicher Weg wäre die Einbeziehung der Dämpfungsparameter des vollständigen Dgl.-Systems. In einem mechatronischen Netzwerk können jedoch die zusätzlichen Dämpfungsparameter problemlos in die vorhandene Schaltung integriert werden.

Simulation

Simulationsdatei: *Bsp_2_6.asc*

Die Bauelemente finden Sie über das Menü KOMPONENT in den nebenstehenden Bibliotheken.

Bauelement	Bibliothek	Bemerkung
F(t)	Standard	Stromquelle
I-Glied	Control.lib	Integrator
Masse	Mechatronik.lib	Kapazität
Feder	Mechatronik.lib	Induktivität
Dämpfung	Mechatronik.lib	Widerstand

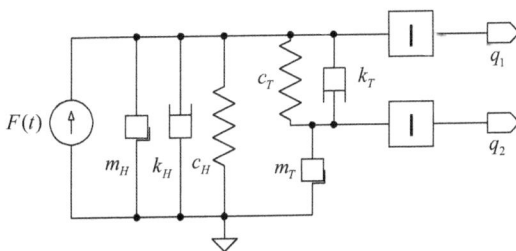

Abb. 2.22: Simulationsschaltung als mechatronisches Netzwerk

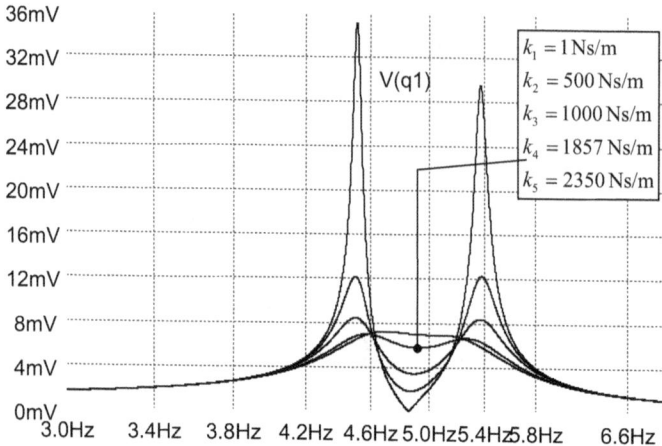

Abb. 2.23: Amplitudenfrequenzgang des Hauptsystems bei veränderlicher Tilgerdämpfung

Die Simulation gestattet es nun, den Dämpfungsparameter des Tilgersystems in einem möglichen Wertebereich zu variieren (Abb. 2.22).

Gut zu erkennen ist der amplitudenbestimmende Einfluss des Dämpfungsparameters. Bei sehr niedriger Dämpfung wird zwar die Amplitude des Hauptsystems auf der Resonanzfrequenz gegen null gehen, die Grund- und Oberwellen sorgen jedoch für zusätzliche Bewegungen auf deren Frequenzen. Nur bei einer „optimalen" Dämpfung (1857 Ns/m) stellt sich ein Amplitudenfrequenzgang mit minimaler Resonanzüberhöhung der Grund- und Oberwelle sowie einer minimalen Schwingamplitude auf der Resonanz des Hauptsystems ein. Die Skalierung und Maßbezeichnung der y-Achse in Abb. 2.23 sind wie folgt zu interpretieren. Potentialdifferenzen werden im Simulationssystem LTSpice in der Einheit *Volt* angezeigt. Diese Einheit ändert sich auch nicht durch die nachfolgende Integration im Simulationssystem. Somit darf die Maßeinheit *Volt* als Längeneinheit *Meter* interpretiert werden. Der Vorsatz „Milli" gibt die korrekte Größenbeziehung an. Somit würde sich auf der Resonanzfrequenz des Hauptsystems Brücke eine maximale Schwingamplitude von 6 mm einstellen.

Übungsaufgaben

2.7. GUMMI-METALL-ELEMENT
Gummi-Metall-Elemente werden in der Technik als Schwingungsabsorber eingesetzt. Sie erfüllen dabei die Aufgabe eines schwingungsmindernden Bauteils.
– Berechnen Sie die dynamische Rezeptanz des Gummi-Metall-Elementes bei einer statischen Vorlast von 50 N und einer dynamischen Kraftanregung von 1 N in einem Frequenzbereich bis 1 kHz.

Lösung

Im Unterschied zu den bisherigen Aufgabenstellungen können beim Schwingungsabsorber zunächst keine konzentrierten Ersatzbauelemente direkt separiert werden. Bis auf die Metallbefestigungen an den Anschlussstellen (Abb. 2.24) handelt es sich beim Gummi um einen homogenen Körper mit elastischen und dissipativen Eigenschaften. Weiterhin besitzt er selbst eine Eigenmasse.

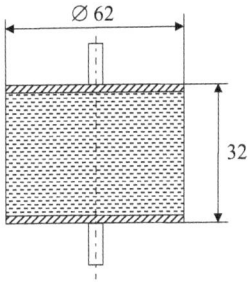

Abb. 2.24: Gummi-Metall-Element als Schwingungsabsorber

Solche Bauelemente können durch geeignete Vierpolparameter [11] abgebildet werden. Als Ersatzschaltungen sind die T-Schaltung und die π-Schaltung für die Darstellung in einem mechatronischen Netzwerk, für Bauelemente mit nicht vernachlässigbarer Masse, besonders geeignet. Für das Gummi-Metall-Element aus Abb. 2.24 sei folgende π-Ersatzschaltung gegeben (Abb. 2.25).

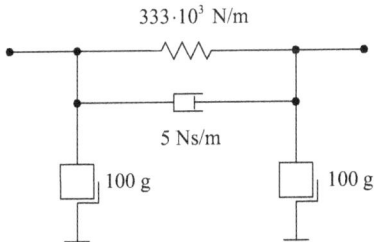

Abb. 2.25: π-Ersatzschaltung eines Gummi-Metall-Elementes

Die statische Vorlast kann durch eine konstante Kraftamplitude von 50 N und die Wechsellast durch eine dynamische Kraftamplitude (1 N) im gewünschten Frequenzbereich realisiert werden. Da das Ausgangssignal des π-Gliedes eine Geschwindigkeit repräsentiert, die Rezeptanz jedoch durch die Übertragungsfunktion aus Weg und Kraft gebildet wird, muss die Geschwindigkeit am Ausgang des π-Gliedes noch einmal integriert werden (Abb. 2.26).

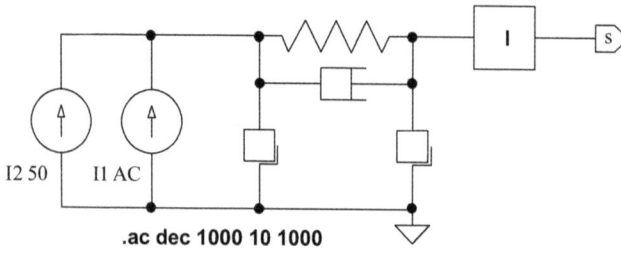

Abb. 2.26: Simulationsmodell des Gummi-Metall-Elementes

i Simulation

Simulationsdatei: *Bsp_2_7.asc*

Die Bauelemente finden Sie über das Menü KOMPONENT in den nebenstehenden Bibliotheken.

Bauelement	Bibliothek	Bemerkung
$F(t)$	Standard	Stromquelle
I-Glied	Control.lib	Integrator
Masse	Mechatronik.lib	Kapazität
Feder	Mechatronik.lib	Induktivität
Dämpfung	Mechatronik.lib	Widerstand

Als Modell bietet sich die AC-Simulation an. Hierbei handelt es sich um eine dynamische Simulation, begrenzt auf rein sinusförmige Signale mit kleiner Amplitude. Im Ergebnis der Simulation können die Amplituden- und Phasenverhältnisse als Bode- (Abb. 2.27), Nyquist- oder kartesisches Diagramm visualisiert werden.

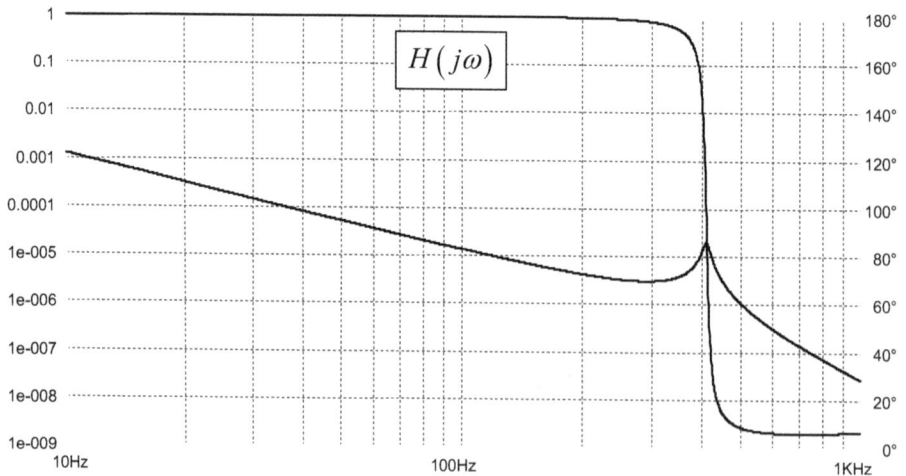

Abb. 2.27: Amplituden- und (Phasen-)Frequenzgang des Gummi-Metall-Elementes mit Vorlast

2.2 Mechanik Rotation

2.2.1 Massenträgheitsmoment – mechatronische Kapazität

Das ideale mechanische Bauelement *Massenträgheitsmoment*[4] speichert als ideale Kapazität nur P-Energie. Da die Kapazität selbst keine dissipativen Eigenschaften besitzt, beinhaltet sie auch keine Leistungsverluste in Form von Prozessleistung. Das Ersatzschaltbild der idealen Kapazität enthält deshalb

– keine Induktivität;
– einen Serienwiderstand von $R_S = 0$;
– einen Parallelwiderstand von $R_P = \infty$.

Tab. 2.4: Massenträgheitsmoment – mechatronische Kapazität

Beschreibung	Größe	Gleichung	/	Formelzeichen	Maßeinheit
Bauelement	Massenträgheitsmoment	C_m		J	$N \times m \times s$
Flussgröße i_P	Moment	I_X		M	$N \times m$
Differenzgröße i_P	Winkelgeschwindigkeit	Y		ω	rad/s
Eintorgleichung		$C_m = \dfrac{1}{\omega} \int M \, dt$			
Energie im Bauelement		$E = \dfrac{1}{2C_m} L^2$			
Co-Energie im Bauelement		$E_{Co} = \dfrac{C_m}{2} \omega^2$			
Energie allgemein		$E_{Co} = \dfrac{1}{2} \omega \cdot L$			
Symbol	mechanisch	CM_R			
Symbol	mechatronisch	CM			
EAGLE				Mechatronik.lbr	
LTSpice				Mechatronik.asc	

Das Massenträgheitsmoment ist im Allgemeinen kein erdfreies Bauelement. Das bedeutet, dass alle in einem mechatronischen Netzwerk vorhandenen Massenträgheitsmomente in einem Punkt verbunden sind. Dieser Punkt hat immer die Winkelgeschwindigkeit null.

Die Problematik des Bezugssystems wurde schon bei der trägen Masse kurz erörtert. Ein ähnlicher Fall liegt beim Trägheitstensor vor. Dazu betrachten wir zunächst die Bewegung eines Massepunktes in einem Inertialsystem (Abb. 2.28).

---

4 Rotation nur um eine Achse bzw. parallel verschobene Achse zugelassen.

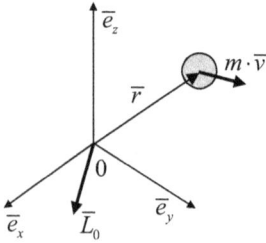

Abb. 2.28: Definition des Drehimpulses

Bezüglich des Punktes null kann ein Moment des Impulses p eines Massepunktes m über den Ortsvektor r definiert werden.

$$L_0 = r \times p = r \times mv$$

Der Drehimpuls L_0 eines Massepunktes mit der Masse m bezüglich eines Punktes null ist das Vektorprodukt aus dem Ortsvektor r und dem Impuls p des Massepunktes. Wie also schon beim Impuls der trägen Masse bezieht sich der Drehimpuls der Masse m neben der Schwerpunktkoordinate der Masse auf einen zweiten Punkt, den Koordinatenursprung des Inertialsystems. Wie sieht nun der Gesamtdrehimpuls eines starren Körpers aus?

In Anlehnung an die Definition des Drehimpulses eines Systems von Massepunkten

$$L_0 = \sum_{i=1}^{n} r_i \times m_i v_i$$

kann durch Grenzwertbildung der Drehimpuls eines starren Körpers definiert werden.

$$L_0 = \int_{(V)} (r \times v)\, dm \tag{2.6}$$

Auch hier wird der Drehimpuls des starren Körpers bezüglich eines festen Punktes null definiert. Der zweite Punkt des mechatronischen Bauelementes *Massenträgheitsmoment* ist also ein fester Punkt im Inertialsystem. Der erste Punkt im starren Körper selbst kann nun innerhalb des Volumens des starren Körpers jedoch jede beliebige Lage annehmen. Dieses Problem existierte bei dem Massepunkt nicht, da dieser Punkt durch den Schwerpunkt des Massepunktes bestimmt war.

Bei der Rotation darf zunächst angenommen werden, dass sich alle Punkte eines Körpers um eine gemeinsame Drehachse bewegen. Nun kann diese Achse nur durch einen raumfesten Punkt gehen (Rotation um einen Fixpunkt) oder im Raum unveränderlich sein (Rotation um eine feste Achse) (Abb. 2.29).

Eine besonders einfache Form von Gl. 2.6 ist dann gegeben, wenn der Bezugspunkt A entweder der Körperschwerpunkt S oder wenn der Punkt A ein raumfester Punkt ist ($v_A = 0$).

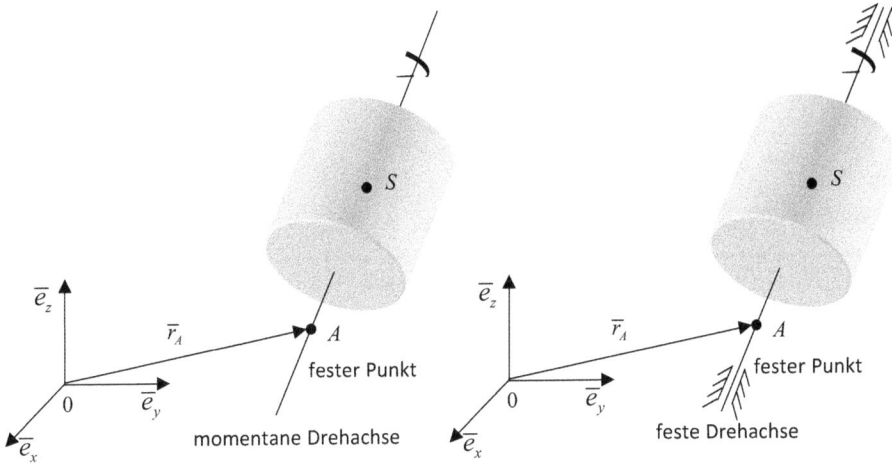

Abb. 2.29: Mögliche Varianten einer Rotation um eine Achse

$$\boldsymbol{L}^{(A)} = \left[\begin{array}{c} L_x^{(A)} \\ L_y^{(A)} \\ L_z^{(A)} \end{array} \right] = \left[\begin{array}{c} J_{xx} \cdot \omega_x + \Theta_{xy} \cdot \omega_y + \Theta_{xz} \cdot \omega_z \\ \Theta_{yx} \cdot \omega_x + J_{yy} \cdot \omega_y + \Theta_{yz} \cdot \omega_z \\ \Theta_{zx} \cdot \omega_x + \Theta_{zy} \cdot \omega_y + J_{zz} \cdot \omega_z \end{array} \right] \qquad (2.7)$$

Die Größen J_{xx}, J_{yy}, und J_{zz} sind die Massenträgheitsmomente des starren Körpers bezüglich der x-, y- und z-Achse. Die Größen mit den gemischten Indizes werden als Deviationsmomente bezeichnet. Zusammengefasst bilden Massenträgheitsmomente und Deviationsmomente den Trägheitstensor $\Theta^{(A)}$. Der Trägheitstensor $\Theta^{(A)}$ hängt also sowohl vom gewählten Bezugspunkt A innerhalb des starren Körpers als auch von der Orientierung der Achsen x, y und z ab. Wie der Aufbau des Trägheitstensors Gl. 2.7 zeigt, ist im Gegensatz zur reinen Translationsbewegung der Drehimpuls mit allen drei Winkelgeschwindigkeiten verkoppelt.

$$\boldsymbol{L}^{(A)} = f\left(\omega_x, \omega_y, \omega_z\right)$$

Eine Entkopplung kann jedoch dann erfolgen, wenn der Trägheitstensor eine Diagonalform annimmt.

$$\Theta^{(A)} = \left[\begin{array}{ccc} J_{xx} & 0 & 0 \\ 0 & J_{yy} & 0 \\ 0 & 0 & J_{zz} \end{array} \right]$$

Dazu müssen alle Deviationsmomente zu null gemacht werden. Ohne auf die Herleitung näher einzugehen, ist das immer dann der Fall, wenn für jeden Bezugspunkt ein ausgezeichnetes Achsensystem gewählt wird. Dieses Achsensystem wird auch als Hauptachsensystem bezeichnet. Die zugehörigen Massenträgheitsmomente des Trägheitstensors werden dann als Hauptträgheitsmomente bezeichnet. Bei symmetrischen, homogenen Körpern sind zum Beispiel die Symmetrieachsen immer Hauptträgheitsachsen.

Somit existiert ein Hinweis auf die Wahl der Bezugspunkte im mechatronischen Bauelement *Massenträgheitsmoment*. Ein möglicher Punkt ist ein raumfester Punkt im Inertialsystem, und der zweite Punkt ist dann so zu wählen, dass bei der Drehbewegung alle Deviationsmomente verschwinden.

Übungsaufgaben

2.8. Satellit zur Erzeugung einer künstlichen Schwerkraft
In einem Schwerkraftexperiment soll ein Satellit durch Eigenrotation die Schwerkraft des Planeten Mars erzeugen. Dazu wird der Satellit im Orbit zunächst mittels zweier Ionentriebwerke auf eine Drehzahl ω_0 gebracht, um dann die Triebwerke zu deaktivieren. Nach einer Beruhigungsdauer werden zum Zeitpunkt t_0 die am Umfang des Satelliten befestigten Solarpaneele entriegelt, welche sich nun automatisch durch die Wirkung der Radialkräfte entfalten. Dabei nimmt jedoch die ursprüngliche Drehzahl ω_0 wieder ab, da die Triebwerke deaktiviert sind. Es stellt sich die Zieldrehzahl ω_1 ein.
– Berechnen Sie die notwendige Drehzahl ω_0 um mit ω_1 die künstliche Marsschwerkraft am Außenradius des Satelliten zu erzeugen.
– Nach welcher Zeit stellt sich die Drehzahl ω_0 ein?

Lösung
Der Satellit kann als reiner Hohlzylinder ohne Deckel und Boden idealisiert werden. Die beiden Solarpaneele werden als homogene rechteckige Platten, drehbar am Außenradius des Satelliten angenommen (Abb. 2.30). Weiterhin befinden sich zwei Schubdüsen zur Erzeugung der Rotationsbewegung direkt am Außenradius des Satelliten. Sie arbeiten tangential (Abb. 2.31).

Geg.:

Außenradius	$R_A = 50\,\text{cm}$	Höhe Satellit	$h = 1\,\text{m}$
Innenradius	$R_I = 47\,\text{cm}$	Dichte Satellit	$\rho_{\text{Alu}} = 2300\,\text{kg/m}^3$
Paneellänge	$l = 1\,\text{m}$	Paneeldicke	$s = 2\,\text{cm}$
Paneelbreite	$b = 0{,}7\,\text{m}$	Dichte Paneel	$\rho_P = 714\,\text{kg/m}^3$
Marsfaktor	$g_M = 0{,}38$	Schub pro Triebwerk	$F_{\text{Schub}} = 0{,}1\,\text{N}$

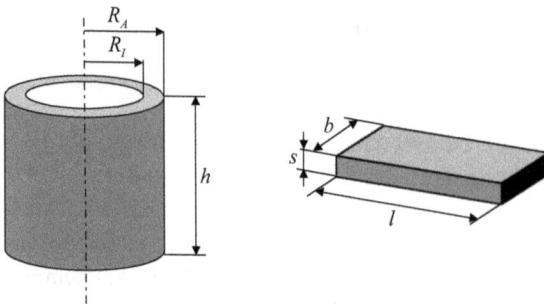

Abb. 2.30: Geometrie des Satelliten und der Solarpaneele

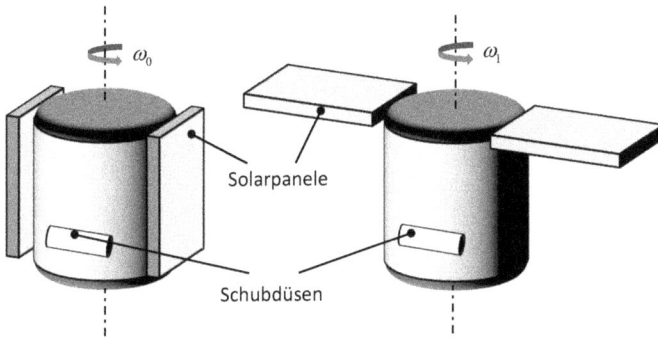

Abb. 2.31: Satellit mit angelegten und ausgeklappten Solarpaneelen

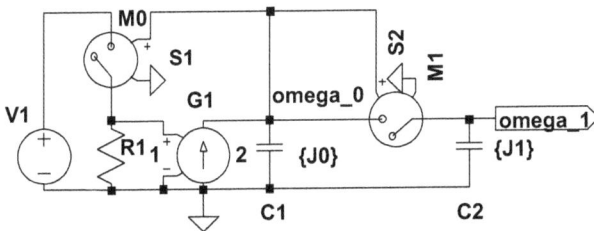

Abb. 2.32: Vereinfachtes Simulationsmodell der Satellitenbewegung

Simulation
Simulationsdatei: *Bsp_2_8a.asc*

Die Bauelemente finden Sie über das Menü KOMPONENT in den nebenstehenden Bibliotheken.

Bauelement	Bibliothek	Bemerkung
$M(t)$	Standard	Stromquelle
Massenträgheitsmomente	Mechatronik.lib	Kapazität
Switch	Standard	Schalter
V1	Standard	Spannungsquelle

Im ersten Teil der Aufgabenstellung wird der Satellit mit angelegten Solarpaneelen über die beiden Ionentriebwerke in Rotation versetzt. Dabei nimmt die Winkelgeschwindigkeit durch das konstante Antriebsmoment linear zu. Im Simulationsmodell (Abb. 2.32) wird das konstante Antriebsmoment durch eine gesteuerte Stromquelle G1 realisiert. Die Steuerung der Stromquelle ist deshalb notwendig, um nach dem Erreichen der Winkelgeschwindigkeit ω_0 die Triebwerke und damit das Antriebsmoment zu deaktivieren.

Im Anschluss wird bei deaktiviertem Antriebsmoment das Massenträgheitsmoment des Rotationskörpers um das Massenträgheitsmoment der ausgeklappten Solarpaneele erhöht. Damit stellt sich nach dem Drehimpulserhaltungssatz die neue gewünschte Winkelgeschwindigkeit ω_1 ein. Der Drehimpulserhaltungssatz sagt jedoch nichts über den zeitlichen Verlauf der Änderung der Massenträgheitsmomente aus. In

$$C_X = f(x)$$

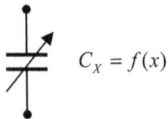

Abb. 2.33: Veränderliche Kapazität

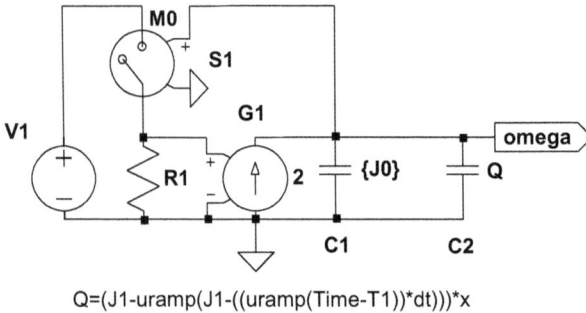

Q=(J1-uramp(J1-((uramp(Time-T1))*dt)))*x

Abb. 2.34: Simulationsmodell mit veränderlichem Massenträgheitsmoment

der Simulation ist dieser Sachverhalt zunächst über einen einfachen Schalter gelöst (Abb. 2.32). Sofort nach dem Schließen des Schalters S2 liegt das Massenträgheitsmoment der ausgeklappten Solarpaneele an. Das Simulationsergebnis zeigt sofort die neue Winkelgeschwindigkeit ω_1. Tatsächlich entspricht dieses Verhalten nicht den realen Bedingungen. Die Radialkräfte entfalten durch die Trägheit des Systems die Solarpaneele nicht in unendlich kurzer Zeit. Vielmehr handelt es sich hierbei um ein zeitlich veränderliches Massenträgheitsmoment. In unserem Fall wollen wir von einer linearen Veränderlichen ausgehen. Das Simulationssystem (*Bsp_2_8b.asc*) bietet dazu die Möglichkeit, Kapazitäten (Massenträgheitsmomente) mit einer beliebigen mathematischen Funktion $f(x)$ zu versehen (Abb. 2.33).

Die Zeit T2 (*Bsp_2_8b.asc*) verändert die Kapazität linear vom Wert null bis zum Endwert der vollständig ausgeklappten Solarpaneele (Abb. 2.31).

2.2.2 Steifigkeit – mechatronische Induktivitäten

Wie schon bei der Translationsmechanik, versucht ein Körper seine Verformung, die durch äußere Einflüsse (Drehmoment) verursacht wird, zu verhindern. Man spricht von einer Torsionssteifigkeit. Auch diese Steifigkeit besteht aus zwei Anteilen; einem Geometrie-und einem Werkstoffterm. Der Geometrieanteil wird durch das Trägheitsmoment gegen Torsion I_T und der Werkstoffanteil durch das Schubmodul G beschrieben. In der technischen Mechanik nennt man das Produkt aus Schubmodul und Torsionsträgheitsmoment $G{\cdot}I_T$ auch Torsionssteifigkeit oder Verwindungssteifigkeit. Damit ist jedoch ausdrücklich nicht die Steifigkeit im mechatronischen Sinne (mechatronische Induktivität) zu verstehen. Der Unterschied wird sofort bei dem folgenden Beispiel deutlich.

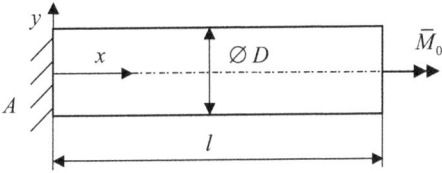

Abb. 2.35: Kreisförmiges Vollprofil unter Torsionsbelastung

Dazu soll ein aus einem kreisförmigen Vollprofil bestehender Stab am Ende mit einem konstanten Torsionsmoment belastet werden (Abb. 2.35).

Der Stab verwindet sich über seine Länge nach der Differentialgleichung:

$$\varphi'(x) = \frac{M_0}{G \cdot I_T} \; .$$

Diese Dgl. kann durch einfache Integration mit der Randbedingung

$$\varphi(x = 0) = 0$$

gelöst werden.

$$\varphi(x) = \frac{M_0}{G \cdot I_T} x$$

Der Torsionswinkel ist also eine lineare Funktion der Stablänge x. Soll nun die Torsionssteifigkeit des Stabes der Länge l im Sinne einer mechatronischen Induktivität bestimmt werden, muss die zugehörige Definitionsgleichung der mechatronischen Induktivität Anwendung finden.

$$L := \frac{Ex}{I_X}$$

Das Extensum ist in diesem Fall der Torsionswinkel $\varphi(l)$. Die Flussgröße wird durch das äußere Drehmoment M_0 gebildet. Damit kann für die mechatronische Induktivität

$$L = \frac{l}{G \cdot I_T} = n_t = \frac{1}{c_t}$$

berechnet werden. Die mechatronische Induktivität entspricht also der Torsionsnachgiebigkeit. Der Kehrwert der Torsionsnachgiebigkeit, die Torsionssteifigkeit, bezieht das Produkt $G \cdot I_T$ auf eine Länge. Man könnte umgangssprachlich auch von einer Torsionsfederkonstanten sprechen.

Wie schon bei der Translation sind die tatsächlichen Verhältnisse an komplexen Bauteilen komplizierter. Um dennoch mittels mechatronischer Netzwerke eine Simulation durchführen zu können, wird wiederum ein vereinfachtes Bauelement für die mechatronische Induktivität bei Rotation eingeführt. Das ideale Bauelement Torsionssteifigkeit ist eine absolute Größe und speichert nur T-Energie. Innere Materialreibungen bleiben unberücksichtigt. Damit beinhaltet die Torsionssteifigkeit keine Leistungsverluste in Form von Prozessleistung. Der lineare elastische Zusammenhang gilt immer nur für eine Bewegungsrichtung. Kopplungen, die durch räumliche Verzerrungen auftreten, bleiben unberücksichtigt. Das Ersatzschaltbild der idealen Torsionssteifigkeit enthält deshalb

- keine Kapazität
- einen Serienwiderstand von $R_S = 0$
- einen Parallelwiderstand von $R_P = \infty$

Tab. 2.5: Torsionsnachgiebigkeit – mechatronische Induktivität

Beschreibung	Größe	Gleichung /	Formelzeichen	Maßeinheit
Bauelement	Nachgiebigkeit	L_m	n_t	rad/Nm
Flussgröße i_P	Moment	I_X	M	Nm
Differenzgröße i_P	Winkelgeschwindigkeit	Y	ω	rad/s
Eintorgleichung		$L_m = \dfrac{1}{M} \int \omega \, dt$		
Energie im Bauelement		$E = \dfrac{1}{2L_m}\varphi^2$		
Co-Energie im Bauelement		$E_{Co} = \dfrac{L_m}{2}M^2$		
Energie allgemein		$E_{Co} = \dfrac{1}{2}\varphi \cdot M$		
Symbol	mechanisch	L_M_R		
Symbol	mechatronisch	LM		
EAGLE LTSpice			Mechatronik.lbr Mechatronik.lib	

Übungsaufgaben

2.9. GRAVITATIONSWAAGE NACH CAVENDISH

Im Jahre 1798 stellte Henry Cavendish ein Experiment vor, mit dem erstmalig die Dichte der Erde bestimmt werden konnte [12]. Gleichzeitig konnte er mit diesem Experiment die Gravitationskonstante sehr genau bestimmen. Tatsächlich geht der Aufbau der Drehwaage auf John Michell zurück, der jedoch selbst keine Messung mehr durchführen konnte. Im Wesentlichen handelt es sich bei dem Aufbau um eine klassische Torsionswaage. Das Torsionsmoment kann dabei jeweils über eine statische und eine dynamische Methode gemessen werden.

- Erstellen Sie ein Simulationsmodell des Cavendish-Experimentes, und bestimmen Sie den Drehwinkel über die Zeit.

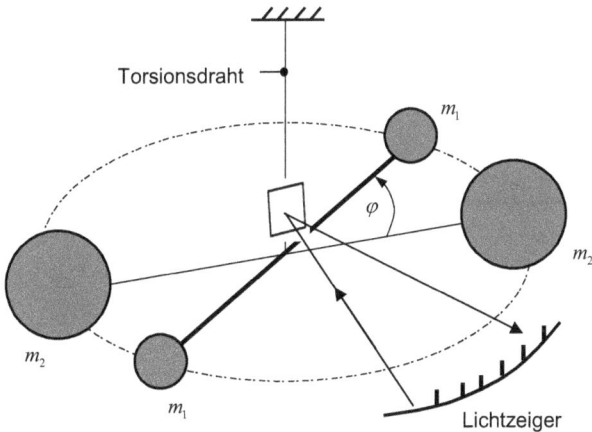

Abb. 2.36: Prinzipaufbau der Torsionswaage nach Cavendish

Lösung

An einem Torsionsdraht hängt eine Hantel mit zwei kleinen Massen m_1. Werden nun zwei größere Massen m_2 in die Nähe von m_1 gebracht, wird die Hantel durch die Gravitationskräfte um einen Drehwinkel φ ausgelenkt (Abb. 2.36).

Diese Winkelauslenkung kann über einen Lichtzeiger (Spiegel am Torsionsdraht, Laser) sichtbar gemacht werden. Für das Simulationsmodell sollen die Daten des Originalversuchsaufbaus nach Cavendish verwendet werden. Da Cavendish insgesamt die Daten von 17 Experimenten veröffentlicht hat, wird für diese Aufgabenstellung ein mittlerer Datensatz gewählt.

Geg.:

kleine Masse	$m_1 = 0,73$ kg	Hantellänge	$l = 1,829$ m (6 feet)
große Masse	$m_2 = 158$ kg	Drahtlänge	$l_D = 1,016$ m (40 inches)
Abstand	$r = 2$ cm	Periodendauer	$T_0 = 7$ min 5 s
Gleitmodul	$G = 47$ GPa	Gravitationskonstante	$\gamma = 6{,}74 \cdot 10^{-11}$ m^3/kg $\times$ s^2

Das Prinzip der Torsionsdrehwaage basiert auf dem Momentengleichgewicht durch die Gravitationskräfte und dem Rückstellmoment durch die Torsion eines Drahtes (Abb. 2.37).

Die Kraft, mit der die kleine Masse m_1 von der großen Masse m_2 angezogen wird, ergibt sich aus dem Gravitationsgesetz.

$$F = \gamma \cdot \frac{m_1 \cdot m_2}{r^2}$$

Das zugehörige Torsionsmoment wird durch das Kräftepaar am Hebelarm $l/2$ erzeugt.

$$M_0 = 2F \cdot \frac{l}{2} = \gamma \cdot \frac{m_1 \cdot m_2}{r^2} l \qquad (2.8)$$

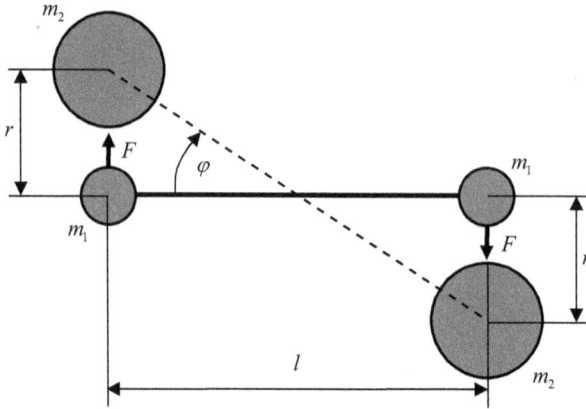

Abb. 2.37: Geometrische Zusammenhänge an der Torsionswaage

Dieses Moment steht im Gleichgewicht mit dem Torsionsmoment der Drehfeder, gebildet aus der Torsionssteifigkeit des Torsionsdrahtes und deren Länge l_D.

$$c_t \cdot \varphi = \gamma \cdot \frac{m_1 \cdot m_2}{r^2} l$$

Da im Originalexperiment die Torsionssteifigkeit unbekannt ist, wird diese über einen Schwingversuch ermittelt.

$$T_0 = 2\pi \sqrt{\frac{J_S}{c_t}}$$

Mit der bekannten Geometrie des Versuchsaufbaus kann das Massenträgheitsmoment der Hantel um den Drehpunkt bestimmt werden.

$$J_S = m_1 \left(\frac{l}{2} \right)^2 + m_1 \left(\frac{l}{2} \right)^2 = \frac{m_1}{2} l^2$$

Stellt man die experimentell ermittelte Periodendauer T_0 nach c_t um, so kann diese Torsionssteifigkeit in das Momentengleichgewicht eingesetzt werden.

$$c_t = \frac{2\pi l^2 m_1}{T_0^2}$$

$$\gamma = \frac{2\pi^2 l r^2}{m_2 T_0^2} \cdot \varphi$$

Cavendish konnte also allein durch die Messung des Drehwinkels φ und die Kenntnis der Periodendauer T_0 sehr exakt die Gravitationskonstante bestimmen. Für unsere Aufgabenstellung ist jedoch der Drehwinkel φ von Interesse.

$$\varphi = \frac{m_2 T_0^2}{2\pi^2 l r^2} \cdot \gamma \tag{2.9}$$

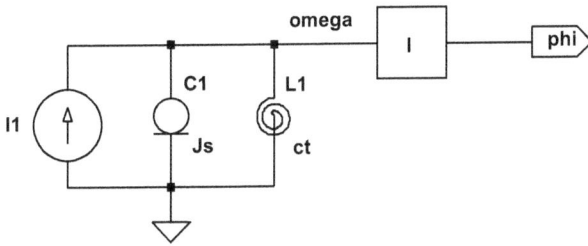

Abb. 2.38: Mechatronisches Schaltbild der Drehwaage nach Cavendish

Simulation

Simulationsdatei: *Bsp_2_9.asc*

Die Bauelemente finden Sie über das Menü KOMPONENT in den nebenstehenden Bibliotheken.

Bauelement	Bibliothek	Bemerkung
$M(t)$	Standard	Stromquelle
Massenträg-heitsmoment	Mechatronik.lib	Kapazität
Torsionssteifigkeit	Mechatronik.lib	Induktivität

Die Torsionssteifigkeit für das Modell der mechatronischen Induktivität entnehmen wir ebenfalls dem Schwingungsversuch. Somit kann das entsprechende mechatronische Ersatzschaltbild konstruiert werden (Abb. 2.38).

Das Moment M_0, erzeugt durch die Gravitationskraft, wird wiederum durch eine Stromquelle abgebildet. Abb. 2.39 zeigt den Verlauf des Drehwinkels φ in Grad über die Zeit. Auch hierbei ist zu beachten, dass der Drehwinkel simulationsbedingt in der Einheit Volt ausgegeben wird. Im Gesamtversuch werden Reibeffekte, wie sie tatsächlich in der Realität auftreten, jedoch vernachlässigt. Deshalb erscheint die Darstellung der Schwingbewegung des Drehwinkels ungedämpft.

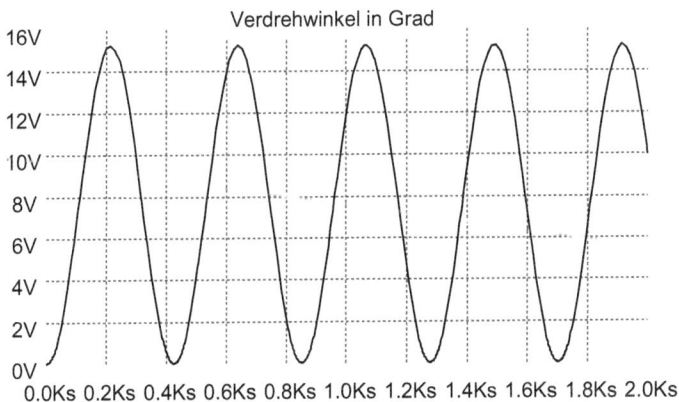

Abb. 2.39: Drehwinkelausschlag der Torsionswaage nach Cavendish

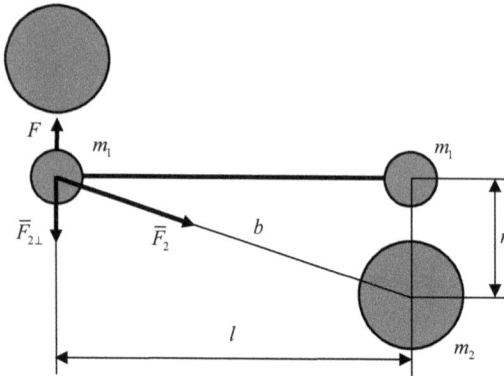

Abb. 2.40: Momentenkorrektur durch Gravitationswirkung der entfernten Masse

Der Drehwinkelverlauf der Simulation stimmt exakt mit der Drehwinkelgleichung Gl. 2.9 aus dem Cavendish-Versuch überein. Die komplette analytische Rechnung befindet sich im zugehörigen Mathcad-File (Aufgabe_2_9.mcdx).

Tatsächlich wird bei dieser vereinfachten Betrachtungsweise die Gravitationskonstante etwas zu klein berechnet. Neben der direkten Anziehung der kleinen Masse durch die große Masse erfolgt noch eine Anziehung der entfernten großen Masse (Abb. 2.40).

Das Drehmoment M_0 in Gl. 2.8 muss also um das Drehmoment durch die Kraft $F_{2\perp}$ korrigiert werden, wobei $F_{2\perp}$ die senkrechte Komponente der Kraft ist.

$$M_1 = 2\,(F + F_{2\perp}) \cdot \frac{l}{2}$$

$$F_{2\perp} = -F_2 \cdot \frac{r}{b}$$

$$F_2 = F \cdot \frac{r^2}{b^2}$$

Somit wird durch F_2 ein zusätzliches negatives Moment erzeugt.

$$F_{2\perp} = F\frac{r^3}{b^3}$$

$$M_2 = -F\frac{r^3}{b^3} \cdot \frac{l}{2}$$

Um dieses Moment muss das Moment aus Gl. 2.8 korrigiert werden.

$$M_0 = \left(\gamma\frac{m_1 m_2}{r^2} - F\frac{r^3}{b^3}\right) \cdot l = \gamma\frac{m_1 m_2}{r^2} \cdot l\left(1 - \frac{r^3}{b^3}\right)$$

Der noch unbekannte Abstand b der kleinen Masse von der entfernten großen Masse (Abb. 2.40) wird den geometrischen Abmessungen im rechtwinkligen Dreieck entnommen.

$$b = \sqrt{l^2 + r^2}$$

Damit kann erneut das Momentengleichgewicht, nur mit den erfassten Messgrößen, formuliert werden.

$$c_t \cdot \varphi = \gamma \cdot \frac{m_1 \cdot m_2}{r^2} l \cdot \left(1 - \frac{r^3}{\left(\sqrt{l^2 + r^2} \right)^3} \right)$$

Die nachfolgende Umformung erfolgt der zu Beginn beschriebenen Vorgehensweise.

$$\gamma = \frac{2\pi^2 l r^2}{m_2 T_0^2} \cdot \varphi \cdot \frac{1}{\left(1 - \frac{r^3}{\left(\sqrt{l^2 + r^2} \right)^3} \right)} \tag{2.10}$$

Wie Gl. 2.10 zeigt, ist die ursprüngliche Gravitationskonstante um einen Faktor zu korrigieren. Die dem Cavendish-Versuch entnommenen Versuchsdaten zeigen jedoch nur eine Abweichung im Promillebereich. Das ursprüngliche Ergebnis ist also für unsere Aufgabenstellung mehr als ausreichend.

2.2.3 Torsionsdämpfung – mechatronischer Widerstand

Ähnlich wie bei der Translationsmechanik existiert bei Rotationsbewegungen das Phänomen des dissipativen Energieverlustes. Auch hier wollen wir ganz allgemein von mechanischer Dämpfung sprechen. Die Ursachen dafür sind sehr vielfältig. Zunächst können makroskopische Effekte wie Strömungen zwischen Festkörpern und Fluiden oder äußere Reibung zwischen zwei Festkörpern auftreten. Aber auch mikroskopische Effekte, die im Inneren eines Festkörpers ablaufen, tragen zu einem Energieverlust bei.

Bleiben wir zunächst bei den mikroskopischen Effekten im Inneren eines Bauteils, welches durch äußere Kräfte und Momente belastet wird. Dabei gehen wir nur von dem Fall *kleiner Verformungen* aus. Das bedeutet sowohl kleine Winkeländerungen als auch kleine Längenänderungen in Bezug auf die Gesamtlänge. Der Verformungszustand eines Körpers wird in diesem Fall durch die Summe aller Längen- und Winkeländerungen im Raum beschrieben. Weiterhin gelten für jeden Körper Stoff- bzw. Werkstoffgesetze, durch die die wechselseitigen Abhängigkeiten zwischen Spannungen und Verformungen beschrieben werden können. Beschränken wir uns auf die Theorie linear-elastischer Körper, so lassen sich für sehr viele Werkstoffe die folgenden Ergebnisse formulieren.
- Abhängigkeit von Spannungen und Dehnungen $\sigma(\varepsilon)$;
- Abhängigkeit von Schubspannungen und Gleitungen $\tau(\gamma)$;
- Querkontraktion.

Der erste Anstrich, die Abhängigkeit von Spannungen und Dehnungen wurde schon beim mechatronischen Widerstand der Primärgröße Impuls behandelt. Sie führte auf einen geschwindigkeitsproportionalen Zusammenhang. Der zweite Anstrich, die Abhängigkeit der Schubspannungen von den Gleitungen zeigt eine äquivalente Proportionalität.

$$\tau = G \cdot \gamma$$

Dabei beschreibt das Schubmodul G wiederum eine Werkstoffkenngröße. Die Querkontraktion bildet einen Zusammenhang zwischen den Verformungen der unterschiedlichen Raumrichtungen und den Werkstoffkenngrößen. Zusammengefasst wird die Proportionalität zwischen allgemeinen Spannungen und dem Hooke'schen Gesetz. Damit allein lassen sich jedoch nicht alle Vorgänge beschreiben, die wir tatsächlich in der täglichen Beschäftigung mit Werkstoffkenngrößen beobachten. Auch ein Torsionspendel (siehe Aufgabe 2.9) bleibt nach endlich langer Zeit stehen.

Wie lässt sich nun der Energieverlust, welcher eine Bewegung tatsächlich zeitlich begrenzt, in das Hooke'sche Gesetz integrieren? Diese Frage wird schon sehr lange durch das Gebiet der Werkstoffwissenschaften untersucht. Ein einfacher Ansatz, welcher auf O. E. Meyer [13, 14] zurückgeht, schlägt vor, zusätzlich zu den rein elastischen Kräften noch eine viskose Reibkraft anzunehmen.

$$\sigma = E \cdot \left(\varepsilon + \vartheta \frac{d\varepsilon}{dt} \right)$$

Äquivalent zur reinen Translationsbewegung kann dieser Ansatz auf die Rotation um eine Achse erweitert werden.

$$\tau = G \cdot \left(\gamma + \xi \frac{d\gamma}{dt} \right)$$

Beide Ansätze führen letztlich wieder auf den Voigt-Kelvin-Körper. Spaltet man den Hooke'schen Körper ab, bleibt für den dissipativen Anteil der Newton'sche Körper übrig. Die dissipativen Phänomene innerhalb des Werkstoffes können also durch eine Newton'sche Flüssigkeit abgebildet werden.

Bei den makroskopischen Effekten muss das Strömungsverhalten zwischen Festkörpern und Fluiden untersucht werden. Dieses Gebiet ist jedoch so umfangreich, dass hier auf die einschlägige Literatur der Strömungsmechanik [15] verwiesen werden muss. Ein sehr einfaches Phänomen soll dennoch hier kurz skizziert werden.

Wie schon weiter oben erörtert, existiert ein Zusammenhang zwischen der Reibkraft und der Spannung. Für einen lokalen Punkt auf der Oberfläche einer sich drehenden Welle kann die Reibkraft wie folgt formuliert werden.

$$dF_R = \tau \cdot dA$$

In der Strömungsmechanik wird die Schubspannung durch Normierung gerne mit einer lokalen dimensionslosen Kennzahl ausgedrückt.

$$c_{R,L} = \frac{\tau}{\frac{\varrho}{2} v_L^2}$$

Betrachtet man nun die Gesamtfläche, so wird aus der lokalen Kennzahl eine globale Kennzahl.

$$F_\mathrm{R} = c_\mathrm{R} \cdot \frac{\rho}{2} v^2$$

Diese Kennzahl ist im Allgemeinen eine Funktion des vorherrschenden Strömungszustandes (laminar, turbulent), der Reynolds-Zahl und der Oberflächenbeschaffenheit des Festkörpers. Oft wird statt der Kennzahl c_R eine Kennzahl c_W verwendet, die eine Referenzfläche des umströmten Festkörpers mit einbezieht.

$$F_\mathrm{R} = c_\mathrm{W} \cdot A_\mathrm{S} \frac{\rho}{2} v^2$$

Für einfache Geometrien und kleine Reynolds-Zahlen kann eine analytische Lösung für den Widerstandsbeiwert c_W angegeben werden. Bei einer Kugel und einer Reynolds-Zahl Re < 1 beträgt der Widerstandsbeiwert

$$c_\mathrm{W} = \frac{24}{\mathrm{Re}} \ .$$

Setzt man diesen Wert in die Gleichung der Reibkraft ein, so erhält man eine geschwindigkeitsproportionale Reibung.

$$F_\mathrm{R} = \frac{12 \cdot A_\mathrm{S} v \rho}{l} \cdot v = k_\mathrm{S} \cdot v$$

Wir sprechen auch von Stokes'scher Reibung. Bei einer rotierenden Welle erzeugt die Reibkraft über dem Wellenradius ein Reibmoment, welches wir wiederum in einen geschwindigkeitsproportionalen Term zusammenfassen können.

$$M_\mathrm{R} = k_\mathrm{St} \cdot \omega$$

Damit bilden sowohl die mikroskopischen als auch die makroskopischen Effekte bei der Torsion unter bestimmten Voraussetzungen einen linearen mechatronischen Widerstand. Das ideale mechatronische Bauelement Dämpfung (Widerstand) ist sowohl eine Komponente der Materialeigenschaften als auch der Grenzflächeneigenschaften von Rotationssystemen. Da alle elastischen Eigenschaften vernachlässigt werden, beinhaltet die Komponente Dämpfung keinerlei Energiespeicher. Vielmehr wird die zugeführte Energie vollständig diszipliniert und in Entropie gewandelt. Das Ersatzschaltbild der idealen Dämpfung bei Rotation enthält:
- keine Induktivität
- keine Kapazität

Tab. 2.6: Torsionsdämpfung – mechatronischer Widerstand

Beschreibung	Größe	Gleichung	/ Formelzeichen	Maßeinheit
Bauelement	Torsionsdämpfung	R_m	d	rad/Nm × s
Flussgröße i_P	Moment	I_X	M	Nm
Differenzgröße i_P	Winkelgeschwindigkeit	Y	ω	rad/s
Eintorgleichung		$R_m = \dfrac{\omega}{M}$		
Leistung im Bauelement		$P = M \cdot \omega$		
Leistung im Bauelement		$P = R_m \cdot M^2$		
Leistung im Bauelement		$P = \dfrac{1}{R_m}\omega^2$		
Symbol	mechanisch	RM_R		
Symbol	mechatronisch	RM		
EAGLE			Mechatronik.lbr	
LTSpice			Mechatronik.lib	

Übungsaufgaben

2.10. Wirbelstrombremse (nichtlineare Reibung)

Eine Wirbelstrombremse ist eine verschleißfreie Bremse, die auf Basis von Wirbelströmen durch magnetische Felder in bewegten Scheiben ein Bremsmoment erzeugt (Abb. 2.41). Um die Strömungsverluste der rotierenden Scheibe möglichst gering zu halten, befindet sich die Bremsscheibe in einem speziellen Gehäuse. Da der Wirkungsgrad der Bremse stark vom magnetischen Luftspalt b beeinflusst wird, müsste er aus Sicht einer optimalen Dimensionierung des Magnetkreises sehr gering gestaltet werden. Dem spricht jedoch eine endliche Grenzschichtdicke im Strömungsvolumen entgegen (Abb. 2.42). Bei zu geringem Luftspalt b steigen die Reibungsverluste zwischen Bremsscheibe und Wand sehr stark an.

– Bestimmen Sie das Bremsmoment durch die Luftreibung und die Verlustleistung im Arbeitspunkt.
– Bestimmen Sie den nichtlinearen mechatronischen Widerstand.
– Wie lange benötigt die Bremsscheibe, um aus dem Arbeitspunkt, ohne Wirbelstromverluste, zum Stillstand zu kommen?
– Bestimmen Sie den zeitlichen Verlauf des Bremsmomentes durch die Luftreibung.

Lösung

Geg.:

Außenradius	$R_A = 70\,\text{mm}$	Drehzahl	$n = 20.000\,\text{U/min}$	
Wellenradius	$R_W = 3\,\text{mm}$	Reynoldszahl	$Re = 10^6$	
Dicke	$h = 4\,\text{mm}$	Bremsmoment	$M_0 = 1\,\text{Nmm}$	
Dichte Scheibe	$\rho_{Alu} = 2300\,\text{kg/m}^3$	Dichte Luft	$\rho_{Luft} = 1\,\text{kg/m}^3$	

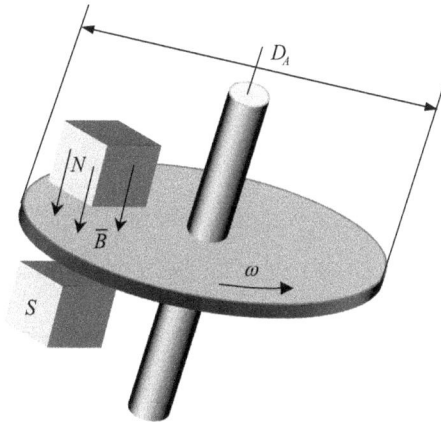

Abb. 2.41: Rotierende Scheibe im Magnetfeld

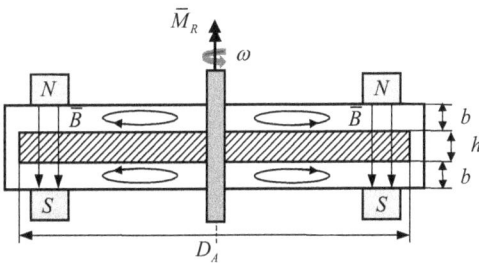

Abb. 2.42: Rotierende Scheibe zwischen zwei Luftschichten

Um das Bremsmoment einer rotierenden Scheibe zu bestimmen, müssen die Radreibungsverluste zwischen den Außenflächen der sich drehenden Scheibe und dem Gehäuse bestimmt werden. Infolge einer Haftbedingung bleibt die Luftschicht an der Gehäusewand in Ruhe, während die Luftschichten, die an den Außenflächen der rotierenden Scheibe anlegen, mit rotieren. Es bilden sich Wirbel zwischen Scheibe und Gehäuse aus (Abb. 2.42). Das Geschwindigkeitsgefälle zwischen Scheibe und Gehäuse verursacht einen Reibwiderstand. Die physikalische Grundlage dieses Reibwiderstandes basiert auf dem Newton'schen Schubspannungsansatz.

$$\tau_W = \eta \left(\frac{du}{dy} \right) \qquad (2.11) \;\blacksquare$$

Stellt man sich die rotierende Scheibe als bewegte Platte der Länge l und der Breite b vor, so bewirkt die Schubspannung eine Reibkraft.

$$F_R = b \cdot \int\limits_0^l \tau_W dx$$

Da die Grenzschichtdicke δ vom Ort x abhängt, ist die Schubspannung selbst eine lokale Größe, die vom Ort x abhängt.

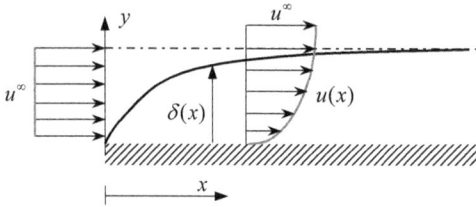

Abb. 2.43: Modell einer umströmten Platte

Über die Schubspannung (Gl. 2.11) kann ein lokaler Reibkoeffizient c_x definiert werden.

$$c_x := \frac{\tau_W}{\frac{\rho \cdot u_\infty^2}{2}}$$

Mittelt man den lokalen Reibkoeffizienten über die Gesamtlänge der Platte, so erhält man den Widerstandskoeffizienten c_W.

$$c_W = \frac{1}{l} \int c_x dx$$

Mit diesem Widerstandskoeffizienten kann die Reibkraft der Platte bestimmt werden.

$$F_R = \frac{\rho}{2} A \cdot c_W \cdot u_\infty^2$$

Nun ändert sich jedoch auf einer rotierenden Scheibe die Umfangsgeschwindigkeit u in Abhängigkeit des Scheibenradius.

$$u = \omega \cdot r$$

Deshalb kann zunächst nur eine differenzierte Reibkraft am Ort r bestimmt werden (Abb. 2.44).

$$dF_R = \frac{\rho}{2} c_W \cdot u^2(r) \cdot dA$$

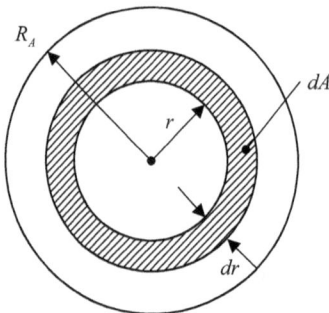

Abb. 2.44: Lokale Reibfläche am Ort r

Mit $dA = 2\pi r\, dr$ und $u = \omega \cdot r$ folgt für die lokale Reibkraft:

$$dF_{\mathrm{R}} = \pi\, \rho\, c_{\mathrm{W}}\, \omega^2 r^3\, dr$$

Tatsächlich interessiert uns jedoch das Bremsmoment, sodass über den Hebelarm r noch das zugehörige lokale Reibmoment gebildet werden muss.

$$dM_{\mathrm{R}} = r \cdot dF_{\mathrm{R}}$$
$$dM_{\mathrm{R}} = \pi \rho c_{\mathrm{W}}\, \omega^2 r^4\, dr$$

Das vollständige Bremsmoment kann durch die Integration unter den folgenden Voraussetzungen gewonnen werden.
–   Der Widerstandsbeiwert wird als konstant angesehen.
–   Seine Abhängigkeit von der lokalen Reynolds-Zahl bleibt unberücksichtigt.
–   Die Fluiddichte (hier Luft) ist im gesamten Volumen konstant.

$$M_{\mathrm{R}} = \pi\, \rho\, c_{\mathrm{W}}\, \omega^2 \int_{R_I}^{R_A} r^4\, dr$$

$$M_{\mathrm{R}} = \frac{\pi \rho c_{\mathrm{W}} \omega^2}{5} \left(R_A^5 - R_I^5\right)$$

Da die Seitenscheibenreibung an beiden Seiten der Bremsscheibe auftritt, muss das Reibmoment noch verdoppelt werden.

$$M_{\mathrm{R}} = \underbrace{\frac{2}{5}\pi\rho c_{\mathrm{W}} \left(R_A^5 - R_I^5\right)}_{k_{\mathrm{N}}} \cdot \omega^2 \tag{2.12}$$ ❗

Wie Gl. 2.12 zeigt, handelt es sich bei diesem Reibfall um Newton'sche Reibung, d. h., das Reibmoment ist nicht linear von der Flussgröße, sondern quadratisch von ihr abhängig.

$$M_{\mathrm{R}} = k_{\mathrm{N}} \cdot \omega^2$$

Dieser Fall tritt häufig in der Strömungsmechanik auf. Der mechatronische Widerstand ist selbst eine Funktion der Potentialdifferenz.

$$M_{\mathrm{R}} = \frac{1}{R\left(\omega\right)} \cdot \omega$$

$$R\left(\omega\right) = \frac{5}{2}\, \frac{1}{\pi\rho c_{\mathrm{W}} \left(R_A^5 - R_I^5\right)} \cdot \frac{1}{\omega} = \frac{1}{k_{\mathrm{N}}} \cdot \frac{1}{\omega}$$

Simulation
Simulationsdatei: *Bsp_2_10a.asc*

Die Bauelemente finden Sie über das
Menü KOMPONENT in den nebenstehenden Bibliotheken.

Bauelement	Bibliothek	Bemerkung
$M(t)$	Standard	Stromquelle
Torsionsreibung	Mechatronik.lib	Widerstand

Soll eine Simulation nicht ausschließlich im Arbeitspunkt stattfinden, muss diese Nichtlinearität selbst im Simulationssystem abgebildet werden. Dazu kann dem
Bauelement Widerstand die zugehörige nichtlineare Funktion wie folgt zugeordnet
werden.

$$R = \frac{1}{k_N} \cdot \frac{1}{\omega} := \{R_N\} \cdot \frac{1}{V(\omega)}$$

.param k_N = berechneter Wert

$$.param\ R_N = \frac{1}{k_N}$$

Die Drehzahl im Arbeitspunkt wird durch eine Spannungsquelle realisiert. Dabei
muss beachtet werden, dass die Spannungsquelle die Winkelgeschwindigkeit ω und
nicht die Drehzahl n bereitstellt (Abb. 2.45).
Das gesuchte Bremsmoment ergibt sich aus dem Fluss durch den nichtlinearen mechatronischen Widerstand. Die Verlustleistung wird aus dem Produkt der Winkelgeschwindigkeit ω und dem Bremsmoment berechnet. Eine entsprechende analytische
Lösung findet sich in der zugehörigen Mathcad-Datei (Aufgabe2_10.mcdx). Vergleichen Sie diese Ergebnisse mit den Ergebnissen des Simulationssystems.

$$M_R = 43,26 \cdot 10^{-3}\ \text{Nm}$$

$$P = 90,6\ \text{W}$$

Für den zweiten Teil der Aufgabenstellung, die dynamische Analyse muss für die analytische Lösung die zugehörige Differentialgleichung gelöst werden. Diese ergibt sich
aus dem Gleichgewicht der Trägheitsmomente und der äußeren Momente, wobei M_R
das nichtlineare Reibmoment der Seitenscheiben und M_0 ein konstantes Bremsmoment beinhalten.

$$J_S\ddot{\varphi} = -M_R - M_0$$

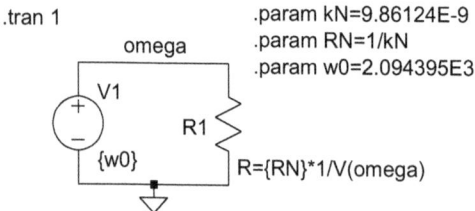

.tran 1

.param kN=9.86124E-9
.param RN=1/kN
.param w0=2.094395E3

omega

V1

R1

{w0}

R={RN}*1/V(omega)

Abb. 2.45: Simulationsmodell mit nichtlinearem Widerstand

Wird die Winkelbeschleunigung durch die Ableitung der Winkelgeschwindigkeit ersetzt, so erhält man eine Differentialgleichung erster Ordnung.

$$J_S \dot{\omega} + k_N \omega^2 = -M_0 \quad M_0 = \text{const}; \ \omega > 0$$

Diese kann durch Trennung der Variablen nach $\omega(t)$ aufgelöst werden.

$$-\frac{d\omega}{k_N \omega^2 + M_0} = \frac{1}{J_S} dt$$

Eine unbestimmte Integration ergibt zunächst eine mögliche Lösungsschar.

$$-\frac{J_S \arctan\left(\omega \cdot \sqrt{\frac{k_N}{M_0}}\right)}{\sqrt{k_N M_0}} = t + C \tag{2.13}$$

Die speziell gesuchte Lösung unserer Aufgabe kann über die Bestimmung der Integrationskonstante C gewonnen werden. Dazu sind die Anfangsbedingungen

$$\omega(t = 0) = \omega_0$$

in die Lösung einzusetzen. Für die Integrationskonstante C erhalten wir dann

$$C = -\frac{J_S \arctan\left(\omega_0 \cdot \sqrt{\frac{k_N}{M_0}}\right)}{\sqrt{k_N M_0}}$$

Damit lautet die Gesamtlösung

$$\omega(t) = -\frac{M_0 \tan\left(\frac{t \cdot \sqrt{k_N M_0}}{J_S}\right) - \omega_0 \cdot \sqrt{k_N M_0}}{\sqrt{k_N M_0} + k_N \omega_0 \tan\left(\frac{t \cdot \sqrt{k_N M_0}}{J_S}\right)} \tag{2.14}$$

Für die Berechnung der Zeit bis zum Stillstand müssen $\omega(t_S) = 0$ gesetzt und Gl. 2.14 nach t_S umgestellt werden.

$$t_S = -\frac{J_S \arctan\left(\omega_0 \cdot \sqrt{\frac{k_N}{M_0}}\right)}{\sqrt{k_N M_0}}$$

Wie man leicht sieht, entspricht diese Zeit genau der negativen Integrationskonstante C. Diese Zeit hätte also auch einfach aus der Lösung der unbestimmten Integration, Gl. 2.13 gewonnen werden können.

Simulation

Simulationsdatei: *Bsp_2_10b.asc*

Die Bauelemente finden Sie über das Menü KOMPONENT in den nebenstehenden Bibliotheken.

Bauelement	Bibliothek	Bemerkung
$M(t)$	Standard	Stromquelle
Massenträgheitsmoment	Mechatronik.lib	Kapazität
Torsionswiderstand	Mechatronik.lib	Widerstand

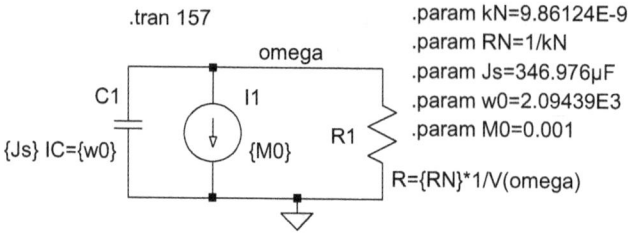

.tran 157

omega

C1   I1
          R1
{Js} IC={w0}   {M0}

.param kN=9.86124E-9
.param RN=1/kN
.param Js=346.976µF
.param w0=2.09439E3
.param M0=0.001

R={RN}*1/V(omega)

Abb. 2.46: Modell zur Lösung der Dgl. mit nichtlinearem Reibwiderstand

Insgesamt ist jedoch das analytische Verfahren zur Lösung der gestellten Aufgaben-stellung recht aufwendig. Sehr viel einfacher kann die Lösung über das zugehörige mechatronische Netzwerk gewonnen werden. Dazu werden das Massenträgheitsmoment J_S einer mechatronischen Kapazität zugeordnet, der nichtlineare Reibwiderstand aus der vorhergehenden Aufgabenstellung übernommen und das konstante Bremsmoment durch eine Stromquelle abgebildet (Abb. 2.46).

Eine Simulation im Zeitbereich bringt sofort die gewünschten Ergebnisse. Es können sowohl der zeitliche Verlauf des Bremsmomentes, der Verlauf der Winkelge-schwindigkeit und die Zeit bis zum Stillstand der Bremsscheibe abgelesen werden (Abb. 2.47). Diese Ergebnisse stimmen mit den analytischen Ergebnissen der Lösung der Differentialgleichung exakt überein.

Wie die Aufgabenstellung und ihre Lösungen zeigen, ist das Konzept der mecha-tronischen Netzwerke sehr gut in der Lage, auch Problemstellungen mit nichtlinearen Sachverhalten abzubilden und zu lösen.

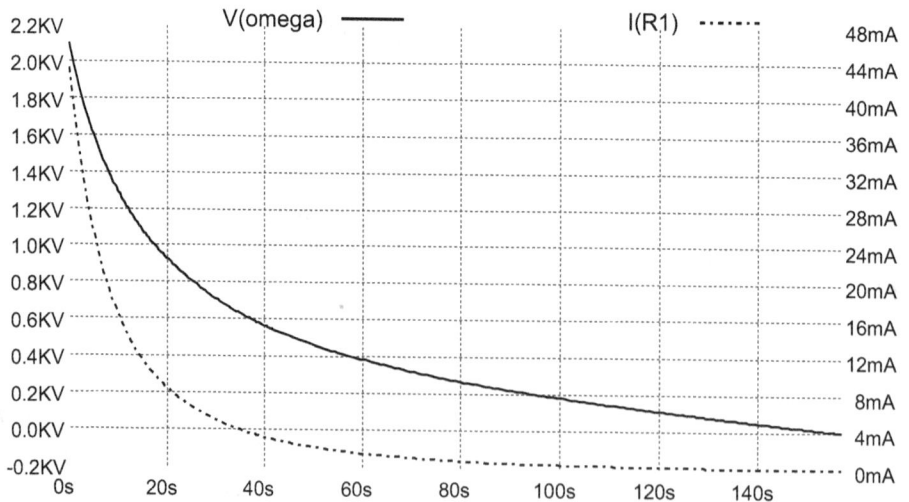

Abb. 2.47: Lösung der Dgl. mit nichtlinearem Reibwiderstand

2.3 Mechanik schwere Masse

2.3.1 Schwere Masse – mechatronische Kapazität

Im Abschnitt 2.1.1 wurde bereits die (träge) Masse als mechatronische Kapazität behandelt. Somit darf sich der Leser die Frage stellen, warum nochmals die (schwere) Masse untersucht wird. Wie bereits die beiden unterschiedlichen Adjektive vermuten lassen, handelt es sich tatsächlich um unterschiedliche physikalische Größen. Noch detaillierter betrachtet sind es sogar drei unterschiedliche Größen. Die

- träge Masse
- passive schwere Masse
- aktive schwere Masse

Wie können nun diese unterschiedlichen Massebegriffe interpretiert werden? Dazu führen wir ein Gedankenexperiment durch und befestigen am Ende einer senkrecht angeordneten Schraubenfeder einen Körper. Anhand der Längenänderung der Feder können wir ablesen, wie stark eine Kraft ist, die den Körper zum Erdboden zieht. Diese Kraft nennen wir die Gravitationskraft. Experimentell zeigt sich, dass die Gravitationskraft proportional zur Masse des Körpers ist. Die Masse selbst ist jedoch eine Objekteigenschaft des Körpers. Die festgestellte Proportionalität zwischen einer Objekteigenschaft und der Kraftstärke ist typisch in der Physik der Kräfte und Felder. Die Physik bezeichnet eine solche Objekteigenschaft als die zur Kraft zugehörige Ladung. Somit ist die zur Gravitationskraft zugehörige Ladung die *Gravitationsladung* oder die schon oben benannte *schwere Masse*. Eine schwere Masse kann also äquivalent zur elektrischen Ladung als Gravitationsladung aufgefasst werden. Der in der Aufgabe 2.9 gezeigte Cavendish-Versuch zeigt deutlich, wie die große Masse m_1 die kleine Masse m_2 anzieht. Die große Masse m_1 erhält deshalb den Begriff der *aktiven schweren Masse* und die kleine Masse m_2 den Begriff der *passiven schweren Masse*. Tatsächlich zieht aber auch die kleine Masse m_2 die große Masse m_1 an (siehe Korrekturrechnung im Cavendish-Versuch). Es scheint also eine Äquivalenz der aktiven schweren Masse und der passiven schweren Masse zu existieren. Weiterhin scheint es eine Äquivalenz zwischen der trägen Masse und der schweren Masse zu geben.

Das Äquivalenzprinzip drückt aus, dass die schwere Masse und die träge Masse eines Körpers zwei äquivalente physikalische Größen sind.

Als träge Masse haben wir die Masse bezeichnet, die als Energiespeicher (Kapazität) für das physikalische System Impuls als Primärgröße fungiert. Die schwere Masse bildet nun ein weiteres physikalisches System mit der schweren Masse selbst als Primärgröße. Beide Größen, die Kapazität und die Primärgröße sind a priori unabhängig voneinander wie zum Beispiel die elektrische Ladung und die elektrische Kapazität. Alle bisher durchgeführten Experimente zeigen jedoch auch hier Äquivalenz. So sagt das Fallgesetz, dass alle Körper im Vakuum gleich schnell fallen. Im Schwerefeld der

Erde bedeutet dies abgeleitet aus dem Gravitationsgesetz:

$$F = m_S \cdot a$$

Weiterhin gilt das zweite Newton'sche Axiom

$$F = m_T \cdot a$$

Da beide Körper gleich schnell fallen, muss Kräftegleichheit herrschen.

$$m_T \cdot a = m_S \cdot g$$

Im Schwerefeld der Erde ist beim Fallversuch die Beschleunigung gleich der Erdbeschleunigung. Somit ergibt sich Massenäquivalenz.

$$m_T = m_S$$

Mit der Primärgröße schwere Masse kann nun eine weitere physikalische Teildomäne aufgebaut werden. Um gemäß den Ableitungsregeln des Energieflussschemas die restlichen Größen abzuleiten (notwendig zur Bestimmung der konstitutiven Gesetze), benötigen wir zunächst die Größen Y (Potentialdifferenz) und Ex (Extensum). Für die Bestimmung der Potentialdifferenz ist die Energie im P-Speicher notwendig. Aus der Mechanik kennen wir den Zusammenhang zwischen der Energie und der Kraft.

$$\boldsymbol{F} = -\operatorname{grad} U(\boldsymbol{r})$$

Es ist also die Kraft zu bestimmen, die zwischen zwei schweren Massen wirkt. Genau diese Kraft liefert uns das Newton'sche Gravitationsgesetz[5] (ausführlich siehe Anhang).

$$\boldsymbol{F}_{21} = -\gamma \frac{m_1 \cdot m_2}{|\boldsymbol{r}_1 - \boldsymbol{r}_2|^3} \cdot (\boldsymbol{r}_1 - \boldsymbol{r}_2)$$

Im Gravitationsgesetz kann die Differenz der Ortsvektoren $\boldsymbol{r}_1 - \boldsymbol{r}_2$ durch den Vektor $\boldsymbol{r}$ ersetzt werden.

$$\boldsymbol{F}_{21} = -\gamma \frac{m_1 \cdot m_2}{r^2} \cdot \boldsymbol{e}_r$$

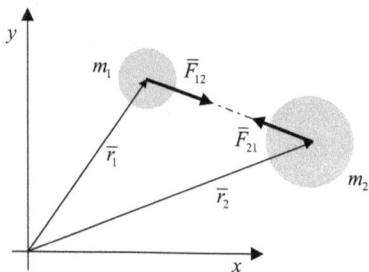

Abb. 2.48: Anziehungskräfte zweier schwerer Massen

---

5 Mit den beiden Massen sind ausschließlich schwere Massen gemeint.

Der negative Einheitsvektor e_r gibt an, dass die kleine Masse m_1 von der großen Masse m_2 angezogen wird. Diese Festlegung ist deshalb notwendig, da Gravitationsladungen im Gegensatz zur elektrischen Ladung immer ein positives Vorzeichen aufweisen.

Im nächsten Schritt kann die Gravitationskraft in die Energiegleichung eingesetzt werden.

$$F = -\text{grad}\, U(r); \quad U = -\int F dr; \quad dr = dr \cdot e_r$$

$$U(r) = \gamma \cdot m_1 m_2 \int \frac{1}{r^2} dr = \frac{\gamma \cdot m_1 m_2}{r} + C$$

Mit der Randbedingung $U(r = \infty) = 0$ folgt sofort $C = 0$. Damit ist die Energie einer Gravitationsladung im P-Speicher bestimmt.

$$U(r) = \frac{\gamma \cdot m_1 m_2}{r} = E_\mathrm{P}(r)$$

Diese Energiegleichung wird uns etwas vertrauter, wenn die Gravitationsfeldstärke mit

$$\gamma \frac{m_2}{r^2} = g(r)$$

abgekürzt wird.

$$U(r) = g(r) \cdot r \cdot m_1$$

Unter Kenntnis der Primärgröße und der P-Energie kann anschließend durch die Gibbs'sche Fundamentalform die Potentialdifferenz Y bestimmt werden.

$$Y = \varphi_a - \varphi_b := \frac{U(r)}{m_1} = \int_a^b g(r) dr$$

An dieser Stelle soll nochmals ausdrücklich darauf hingewiesen werden, dass die Ableitung aus dem Gravitationsgesetz nur für zwei Massen erfolgt.

Für die meisten technischen Problemstellungen der Mechatronik hat diese Einschränkung jedoch keine Relevanz, für die kosmologische Betrachtung sind jedoch alle wesentlichen Massen mit einzubeziehen.

Mit der Einschränkung auf zwei Massen können noch weitere Vereinfachungen vorgenommen werden. Nimmt man für m_2 die Erdmasse an, so wird aus der Gravitationsfeldstärke die Erdbeschleunigung $g(r)$. Befindet sich das zu untersuchende mechatronische Objekt zudem noch an einem konstanten höhenunveränderlichen Ort (r = const.), ist die Gravitationsfeldstärke an diesem Ort auch konstant.

$$g(r) = \text{const.} = g_0; \quad h = r_\mathrm{E}$$

Das folgende kleine Beispiel soll die Interpretation der Potentialdifferenz Y verdeutlichen.

Eine Masse m_1 befindet sich auf einer konstanten Höhe h über der Erdoberfläche (Abb. 2.49). Wie groß ist die Potentialdifferenz Y dieser Masse?

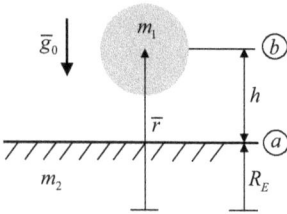

Abb. 2.49: Masse über der Erdoberfläche

$$Y = \Delta\varphi = \int_a^b \boldsymbol{g}(r)d\boldsymbol{r}; \quad \boldsymbol{g}(r) = \boldsymbol{g}_0$$

$$Y = \varphi_b - \varphi_a = g_0\,(R_E + h - R_E) = g_0 \cdot h$$

Wie das Beispiel zeigt, ist zwar die Potentialdifferenz bei der Höhe $h = 0$ (Erdoberfläche), nicht jedoch das Potential selbst.

$$\varphi_a = g_0 \cdot R_E$$

Wie sieht es mit der im System m_1, m_2 und h gespeicherten Energie aus? Besitzt die Masse m_1 auf der Höhe h genau diese Energie? Wir sprechen umgangssprachlich auch von der potentiellen Energie der Masse m_1. Dazu schauen wir uns zwei unterschiedliche Systeme mit gleichen Massen an (Abb. 2.50).

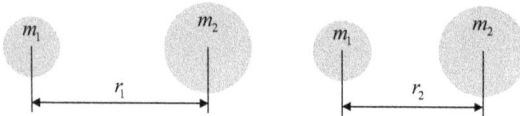

Abb. 2.50: Zweimassensysteme mit unterschiedlichen Abständen

Da die Massen m_1 und m_2 in den beiden Systemen jeweils gleich sind und sich lediglich die Abstände r_1 und r_2 unterscheiden, besitzen beide Systeme unterschiedliche Energien. Das bedeutet, die Energie ist immer im Gesamtsystem, bestehend aus m_1, m_2 und r, gespeichert und nicht in m_1 oder m_2! Es ist also ungünstig davon zu sprechen, dass eine Masse auf einer Höhe h eine Energie besitzt. Besser ist davon zu sprechen, dass das System (m_1, m_2 und r) eine Energie besitzt.

Die bis hier gezeigten Ausführungen zur schweren Masse zeigen zwar den prinzipiellen Unterschied der unterschiedlichen Massebegriffe, sind jedoch weniger für den praktischen Gebrauch der mechatronischen Netzwerke geeignet. Der weitaus größere Teil der Anwendungen bewegt sich auf dem Gebiet der Fluidmechanik und der Akustik bzw. der Physik der Flüssigkeiten und Gase. Dazu soll im Folgenden eine Anwendung aus der Hydraulik näher betrachtet werden. Als Primärgröße wählen wir die schwere

Masse bei annähernd konstanter Höhe.

$$X = m_S$$

$$h \ll R_E ; \quad \boldsymbol{g}(r) = g_0 = \text{const}.$$

$$Y = g_0 \cdot h$$

Ein zylindrischer Tank mit konstanter Grundfläche (Abb. 2.51) sei dazu bis zum Füllstand h mit einem Fluid der Dichte ρ_F gefüllt.

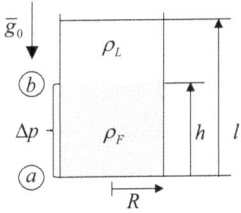

Abb. 2.51: Zylindrischer Tank, gefüllt bis zur Höhe h

Über der Flüssigkeit befindet sich ein Gas mit der Dichte ρ_L. Betrachten wir die beiden ausgewählten Punkte a und b, so kann an diesen Stellen der Druck bestimmt werden.

$$p_a = \frac{F_{ges}}{A} = \frac{F_F + F_L}{A} = \frac{m_F g_0 + m_L g_0}{A}$$
$$p_a = \rho_F g_0 h + \rho_F g_0 (l - h) = \rho_F g_0 h + p_b$$

Dabei entsprechen der Druck an der Stelle a dem Schweredruck und der Druck an der Stelle b dem äußeren Luftdruck. Die Druckdifferenz Δp, hervorgerufen durch das Fluid und den äußeren Luftdruck, ist nur noch eine Funktion des Füllstandes im Tank.

$$\Delta p = p_a - p_b = \rho_F g_0 h$$

Der Faktor $g_0\,h$ entsprach jedoch der Potentialdifferenz Y bei konstanter Erdbeschleunigung.

$$g_0 h = Y = \frac{\Delta p}{\rho_F}$$

Somit kann die Potentialdifferenz in der Hydraulik, Pneumatik oder Akustik auch über die Druckdifferenz und die Fluiddichte ausgedrückt werden. Unter Zuhilfenahme der Primärgröße lässt sich auch die gespeicherte Energie im Tank bestimmen. Ausgangspunkt ist dafür wiederum die Gibbs'sche Fundamentalform.

$$\delta E_P = Y(X)\delta X$$

$$\delta E_P = \frac{1}{\rho_F}\Delta p\,(m_S)\,\delta m_S$$

Die Abhängigkeit der Druckdifferenz von der schweren Masse ist durch

$$\frac{F}{A} = \frac{m_S g_0}{A} = \Delta p$$

gegeben.

$$\delta E_P = \frac{1}{\rho_F} \frac{g_0}{A} m_S \delta m_S$$

Eine einfache unbestimmte Integration mit der Anfangsenergie $E_0 = 0$ führt auf die gesamte Energie im Tank.

$$E_P = \frac{1}{\rho_F} \frac{g_0}{A} \frac{1}{2} m_S^2$$

$$E_P = \frac{m_S}{2\rho_F} \Delta p$$

Diese Energie würde sich auch ergeben, wenn man die Fluidmenge als kompakten Körper mit der Schwerpunktkoordinate $h/2$ ansieht.

$$E_P = m_S g_0 \frac{h}{2} = \frac{m_S}{2\rho_F} \Delta p$$

Für technische Anwendungen ist es also legitim, vom Fluidtank als Energiespeicher zu sprechen, obwohl die Ableitung vollständig aus dem Zweikörperproblem der Himmelsmechanik folgte.

Wir können dem zylindrischen Tank eine mechatronische Kapazität zuordnen. Beschränken wir uns auf die Hydraulik, so sprechen wir von einer hydraulischen Kapazität.

$$C_h := \frac{X}{Y} = \frac{m_S \rho_F}{\Delta p}$$

Die ideale hydraulische Kapazität speichert nur P-Energie. Die Kapazität selbst besitzt keine dissipativen Eigenschaften (Strömungsverluste) und keine induktiven Eigenschaften (T-Energie). Das Ersatzschaltbild der idealen hydraulischen Kapazität enthält deshalb

- keine Induktivität
- einen Serienwiderstand von $R_S = 0$
- einen Parallelwiderstand von $R_P = 0$

Das Symbol der hydraulischen Kapazität besitzt wiederum genau zwei Anschlüsse. Im Gegensatz zur trägen Masse sind diese beiden Anschlüsse jedoch potentialfrei, da wir nur mit den Druckdifferenzen über der Kapazität arbeiten (Abb. 2.51). Dabei muss jedoch beachtet werden, dass das Rohrleitungssystem zum Befüllen des Tanks nicht zwangsläufig den Anschlüssen der Kapazität entspricht. Ein Tank aus Abb. 2.51 kann über ein einziges Rohr befüllt und entleert werden.

Tab. 2.7: Schwere Masse – mechatronische Kapazität

Beschreibung	Größe	Gleichung	/ Formelzeichen	Maßeinheit
Bauelement	schwere Masse	C_h	m_S	kg
Flussgröße i_P	Massestrom	I_X	$\dot{m}$	kg/s
Differenzgröße i_P	Druckdifferenz pro Dichte	Y	$\dfrac{\Delta p}{\rho_F}$	m^2/s^2
Eintorgleichung		$C_h = \dfrac{\rho_F}{\Delta p}\int \dot{m}\,dt$		
Energie im Bauelement		$E = \dfrac{1}{2C_h}m_S^2$		
Co-Energie im Bauelement		$E_{Co} = \dfrac{C_h}{2}\left(\dfrac{\rho_F}{\Delta p}\right)^2$		
Energie allgemein		$E_{Co} = \dfrac{1}{2}\dfrac{\rho_F}{\Delta p}\cdot m_S$		
Symbol	mechanisch	CM_H		
Symbol	mechatronisch	CM		
EAGLE			Mechatronik.lbr	
LTSpice			Mechatronik.asc	

Übungsaufgaben

2.11. HYDRAULIKTANK
Ein zylinderförmiger und ein kegelförmiger Hydrauliktank mit gleicher Grundfläche und gleicher Höhe sollen mit einem konstanten Massestrom befüllt werden.
- Berechnen Sie die jeweilige hydraulische Kapazität des Tanks.
- Erstellen Sie ein Simulationsmodell und bestimmen Sie den Füllstand über der Zeit.
- Nach welcher Zeit sind beide Tanks vollständig gefüllt?

Lösung
Geg.:

Radius Grundfläche Zylinder	$R_Z = 5\,m$		Radius Grundfläche Kegel	$R_K = 5\,m$	
Höhe Zylinder	$h_0 = 10\,m$		Höhe Kegel	$h_0 = 10\,m$	
Fluiddichte	$\rho_F = 1000\,kg/m^3$		Fluiddichte	$\rho_F = 1000\,kg/m^3$	
Erdbeschleunigung	$g_0 = 9{,}807\,m/s^2$				
Massestrom Pumpe	$\dot{m}_P = 1\,m^3/s$		Füllhöhe beider Tanks	$h_F = 9{,}5\,m$	

a) Zylinderförmiger Tank
Die hydraulische Kapazität wird über die Definitionsgleichung der Kapazität ermittelt.

$$C_h = \frac{m_S \cdot \rho_F}{\Delta p}$$

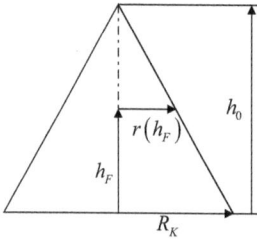

Abb. 2.52: Geometrie am Kegel

Über die Grundfläche des Zylinders und den Füllstand des Fluides bestimmen wir die schwere Masse (Fluidmasse im Tank).

$$m_S = A \cdot h \cdot \rho_F$$

Eingesetzt in die Kapazitätsdefinition ergibt sich eine konstante hydraulische Kapazität für den Zylinder.

$$C_h = \frac{A \cdot \rho_F}{g_0}$$

b) Kegelförmiger Tank

Auch hier gehen wir von der Definitionsgleichung der Kapazität aus.

$$C_h = \frac{m_S \cdot \rho_F}{\Delta p}$$

Allerdings nimmt bei einem kegelförmigen Tank die Masse nicht mehr linear mit dem Füllstand zu, sodass sich der Füllstand letztlich aus der Kapazitätsgleichung kürzen lässt. Die Masse wird über das höhenveränderliche Volumen bestimmt. Abbildung 2.52 zeigt die zugehörigen geometrischen Zusammenhänge.

$$\frac{R_K}{h_0} = \frac{r(h_F)}{h_0 - h_F}$$

Über den höhenveränderlichen Radius $r(h_F)$ lässt sich das Kegelvolumen bestimmen.

$$V_K = \frac{\pi h_F}{3} \left(R_K^2 + R_K \cdot r(h_F) + r(h_F)^2 \right)$$

Multiplizieren wir das Kegelvolumen mit der Fluiddichte im Tank, so erhalten wir die schwere Masse als Funktion des Füllstandes.

$$m_K = V_K(h_F) \cdot \rho_F$$

Da der Schweredruck am Boden des kegelförmigen Tanks nur eine Funktion der Füllhöhe ist (hydrostatisches Paradoxon), entspricht dieser Schweredruck genau dem Schweredruck eines zylinderförmigen Tanks.

$$\Delta p_K = \rho_F g_0 h_F = Y \cdot \rho_F$$

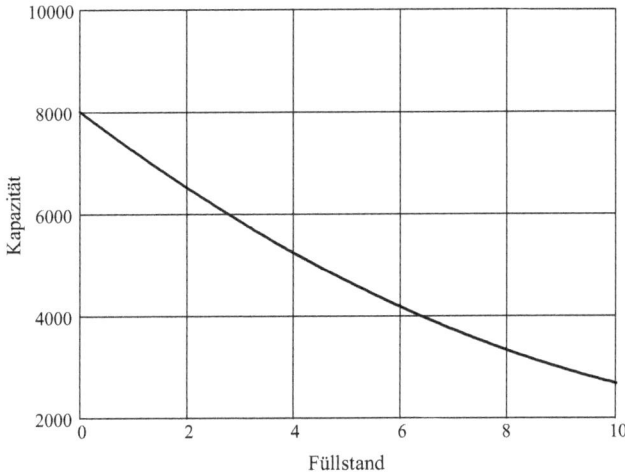

Abb. 2.53: Veränderliche hydraulische Kapazität eines kegelförmigen Tanks

Aus der schweren Masse und der Potentialdifferenz kann nun die Kapazität des Tanks bestimmt werden.

$$C_K(h_F) = \frac{m_K(h_F)}{Y(h_F)}; \quad Y = h_F \cdot g_0$$

$$C_K(h_F) = \frac{\rho_F A}{g_0}\left(1 - \frac{1}{h_0 \cdot g_0} \cdot Y(h_F) + \frac{1}{3h_0^2 \cdot g_0^2} \cdot Y^2(h_F)\right)$$

(2.15)

Wie Gl. 2.15 zeigt, handelt es sich um eine nichtlineare Kapazität, die selbst von der Potentialdifferenz abhängt. Die Anfangskapazität C_k ($h_F = 0$) entspricht genau der Kapazität des zylinderförmigen Tanks. Mit beginnender Füllhöhe nimmt die Kapazität nichtlinear ab, bis sie bei der maximalen Füllhöhe ein Minimum erreicht (Abb. 2.53).

Simulation

Simulationsdatei: *Bsp_2_11.asc*

Die Bauelemente finden Sie über das Menü KOMPONENT in den nebenstehenden Bibliotheken.

Bauelement	Bibliothek	Bemerkung
$G1(t)$	Standard	Stromquelle
schwere Masse	Mechatronik.lib	Kapazität
Proportionalglied	Control.lib	P-Glied

Als Modell einer nichtlinearen Kapazität verwenden wir das parametrisierbare Modell einer Kapazität. Die zuvor ermittelte Kapazitätsgleichung kann direkt der Kapazität zugeordnet werden. Als Potentialdifferenz über der Kapazität ist die vordefinierte Variable x zu verwenden (Abb. 2.54).

Für eine grafische Darstellung ist es sinnvoll, den Füllstand über der Zeit anzuzeigen. Da für das System schwere Masse die Potentialdifferenz jedoch das Produkt aus Gravitationsbeschleunigung und Höhe ist, muss die Potentialdifferenz durch die

.model SW SW(Ron=1E11 Roff=1E-11 Vt=9.5 Vh=0)
.tran 300
PULSE(0 1000)

.param a=8.009E3
.param b=81.667
.param c=0.278

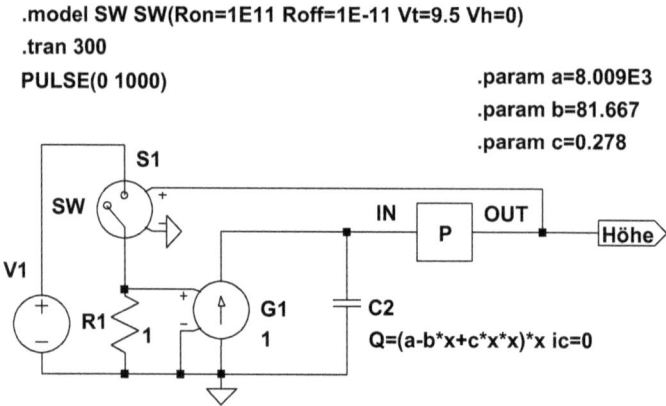

Abb. 2.54: Simulationsmodel eines kegelförmigen Behälters

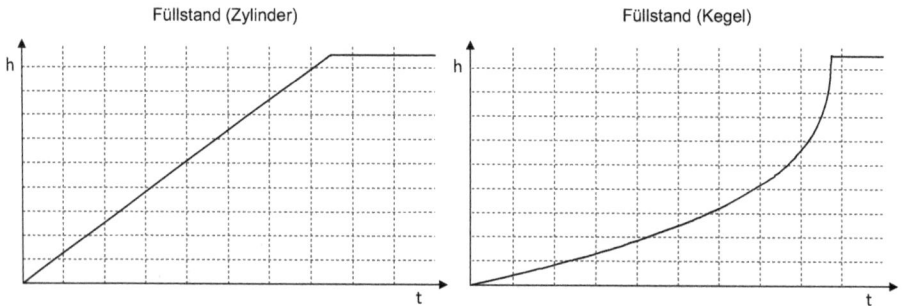

Füllstand (Zylinder)

Füllstand (Kegel)

Abb. 2.55: Vergleich der Füllstände bei unterschiedlichen Behälterformen

konstante Gravitationsbeschleunigung dividiert werden, um direkt den Füllstand im Behälter anzuzeigen. Diese Division wird mit dem nachgeschalteten P-Glied durchgeführt. Ein Schalter im Steuerkreis der Stromquelle schaltet die Förderpumpe beim Erreichen des vorgegebenen Füllstandes aus.

Die Simulationsrechnung beider Tanks zeigt den charakteristischen Verlauf beim Befüllen. Während beim zylindrischen Tank bei einem konstanten Massestrom der Füllstand linear zunimmt, steigt dieser im kegelförmigen Tank quadratisch an (Abb. 2.55).

2.3.2 Rohrleitungen – hydraulische Induktivität

Formal ist die hydraulische Induktivität durch den Zusammenhang aller Basisgrößen definiert (Abb. 1.21). Dazu wurde das Extensum durch den Mengenstrom dividiert. Die Wahl des Mengenstroms fällt relativ leicht, muss doch nur die Primärgröße (schwere Masse) nach der Zeit differenziert werden. Der Begriff Massestrom ist zudem in der Hydraulik etabliert. Anders verhält es sich mit dem Extensum. Dazu muss der Quotient aus Druckdifferenz und Fluiddichte nach der Zeit integriert werden. Die sich daraus ergebende physikalische Größe erscheint uns etwas sperrig. Einen einfachen Zugang zur hydraulischen Induktivität erhält man jedoch über die Vorstellung strömender Flüssigkeiten. Schließt man zum Beispiel ein Ventil einer Wasserleitung sehr schnell, so ist der folgende Stoß des Wassers gegen das Ventil deutlich zu hören. Der umgekehrte Vorgang ist ebenfalls zu beobachten. Nach dem Öffnen des Ventils setzt nicht sofort der Wasserstrom ein. Wir beobachten also so etwas wie eine Trägheit. Genau diese Beharrungseigenschaft macht die Induktivität aus. Die hydraulische Induktivität beschreibt uns ein Verhältnis aus einer Druckdifferenzgröße und der Änderungsrate des Massestroms.

$$L_\mathrm{h} := \frac{\int \frac{\Delta p}{\rho}\,dt}{\dot{m}}$$

Eine große Änderungsrate des Massestroms (Ventil schließt sehr schnell) erzeugt also große Druckstöße (Wasserhammer) im Rohrleitungssystem. Diese können sogar so groß werden, dass Rohre dabei zerstört werden. Findet dagegen keine Änderungsrate statt – das Wasser fließt mit einem konstanten Massestrom – ist die Wirkung der Induktivität nicht zu spüren.

Einen weiteren Zugang zur hydraulischen Induktivität findet man über die Energie eines trägen Systems. Die sich bewegende Wassermasse (Massestrom) besitzt aufgrund ihrer Masse und deren Geschwindigkeit eine ganz bestimmte kinetische Energie. Wird nun diese Wassermasse abrupt gestoppt (bewegte Masse wird gebremst), muss die Energie der Masse sehr schnell abgebaut werden. Wir beobachten einen plötzlichen Druckanstieg im System. Ein einfaches Berechnungsbeispiel soll die Größenverhältnisse eines solchen Druckstoßes demonstrieren. Dazu betrachten wir einen geraden Abschnitt einer Fernwasserleitung mit einem Durchmesser von 500 mm und einer Länge von 1000 m. Das Wasser soll sich mit einer Fließgeschwindigkeit von 2 m/sbewegen. Wird nun am Ende der Leitung schlagartig ein Schieber geschlossen, so wird eine Wassermasse von 196 t, welche sich mit einer Geschwindigkeit von 7,2 km/h bewegt, plötzlich auf null abgebremst. Ein 196 t schwerer Zug fährt sozusagen gegen eine massive Wand. Die dabei auftretende Kraft lastet vollständig auf dem Schieber.

Für einfache geometrische Formen hydraulischer Bauelemente kann deren Induktivität aus den äußeren Abmessungen bestimmt werden. Betrachten wir dazu ein langes Rohr mit einem konstanten Querschnitt (Abb. 2.56).

Dieses Rohr sei vollständig mit einem Fluid der Dichte ρ_F gefüllt und dient als reibungsfreies Begrenzungselement für den Massestrom $\dot{m}$. Den Massestrom können wir uns als einen Fluidzylinder der Länge l vorstellen, der mit der Geschwindigkeit v durch das Rohr transportiert wird. Die dazu notwendige Antriebskraft kann aus der

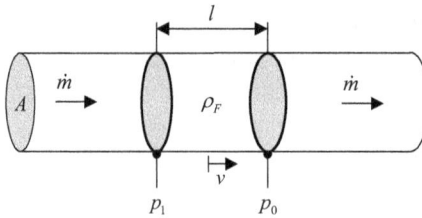

Abb. 2.56: Fluidgefülltes zylindrisches Rohr

Druckdifferenz an den beiden Zylinderbegrenzungsflächen ermittelt werden.

$$F = (p_1 - p_0)\, A = \Delta p \cdot A = m \frac{dv}{dt}$$

Im nächsten Schritt ersetzen wir die Zylindermasse durch seine Geometrie und die Fluiddichte.

$$\Delta p \cdot A = \rho_F A \cdot l \frac{dv}{dt}$$

$$\dot{m} = \rho_F \dot{V} = \rho_F A \cdot v$$

Durch einfache Integration gewinnen wir das Extensum der Rohrleitung.

$$Ex = \frac{1}{\rho_F} \int \Delta p\, dt = \frac{1}{\rho_F} \int \left(\frac{l}{A} \frac{d}{dt} \dot{m} \right) dt = \frac{l}{\rho_F A} \dot{m}$$

Damit verliert das Extensum seine bisherige mathematische Abstraktheit und bekommt eine technische Bedeutung. Dieses Extensum kann nun in die eigentliche Definition des Bauelementes hydraulische Induktivität eingesetzt werden.

$$L_h = \frac{l}{\rho_F A}$$

Ein fluiddurchströmtes Rohr der Länge l verhält sich also vollständig wie eine Induktivität. Das Ersatzschaltbild der idealen Induktivität enthält deshalb

- keine Kapazität;
- einen Serienwiderstand von $R_S = 0$;
- einen Parallelwiderstand von $R_P = \infty$.

Übungsaufgaben

2.12. Rohrleitung

Bei einer 10 m langen Wasserleitung mit einem Durchmesser von 50 mm wird am Ende der Leitung ein Schieber innerhalb von 0,05 s geschlossen. Der Volumenstrom der offenen Leitung beträgt 60 l/min.
- Berechnen Sie die hydraulische Induktivität der Rohrleitung.
- Erstellen Sie ein Simulationsmodell des Schließvorgangs.
- Wie groß wird der Wasserdruck am geschlossenen Schieber?

Tab. 2.8: Rohrleitung – mechatronische Induktivität

Beschreibung	Größe	Gleichung	/	Formelzeichen	Maßeinheit
Bauelement	Induktivität	L_h		L_h	m^2/kg
Flussgröße i_P	Massestrom	I_X		$\dot{m}$	kg/s
Differenzgröße i_P	Druckdifferenz pro Dichte	Y		$\dfrac{\Delta p}{\rho_F}$	m^2/s^2
Eintorgleichung		$L_h = \dfrac{1}{\rho_F \dot{m}_L} \int \Delta p \; dt$			
Energie im Bauelement		$E = \dfrac{1}{2 L_m} E x^2$			
Co-Energie im Bauelement		$E_{Co} = \dfrac{L_m}{2} \dot{m}^2$			
Energie allgemein		$E_{Co} = \dfrac{1}{2} E x \cdot \dot{m}$			
Symbol	mechanisch	LM_H			
Symbol	mechatronisch	LM			
EAGLE				Mechatronik.lbr	
LTSpice				Mechatronik.asc	

Lösung

Geg.:

Länge Rohrleitung	$l_T = 10\,m$	Fluiddichte	$\rho_F = 1000\,kg/m^3$
Rohrdurchmesser	$d_T = 50\,mm$	E-Modul Wasser	$E_W = 2060 \cdot 10^6\,N/m^2$
Volumenstrom	$\dot{V} = 60\,l/min$	Schließzeit Schieber	$T_S = 0{,}05\,s$

Die Induktivität der Rohrleitung kann über ihre geometrischen Größen bestimmt werden.

$$L_h = \frac{l}{\rho_F A}$$

Das induktive Gesetz gibt uns den Zusammenhang zwischen der Druckdifferenz über der Rohrleitung und dem zugehörigen Massestrom.

$$\Delta p = L_h \rho_F \frac{d}{dt}(\dot{m}) = L_h \rho_F \frac{d}{dt}\left(\dot{V}\rho_F\right)$$

Wir gehen zunächst von einer konstanten Fluiddichte aus (Wasser als inkompressibles Medium). Somit kann die Fluiddichte aus dem Differentiationsterm ausgeklammert werden. Weiterhin ersetzen wir die hydraulische Induktivität durch die geometrischen Größen des Wasserrohres.

$$\Delta p = \frac{l}{\rho_F A}\rho_F^2 \frac{d}{dt}\left(\dot{V}\right)$$

.parm Ts=0.05

.tran 0.2   .param L=5.093

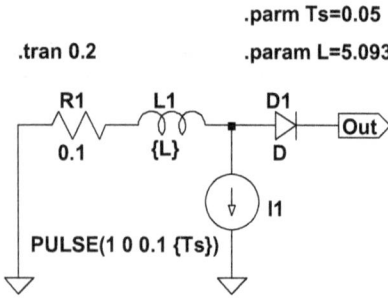

Abb. 2.57: Simulationsmodell einer Rohrleitung mit Schieber

Der Ausdruck $d\dot{V}$ beschreibt die Änderung des Volumenstroms beim Schließvorgang des Schiebers, der Ausdruck dt die Schließzeit des Schiebers.

$$\Delta p = \frac{l\rho_F}{A} \cdot \frac{\Delta\dot{V}}{t_S} = \frac{l\rho_F}{A} \cdot \frac{\dot{V}_0 - \dot{V}_E}{t_S}$$

Setzen wir in der Aufgabenstellung die gegebenen Größen ein, so erhalten wir eine Druckdifferenz von ca. 1 bar. Das entspricht einer Wassersäule von ca. 10 m. Im Simulationsmodell wird der Volumenstrom in einen äquivalenten Massestrom umgerechnet. Diesen Massestrom stellt eine Stromquelle bereit. Den Ventilschließvorgang des Schiebers können wir über die Anstiegsgeschwindigkeit des Schaltvorganges in der Stromquelle abbilden. Dabei gehen wir von einer linearen Funktion aus. Direkt hinter der Induktivität lässt sich nun im Simulationsmodell (Abb. 2.57) die Druckdifferenz in Pascal ablesen.

ℹ Simulation

Simulationsdatei: *Bsp_2_12.asc*

Die Bauelemente finden Sie über das Menü KOMPONENT in den nebenstehenden Bibliotheken.

Bauelement	Bibliothek	Bemerkung
$I1(t)$	Standard	Stromquelle
L1, R1, D1	Standard	R, L, C
D1	Standard	Diode

Tatsächlich sind die Verhältnisse an einem realen Rohr komplizierter. Das bisherige Modell geht davon aus, dass das Fluid (Wasser) inkompressibel ist und die bewegte Wassermenge schlagartig im gesamten Rohr stehen bleibt. Die jedoch in realen Fluiden vorhandene Kompression sorgt für einen Druckstoß, welcher sich im Rohrleitungssystem mit einer charakteristischen Schallgeschwindigkeit ausbreitet. Dazu betrachten wir das Modell eines einfachen zylindrischen Rohres mit konstantem Querschnitt (Abb. 2.58).

Das Rohr sei mit einem Fluid gefüllt, welches sich mit der Fließgeschwindigkeit v_0 bewegt. Die zugehörige Trägheitskraft wird über das Newton'sche Gesetz bestimmt.

$$F = m \cdot v$$

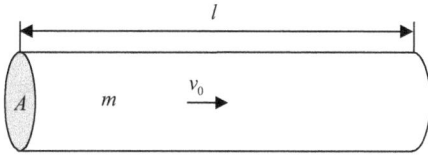

Abb. 2.58: Fluiddurchströmtes zylindrisches Rohr

Die Geschwindigkeitsänderung $\dot{v}$ setzt sich aus der Differenz der Fließgeschwindigkeit vor dem Schließen des Schiebers (v_0) und der Fließgeschwindigkeit nach dem Schließen des Schiebers ($v_E = 0$) zusammen.

$$\frac{\Delta v}{\Delta t} = \frac{v_0 - v_E}{\Delta t}$$

Über die Rohrgeometrie wird die Fluidmasse bestimmt.

$$m = \rho A l$$

Damit kann für die Trägheitskraft

$$F = \rho A l \cdot \frac{v_0 - v_E}{\Delta t}$$

formuliert werden. Gleichzeitig stehen Trägheitskraft und Druckkraft am Schieber im Gleichgewicht.

$$\Delta p A = \rho A l \cdot \frac{v_0 - v_E}{\Delta t} = \rho A \Delta v \cdot \frac{l}{\Delta t}$$

Der Quotient $l/\Delta t$ ist dabei die charakteristische Schallgeschwindigkeit a, mit der sich die Druckwelle ausbreitet.

$$\Delta p = \rho \cdot a \cdot \Delta v$$

Diese Gleichung wird auch als das Joukowsky-Gesetz bezeichnet. Es beschreibt den Druckwellenvorgang innerhalb bestimmter Gültigkeitsgrenzen [16]. Um den tatsächlichen Druckanstieg zu bestimmen, muss die reale Druckwellengeschwindigkeit bekannt sein. Neben der Kompression des reinen Fluides gehen hierbei noch die elastischen Eigenschaften des Rohrnetzes ein. Einen umfassenden Überblick gibt dazu [17]. In erster Näherung kann jedoch mit der reinen Fluid-Schallgeschwindigkeit gerechnet werden.

$$a = \sqrt{\frac{E_F}{\rho_F}}$$

Bei Wasser beträgt diese Schallgeschwindigkeit 1435 m/s. Setzen wir die Fluid-Schallgeschwindigkeit in das Joukowsky-Gesetz ein, so erhalten wir schon einen Druckstoß von $\Delta p = 7{,}3$ bar. Das Joukowsky-Gesetz in der obigen Form beinhaltet jedoch nicht nur die Schließzeit eines Schiebers. Durch Erweiterung mit der Reflexionszeit T_R der Druckwelle und der eigentlichen Schließzeit T_S kann nun der tatsächliche Druck bestimmt werden.

$$\Delta p = \rho a \cdot \Delta v \frac{T_R}{T_S}$$

Setzen wir in diese Gleichung die ursprüngliche Aufgabenstellung ein, so verdoppelt sich die Druckerhöhung von 1 bar auf 2 bar. Die Reflexionszeit wird dabei nach der folgenden Gleichung bestimmt.

$$T_R = \frac{2l}{a}$$

Über einen einfachen Koeffizientenvergleich kann nun die tatsächliche Induktivität der Rohrleitung bestimmt werden. Sie hat sich also gegenüber der ursprünglichen Induktivität genau verdoppelt.

$$L_h = \frac{2 \cdot l}{\rho_F A}$$

Allerdings müssen hierbei die Gültigkeitsbereiche des Joukowsky-Gesetzes eingehalten werden.

- Schließzeiten, die kleiner oder gleich der Reflexionszeit der Rohrleitung sind ($T_S \leq T_R$);
- Schließzeiten innerhalb der Geschwindigkeitsänderung Δv.

2.3.3 Der hydraulische Widerstand

Strömt ein Fluid zwischen zwei Energiespeichern, treten auch dabei Energiewandlungsprozesse auf, da reale hydraulische Leitungssysteme im Allgemeinen verlustbehaftet sind. In der Fluidmechanik sprechen wir auch von hydraulischer Reibung. Da wir im Sinne der mechatronischen Netzwerke allen dissipativen Energiewandlungsprozessen das Bauelement Widerstand zuordnen, müssen wir auch hier einen Zusammenhang zwischen dem Reibbegriff und der Widerstandsdefinition herstellen. Ausgangspunkt für diese Betrachtung sei wiederum ein fluiddurchströmtes Rohr (Abb. 2.59).

Konzentrieren wir uns auf die beiden Massenelemente Δm_1 und Δm_2 am Anfang bzw. am Ende des Rohres und bestimmen deren Energie.

Da für das gesamte Rohr die Kontinuitätsgleichung gilt, folgt unter der Annahme einer konstanten Fluiddichte die Gleichheit beider Volumina am Anfang und Ende des Rohres.

$$\Delta m = \rho \cdot \Delta V_1 = \rho \cdot \Delta V_2 \quad \Delta V_1 = \Delta V_2 = \Delta V$$

Weiterhin muss für beide Abschnitte der Energieerhaltungssatz erfüllt sein.

$$p_1 \Delta V + \Delta m g_0 h_1 + \frac{\Delta m}{2} v_1^2 = p_2 \Delta V + \Delta m g_0 h_2 + \frac{\Delta m}{2} v_2^2$$

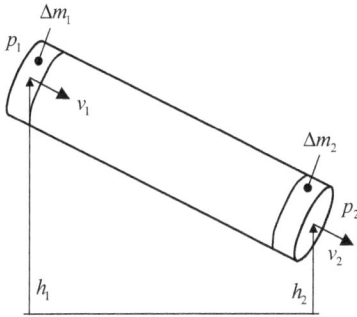

p_1

Δm_1

v_1

Δm_2

p_2

v_2

h_1

h_2

Abb. 2.59: Fluiddurchströmtes Rohr mit Höhendifferenz

Tab. 2.9: Energieanteile im Rohrabschnitt

Energieform	Anfang	Ende
Druckenergie	$E_{p1} = p_1 \Delta V_1$	$E_{p2} = p_2 \Delta V_2$
Lageenergie	$E_{pot1} = \Delta m_1 g_0 h_1$	$E_{pot2} = \Delta m_2 g_0 h_2$
kinetische Energie	$E_{kin1} = \dfrac{\Delta m_1}{2} v_1^2$	$E_{kin2} = \dfrac{\Delta m_2}{2} v_2^2$

Dividieren wir den Energieerhaltungssatz durch das Volumen, so erhalten wir die Bernoulli-Gleichung.

$$p_1 + \rho g_0 h_1 + \frac{\rho}{2} v_1^2 = p_2 + \rho g_0 h_2 + \frac{\rho}{2} v_2^2 = \text{const.}$$

Die einzelnen Summanden haben dabei unterschiedliche physikalische Bedeutungen:
-   statischer Druck p
-   dynamischer Druck $\frac{\rho}{2} v^2$
-   Schweredruck $\rho g_0 h$

Für den Energieverlust und damit für den hydraulischen Widerstand ist nur der dynamische Druck verantwortlich, da bei den beiden anderen Summanden das Fluid selbst nicht fließt und somit kein Energieaustausch stattfindet. Ohne im Detail auf die Fluidströmungen in Rohrleitungssystemen einzugehen – der interessierte Leser greife auf [15] zurück – können drei einfache Druckgesetze für den dynamischen Druck gewonnen werden.

Tatsächlich handelt es sich bei allen drei Gesetzen formal nur um den dynamischen Druck multipliziert mit einem dimensionslosen Faktor. Bei den Fällen a) und b) ist dieser Faktor das Produkt aus der Rohrreibungszahl λ und dem Verhältnis aus Rohrlänge und Rohrdurchmesser. Die Druckdifferenz hängt also proportional von der Rohrlänge l und umgekehrt proportional vom Rohrdurchmesser d ab. Dabei ist die Rohrreibungszahl λ selbst eine Funktion vom Rohrdurchmesser, der Rohrwandrauigkeit und der Reynolds-Zahl. Für den Fall einer laminaren Rohrströmung, Fall a),

Tab. 2.10: Druckgesetze für dynamischen Druck

a)	Rohrleitung (kreisförmiger Querschnitt, laminare Strömung) Re < 2320
	$\Delta p = \lambda \cdot \dfrac{l}{d} \cdot \dfrac{\rho}{2} v^2$ λ Rohrreibungszahl
b)	Rohrleitung (kreisförmiger Querschnitt, turbulente Strömung) Re > 2320
	$\Delta p = \lambda \cdot \dfrac{l}{d} \cdot \dfrac{\rho}{2} v^2$ v mittlere Strömungsgeschwindigkeit über Querschnitt
c)	allgemeine Rohreinbauten
	$\Delta p = \xi \cdot \dfrac{\rho}{2} v^2$ ξ Widerstandsbeiwert

nimmt die Rohrreibungszahl eine besonders einfache Form an.

$$\lambda = \frac{64}{\text{Re}} = \frac{64\eta}{d\rho v}$$

Somit ist die Druckdifferenz des dynamischen Druckes nur noch linear von der Geschwindigkeit abhängig.

$$\Delta p = \frac{64\eta}{d\rho v} \cdot \frac{l}{d} \cdot \frac{\rho}{2} v^2 = 8\pi\eta \cdot \frac{l}{A} v^2$$

Ersetzen wir die mittlere Strömungsgeschwindigkeit durch den Massestrom und formen die Druckdifferenz zu einer Potentialdifferenz um, so gewinnen wir das Widerstandsgesetz für einen hydraulischen Widerstand.

$$\frac{\Delta p}{\rho} = \frac{8\pi\eta}{\rho^2} \cdot \frac{l}{A^2} \cdot \dot{m}$$

$$Y_\text{h} = R_\text{h} \cdot I_x$$

$$R_\text{h} = \frac{8\pi\eta}{\rho^2} \cdot \frac{l}{A^2}$$

Dieses Widerstandsgesetz hat Ähnlichkeiten mit dem Ohm'schen Widerstand elektrischer Systeme. Der Faktor $8\pi/\rho^2$ kann als spezifischer hydraulischer Widerstand ρ_h interpretiert werden. Vergleichen wir dieses Widerstandsgesetz mit dem Ohm'schen Widerstand, so erkennen wir eine Proportionalität zur Länge des Leiters und eine umgekehrte Proportionalität zur Fläche des Leiters. Während jedoch bei elektrischen Widerständen die Fläche linear im Nenner steht, ist sie in hydraulischen Systemen quadratisch.

$$R_\text{el} = \rho_\text{el} \cdot \frac{l}{A} \quad R_\text{h} = \rho_\text{h} \cdot \frac{l}{A^2}$$

An dieser Stelle sei jedoch nochmals ausdrücklich betont, dass die gerade erfolgte Ableitung ausschließlich für die laminare Rohrströmung gilt! Für die Fälle b) und c) bleibt die quadratische Abhängigkeit des dynamischen Druckes von der Geschwindigkeit erhalten.

$$\Delta p = \xi \cdot \frac{\rho}{2} v^2$$

Analog zum linearen Widerstand der laminaren Strömung kann der dynamische Druck auch hier in ein Widerstandsgesetz überführt werden. Dazu werden wiederum aus der Druckdifferenz eine Potentialdifferenz und aus der Strömungsgeschwindigkeit ein Massestrom.

$$\frac{\Delta p}{\rho} = \frac{\xi}{2} v^2 = \frac{\xi}{2A^2\rho^2} \cdot \dot{m}^2$$

$$Y_\mathrm{h} = R_\mathrm{h} \cdot I_x^2$$

$$R_\mathrm{h} = \frac{\xi}{2A^2\rho^2}$$

Im Sinne der mechatronischen Netzwerke ist diese Widerstandsformulierung jedoch ungünstig. Das Energieflussschema (Abb. 1.21) geht von einem linearen Leistungsgesetz

$$P = Y \cdot I_X$$

aus. Dabei sind Y die Potentialdifferenz über dem Widerstand und I_X der Fluss durch den Widerstand. Ist nun der Fluss selbst quadratisch, wird das Leistungsgesetz verletzt. Dieses Dilemma kann man jedoch relativ leicht umgehen, indem ein linearer hydraulischer Widerstand (linearer im Sinne des Leistungsgesetzes) formuliert wird.

$$R_{hL} = R_\mathrm{h} \cdot I_X = \left(\frac{\rho \dot{m}}{2A^2\rho^2} \right) \dot{m} = f(\dot{m})$$

Für eine Leistungsformulierung ist jedoch die Abhängigkeit des Widerstandes von der Potentialdifferenz günstiger. Dazu wird I_X aus

$$Y_\mathrm{h} = R_\mathrm{h} \cdot I_X^2$$

gewonnen und in die Widerstandsgleichung eingesetzt.

$$R_{hL} = \sqrt{R_\mathrm{h}} \cdot \sqrt{Y_\mathrm{h}} = \sqrt{\frac{\xi}{2A^2\rho^2}} \cdot \sqrt{\frac{\Delta p}{\rho}}$$

Der hydraulische Widerstand hängt nun selbst von der Potentialdifferenz ab, die über diesen Widerstand abfällt. Ein solches Bauelement kann relativ einfach im Simulationssystem LTSpice realisiert werden. Da dieses Phänomen der nichtlinearen Abhängigkeiten von der Flussgröße oder der Potentialdifferenz in der Technik relativ häufig auftritt, scheint es sinnvoll, dazu einen separaten nichtlinearen Widerstand zu definieren. Eine ausführliche Formulierung gibt es dazu im Anhang.

   Der ideale hydraulische Widerstand für laminare Strömungen verhält sich dagegen exakt wie ein elektrischer Widerstand. Das Ersatzschaltbild des idealen hydraulischen Widerstandes enthält

– keine Induktivität
– keine Kapazität

Tab. 2.11: Hydraulischer Widerstand – mechatronischer Widerstand

Beschreibung	Größe	Gleichung	/ Formelzeichen	Maßeinheit
Bauelement	linearer Widerstand	R	R_h	$m^2/kg \times s$
Flussgröße i_P	Massestrom	I_X	$\dot{m}$	kg/s
Differenzgröße i_P	Druck/Dichte	Y	Y_h	m^2/s^2
Eintorgleichung	linear	$R_h = \dfrac{Y_h}{\dot{m}}$		
Leistung im Bauelement		$P = Y_h \cdot \dot{m}$		
Leistung im Bauelement	linear	$P = R_m \cdot M^2$		
Leistung im Bauelement	linear	$P = \dfrac{1}{R_h}\dot{m}^2$		
Symbol	mechanisch	RM_H		
Symbol	mechatronisch	RM		
EAGLE			Mechatronik.lbr	
LTSpice			Mechatronik.lib	

Übungsaufgaben

2.13. ROHRLEITUNG

Eine hydraulisch glatte, 10 m lange Wasserleitung mit einem Durchmesser von 50 mm wird von 10° kaltem Wasser durchflossen. Der Volumenstrom der Leitung beträgt 60 l/min.
- Berechnen den hydraulischen Widerstand der Rohrleitung.
- Erstellen Sie ein Simulationsmodell für den Druckverlust über der Rohrleitung.
- Wie groß wird der Druckverlust?

Lösung

Geg.:	Länge Rohrleitung	$l_T = 10\,m$	Fluiddichte	$\rho_F = 999{,}7\,kg/m^3$
	Rohrdurchmesser	$d_T = 50\,mm$	dynamische Viskosität	$\eta = 1{,}297 \cdot 10^{-3}\,Pa \times s$
	Volumenstrom	$\dot{V} = 60\,l/min$	Rohrreibungszahl	$k = 0{,}05\,mm$

In einem ersten Schritt muss das zugehörige Druckgesetz für die Rohrleitung ermittelt werden. Im Falle einer laminaren Rohrströmung erhalten wir ein lineares Widerstandsgesetz, bei turbulenten Rohrströmungen ein Potenzgesetz. Das Linearitätskriterium bestimmen wir über die Reynolds-Zahl. Liegt diese über einem Wert von Re > 2320, so handelt es sich um eine turbulente Rohrströmung. Die Reynolds-Zahl wird über die bekannte Gleichung

$$\mathrm{Re} = \frac{\rho_F d}{\eta} \cdot v$$

berechnet, wobei v die mittlere Strömungsgeschwindigkeit im Rohr repräsentiert. Da der Volumenstrom in der Aufgabenstellung gegeben ist, kann die Strömungsgeschwindigkeit mittels Rohrquerschnitt bestimmt werden.

$$v = \frac{\dot{V}}{A}$$

Für die obige Aufgabenstellung ergibt sich eine Reynolds-Zahl von Re = 19.628, also eindeutig eine turbulente Rohrströmung. Weiterhin ist zu prüfen, ob es sich tatsächlich um ein hydraulisch glattes Rohr handelt. Das ist immer dann der Fall, wenn die laminare Grenzschicht an der Rohrwandung alle Oberflächenunebenheiten vollständig abdeckt. Es darf keine Spitze der Unebenheiten in die turbulente Strömung hineinragen. Ein Rohr gilt als hydraulisch glatt, wenn die Bedingung

$$\text{Re} \cdot \frac{k}{d} < 65$$

erfüllt ist. Mit einem Wert von 19,6 erfüllt unsere Aufgabenstellung dieses Kriterium. Somit kann die zugehörige Rohrreibungszahl bestimmt werden. In einem Reynolds-Zahlbereich von $2320 < \text{Re} < 10^5$ ist die Gleichung nach Blasius [15] gültig.

$$\lambda = 0{,}3164 \cdot \text{Re}^{-0{,}25}$$

Über die Rohrreibungszahl nach Blasius lässt sich der Druckverlust über die gesamte Rohrlänge bestimmen.

$$\Delta p = \lambda \frac{l}{d} \cdot \frac{\rho}{2} \cdot v^2$$

In einem letzten Schritt werden anstelle des Druckverlustes die hydraulische Potentialdifferenz Y und anstelle der Strömungsgeschwindigkeit der Massestrom I_X eingesetzt.

$$\dot{m} = A\rho v$$
$$\frac{\Delta p}{\rho} = \frac{\lambda \cdot l}{2dA^2\rho^2} \cdot \dot{m}^2$$
$$Y = R_h \cdot I_X^2$$

Wir erkennen das nichtlineare Widerstandsgesetz aus Tab. 2.10b. Der hydraulische Widerstand beträgt

$$R_h = \frac{\lambda \cdot l}{2dA^2\rho^2} = 694 \cdot 10^{-3} \frac{\text{m}^2}{\text{kg}^2}$$

Simulation
Simulationsdatei: *Bsp_2_13.asc*

Die Bauelemente finden Sie über das Menü KOMPONENT in den nebenstehenden Bibliotheken.

Bauelement	Bibliothek	Bemerkung
$I1(t)$	Standard	Stromquelle
$R1$	Spezial	nichtlinearer Widerstand
P	Math	Proportionalglied

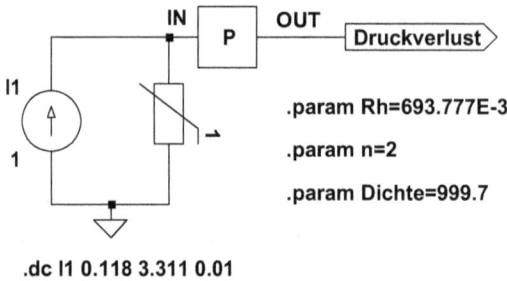

.dc I1 0.118 3.311 0.01

Abb. 2.60: Simulationsmodel zum Druckverlust einer reibungsbehafteten Rohrströmung

Im Simulationssystem bietet es sich an, das Widerstandsgesetz 1 zu nutzen (siehe Anhang).

$$Y = R_1 \cdot I_X^n$$

Der Widerstand R_1 entspricht dabei genau dem zuvor berechneten hydraulischen Widerstand R_h. Für den Exponenten n des Widerstandsgesetzes wählen wir $n = 2$. Den gegebenen Massestrom stellt eine Stromquelle $I1$ bereit. Im Gültigkeitsbereich der zuvor ermittelten Reynolds-Zahl und der Rohrreibungszahl kann nun der dynamische Druckverlust simuliert werden.

Übungsaufgaben

2.14. TANKBEHÄLTER

Ein Tankbehälter sei bis zur Höhe h mit Wasser gefüllt. Nach dem Öffnen des Abflussventils strömt das Wasser frei aus dem Tank.
- Nach welcher Zeit sind 63 % der Wassermenge aus dem Tank abgeflossen?
- Erstellen Sie das zugehörige mechatronische Ersatzmodell.
- Simulieren Sie den Abflussvorgang.

Lösung

Geg.:

Tankdurchmesser	$d_T = 1\,\text{m}$		Fluiddichte	$\rho_F = 1000\,\text{kg/m}^3$
Abflussdurchmesser	$d_{Ab} = 20\,\text{mm}$		Füllstand	$h = 1\,\text{m}$
Erdbeschleunigung	$g_0 = 9{,}807\,\text{m/s}^2$			

Ein Tankbehälter (Abb. 2.61) entspricht zunächst einer mechatronischen Kapazität. Diese kann einfach aus den geometrischen Abmessungen des Behälters gewonnen werden (siehe Aufgabe 2.11. Hydrauliktank).

$$C_h = \frac{A \cdot \rho_F}{g_0}$$

Wird an diesem Behälter schlagartig das Ablassventil geöffnet, fließt das Wasser jedoch nicht in unendlich kurzer Zeit ab. Vielmehr begrenzt der Abflussquerschnitt die

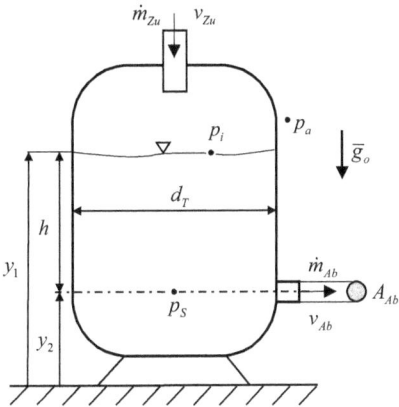

Abb. 2.61: Tankbehälter mit Abfluss

Ausflusszeit. Der Behälter, in Kombination mit dem Abfluss, bildet also einen Widerstand gegen die Strömung. Dieser hydraulische Widerstand kann über die Bernoulli-Gleichung ermittelt werden.

$$g_0 y_1 + \frac{p_i}{\rho_F} + \frac{v_{Zu}^2}{2} = g_0 y_2 + \frac{p_a}{\rho_F} + \frac{v_{Ab}^2}{2}$$

Weiterhin gilt die Kontinuitätsgleichung.

$$v_{Zu} A_T = v_{Ab} A_{Ab}$$

Die Kontinuitätsgleichung kann nach der Zuflussgeschwindigkeit umgestellt und in die Bernoulli-Gleichung eingesetzt werden. Als Vereinfachung wählt man für das Flächenverhältnis aus Abflussfläche und Tankquerschnittsfläche eine Konstante n.

$$n = \frac{A_{Ab}}{A_T}$$

$$g_0 y_1 + \frac{p_i}{\rho_F} + \frac{n^2 v_{Ab}^2}{2} = g_0 y_2 + \frac{p_a}{\rho_F} + \frac{v_{Ab}^2}{2}$$

Die Höhendifferenz $y_2 - y_1 = h$ entspricht genau dem Füllstand des Tankbehälters. Für die Druckdifferenz aus Innendruck und Außendruck kann

$$\Delta p = p_i - p_a$$

geschrieben werden.

$$v_{Ab} = \sqrt{\frac{2\left(g_0 h - \frac{1}{\rho_F}\Delta p\right)}{1 - n^2}}$$

Mit der so gewonnenen Abflussgeschwindigkeit am Ablassventil können wir die hydraulische Flussgröße Massestrom bilden.

$$\dot{m}_{Ab} = \rho_F A_{Ab} \sqrt{\frac{2\left(g_0 h - \frac{1}{\rho_F}\Delta p\right)}{1 - n^2}}$$

Handelt es sich um einen offenen Tank, so entspricht der Innendruck im Tankbehälter an der Wasseroberfläche genau dem Außendruck. Im Behälter herrscht also über der Wasseroberfläche kein Überdruck. Somit ist

$$p_i = p_a$$

und damit die Druckdifferenz $\Delta p = 0$.

$$\dot{m}_{Ab} = \rho_F A_{Ab} \sqrt{\frac{2}{1 - n^2}} \cdot \sqrt{g_0 h}$$

Im System der schweren Masse (Hydraulik) entsprachen der Massestrom der Flussgröße $\dot{m} = I_X$ und der Faktor $g_0 h$ der Potentialdifferenz Y. Quadrieren wir noch die Abflussgleichung und stellen sie nach der Potentialdifferenz um, können wir direkt den hydraulischen Widerstand ablesen.

$$g_0 h = \frac{1 - n^2}{2 \rho_F^2 A_{Ab}^2} \cdot \dot{m}_{Ab}^2$$

Der Zusammenhang zwischen der Potentialdifferenz und dem Strom entspricht genau dem nichtlinearen Widerstand R_1 (siehe Anhang).

$$Y = R_1 \cdot I_X^2$$
$$R_1 = \frac{1 - n^2}{2 \rho_F^2 A_{Ab}^2}$$

Unter Kenntnis der beiden Ersatzbauelemente C_h und R_1 kann abschließend das Ersatzschaltbild des Tankbehälters gebildet werden.

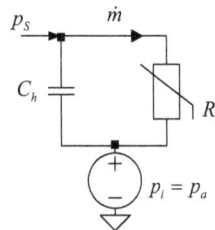

Abb. 2.62: Abflussmodell eines Tankbehälters

Bei einem freien Abfluss herrscht sowohl an der Wasseroberfläche als auch hinter dem Abflussventil der gleiche Druck $p_i = p_a$. Vor dem nichtlinearen Widerstand, also am Boden des Tankbehälters, messen wir den Schweredruck p_S. Der Strom durch die hydraulische Kapazität muss auch durch das Abflussventil fließen (Kontinuitätsgesetz).

Simulation

Simulationsdatei: *Bsp_2_14.asc*

Die Bauelemente finden Sie über das Menü KOMPONENT in den nebenstehenden Bibliotheken.

Bauelement	Bibliothek	Bemerkung
C	Standard	Kapazität
R1	Spezial	nichtlinearer Widerstand
P	Math	Proportionalglied

In der Simulation erhält der Tank einen Anfangsfüllstand von $h = 1$ m. Das entspricht einer Potentialdifferenz von $Y_0 = g_0 h$ über der hydraulischen Kapazität. Im Simulationssystem erhält die Kapazität C_1 eine Anfangsbedingung von $IC = \{Y_0\}$; $Y_0 = g_0 h$. Für das nichtlineare Widerstandsmodell verwenden wir R_1 mit dem Exponenten $n = 2$. Abbildung 2.63 zeigt die Lösung des Simulationssystems für den Abflussvorgang. Ist der Füllstand auf 37 % abgefallen, so kann die zugehörige Zeit direkt abgelesen werden.

Eine analytische Lösung des Abflussverhaltens erhalten wir über die Lösung der Differentialgleichung.

$$\dot{m}_{Ab} = \rho_F A_{Ab} \sqrt{\frac{2g_0}{1 - n^2}} \cdot \sqrt{h}$$

Da der Massestrom im Auslass dem Massestrom im Tankbehälter entspricht (Kontinuitätsgleichung), kann er auch durch die Höhenänderung im Tank ersetzt werden.

$$\dot{m}_{Ab} = -\dot{m}_T = -\rho_F A_{Ab} \dot{h}(t)$$

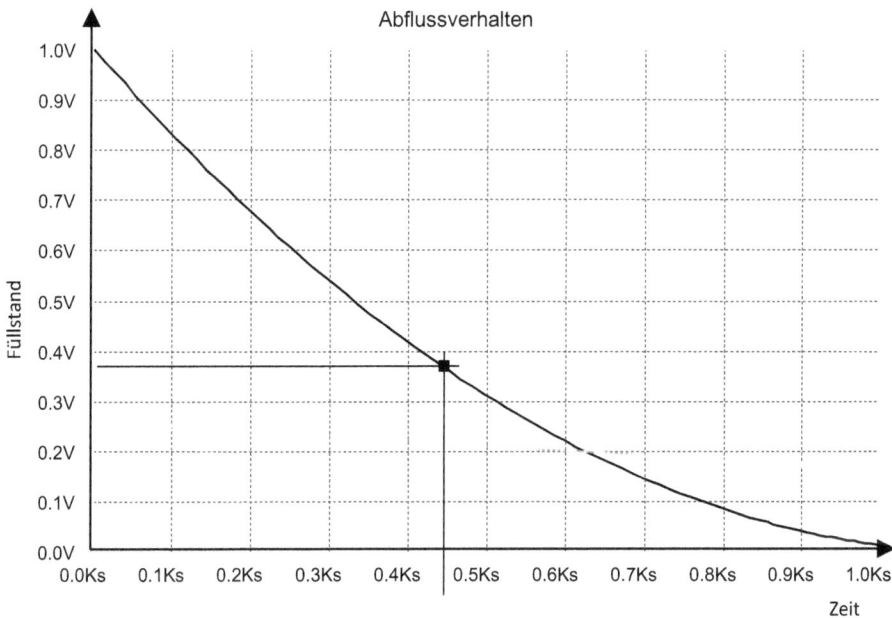

Abb. 2.63: Freier Abfluss aus einem Tankbehälter

Somit ergibt sich eine nichtlineare Dgl. 1. Ordnung für den Füllstand im Tankbehälter.

$$\dot{h}(t) = -\frac{A_{Ab}}{A_T}\sqrt{\frac{2g_0}{1-n^2}} \cdot \sqrt{h} = -a \cdot \sqrt{h}$$

Diese Dgl. kann sehr einfach über die Trennung der Variablen gelöst werden.

$$h(t) = \left(\frac{C_1}{2} - \frac{a}{2}t\right)^2$$

Die Anfangsbedingung $h\,(t=0) = h_0$ bestimmt die Integrationskonstante C_1.

$$h(t) = \left(\sqrt{h_0} - \frac{a}{2}t\right)^2$$

In der eingangs formulierten Aufgabenstellung ist die Zeit gesucht, bei der 63 % der ursprünglichen Wassermenge abgeflossen sind. Die Lösung $h\,(t)$ der Dgl. ist also nur noch nach der Zeit umzustellen.

$$t_{63} = \frac{2}{a}\sqrt{h_0}\left(1 - \sqrt{0{,}37}\right)$$

Übungsaufgaben

---

i 2.15. SCHLAUCHWAAGE

Eine Schlauchwaage ist ein Messgerät, um die Höhendifferenz zweier Punkte auf gleicher horizontaler Ebene zu bestimmen. Dabei sind zwei zylindrische Gefäße über einen Schlauch miteinander verbunden. Durch den in den beiden Gefäßen jeweils gleichen Flüssigkeitsspiegel lassen sich sehr einfach Höhendifferenzen ablesen. Da sich die Gefäße wie Kapazitäten und der Schlauch wie eine Induktivität verhalten, schwingt die Flüssigkeitssäule in der Schlauchwaage.

– Welcher Gefäßdurchmesser muss gewählt werden, damit sich der aperiodische Grenzfall (Fall A) bzw. die optimale Dämpfung (Fall B) einstellt?
– Erstellen Sie das zugehörige mechatronische Ersatzmodell.
– Simulieren Sie einen Höhensprung in einem der beiden Gefäße.

Lösung

Geg.:

Gefäßhöhe	$h_G = 22\,\text{cm}$	Fluiddichte	$\rho_F = 1000\,\text{kg/m}^3$
Schlauchdurchmesser	$d_S = 1\,\text{cm}$	dynamische Viskosität	$\eta = 1{,}297 \cdot 10^{-3}\,\text{Pa} \times \text{s}$
Schlauchlänge	$l_S = 20\,\text{m}$	Erdbeschleunigung	$g_0 = 9{,}807\,\text{m/s}^2$

Jedes der beiden Gefäße entspricht einer mechatronischen Kapazität.

$$C_{hG} = \frac{A_G \rho_F}{g_0}$$

Weiterhin hat das Gefäß induktive und resistive Eigenschaften.

$$L_{hG} = \frac{h_G}{\rho_F A_G} \;;\; R_{hG} = \frac{8\pi\eta_F}{\rho_F^2} \cdot \frac{h_G}{A_G^2}$$

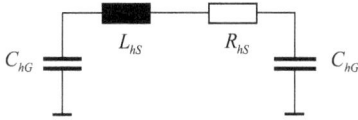

Abb. 2.64: Mechatronisches Ersatzschaltbild einer Schlauchwaage

Anhand der Größenordnung der parasitären Induktivität und des Serienwiderstandes kann abgeschätzt werden, ob sie gegenüber den Bauelementeeigenschaften des Schlauches berücksichtigt werden müssen. Weiterhin gehen wir beim Serienwiderstand der hydraulischen Kapazität von einer laminaren Strömung aus. Auch diese Annahme ist abschließend zu überprüfen. Neben dem linearen Serienwiderstand besitzt das Gefäß noch einen nichtlinearen Serienwiderstand aufgrund des Flächenverhältnisses zwischen Gefäß und Schlauch.

$$R_{\mathrm{hNL}} = \frac{1 - n^2}{2\rho_{\mathrm{F}}^2 A_{\mathrm{S}}^2}$$

Soll er im Gesamtmodell Berücksichtigung finden, so ist er jedem Gefäß separat hinzuzufügen. Der Schlauch selbst hat wiederum induktive und resistive Eigenschaften. Bei der gewählten Schlauchlänge können die resistiven Eigenschaften nicht mehr vernachlässigt werden. Aufgrund der geringen Strömungsgeschwindigkeiten beim Ausgleich darf auch hier von einer laminaren Rohrströmung ausgegangen werden. In der konkreten Aufgabenstellung ist jedoch auch diese Annahme zu überprüfen. Für das Modell des linearen hydraulischen Widerstandes wählen wir

$$R_{\mathrm{hS}} = \frac{8\pi\eta_{\mathrm{F}}}{\rho_{\mathrm{F}}^2} \cdot \frac{l_{\mathrm{S}}}{A_{\mathrm{S}}^2}$$

Die mechatronische Induktivität des Schlauches beträgt

$$L_{\mathrm{hS}} = \frac{l_{\mathrm{S}}}{\rho_{\mathrm{F}} A_{\mathrm{S}}}$$

Beide Bauelemente, sowohl der lineare Strömungswiderstand als auch die Induktivität liegen in Reihe, da sie von einem gleichen Massestrom durchflossen werden. Vernachlässigen wir alle parasitären Bauelemente, so erhalten wir das folgende Ersatzschaltbild der Schlauchwaage (Abb. 2.64).

Für die Bestimmung einer optimalen Dämpfung bzw. des aperiodischen Grenzfalls benötigen wir die Abhängigkeit des Gefäßdurchmessers von der Dämpfung. Dazu wird zunächst für das mechatronische Ersatzschaltbild aus Abb. 2.64 die zugehörige Differentialgleichung aufgestellt. Diese gewinnen wir aus dem Maschensatz.

$$\frac{1}{C_{hG}} \int I \, dt + L_{hS} \cdot \frac{dI}{dt} + R_{hS} \cdot I + \frac{1}{C_{hG}} \int I \, dt = 0$$

Durch Differentiation wird diese Gleichung in eine Differentialgleichung zweiter Ordnung überführt.

$$L_{hS}\ddot{I} + R_{hS}\dot{I} + \left(\frac{1}{C_{hG}} + \frac{1}{C_{hG}} \right) I = 0$$

Das Dämpfungsmaß berechnet sich aus

$$D = \frac{R_{hS}}{2L_{hS} \cdot \omega_0}$$

und die Eigenfrequenz aus

$$\omega_0 = \sqrt{\frac{\frac{1}{C_{hG}} + \frac{1}{C_{hG}}}{L_{hS}}}$$

Lösen wir die Dämpfungsgleichung nach dem Gefäßdurchmesser auf, so kann diese Gleichung anschließend in den aperiodischen Grenzfall $D = 1$ bzw. die optimale Dämpfung $D = 0{,}707$ eingesetzt werden.

$$d_G = \frac{\sqrt{32} \cdot \sqrt{L_{hS} \cdot g_0}}{\sqrt{\pi \cdot \rho_F} \cdot R_h} \cdot D$$

i **Simulation**

Simulationsdatei: *Bsp_2_15.asc*

Die Bauelemente finden Sie über das Menü KOMPONENT in den nebenstehenden Bibliotheken.

Bauelement	Bibliothek	Bemerkung
C	Standard	Kapazität
R	Standard	Widerstand
L	Standard	Induktivität

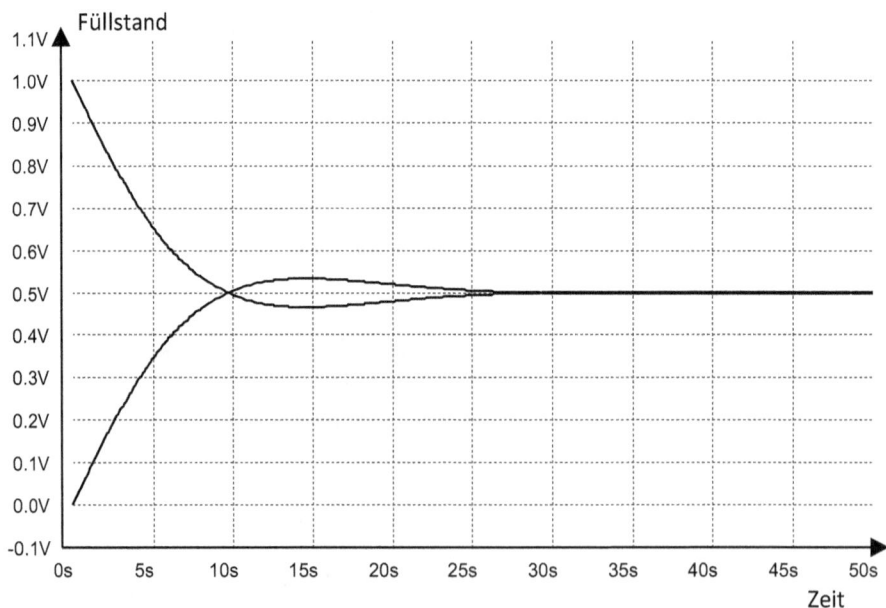

Abb. 2.65: Ausgleichsvorgang der Schlauchwaage bei optimaler Dämpfung

Die Simulation wird für beide Dämpfungsfälle durchgeführt. Der Fall der optimalen Dämpfung (Fall A) zeigt ein deutliches Überschwingen, jedoch auch ein schnelleres Abklingverhalten. Im aperiodischen Grenzfall (Fall B) nähert sich die Wassersäule asymptotisch dem Gleichgewicht. Eine Strommessung gibt uns die Massestrom-Zeit-Funktion. Zur Abschätzung der Nichtlinearitäten kann mit dem maximalen Massestrom gerechnet werden. In der gewählten Aufgabenstellung bleibt die Reynolds-Zahl im Schlauch mit Re $\approx$ 379 deutlich unter der kritischen Reynolds-Zahl. Die Annahme eines linearen Widerstandes ist also berechtigt. Auch der nichtlineare Widerstand, welcher sich aus dem Flächenverhältnis Gefäß/Schlauch ergibt, ist deutlich kleiner als der Widerstand des Schlauches. Auch hier wird unsere Annahme, diesen Widerstand zu vernachlässigen, bestätigt.

Komplexaufgaben

2.16. HYDRAULISCHER WIDDER
Ein hydraulischer Widder ist eine wassergetriebene, periodisch arbeitende Pumpanlage. Dabei wird die Strömungsenergie des Wassers ausgenutzt, um ein Teil des Wassers auf ein höheres Niveau zu heben.
- Erstellen Sie ein mechatronisches Ersatzschaltbild eines hydraulischen Widders.
- Dimensionieren Sie die Anlage nach den gegebenen Größen.
- Simulieren Sie die Anlage mittels LTSpice.
- Bestimmen Sie den mittleren und den maximalen Wasserbedarf der Treibwasserleitung.

Lösung
Geg.:

Treibwassergefälle	$h_T = 1\,\text{m}$	Fluiddichte	$\rho_F = 1000\,\text{kg/m}^3$
Durchmesser Treibleitung	$d_T = 50\,\text{mm}$	Förderhöhe	$h_F = 10\,\text{m}$
Schaltfrequenz	$f_0 = 1\,\text{Hz}$	Volumenstrom	$\dot{V}_{Out} = 6\,\text{l/min}$

Ein hydraulischer Widder besteht aus den folgenden Elementen (Abb. 2.66):
- Vorratsbehälter auf Ausgangshöhe
- Treibwasserleitung
- Wasserschwungrohr mit Stoßventil
- Druckventil mit Windkessel
- Steigleitung
- Vorratsbehälter auf Zielhöhe

Die Anlage selbst bildet ein schwingungsfähiges System, dessen Anregungsenergie dem strömenden Wasser entnommen wird. Aus einem Vorratsbehälter, der von einem Bach gespeist wird, strömt das Wasser durch die Treibwasserleitung und tritt am Ende der Leitung durch das Stoßventil (dem eigentlichen Widder) wieder aus.

Das Stoßventil ist so konstruiert, dass es durch sein Eigengewicht offengehalten wird. Überschreitet die Strömungsgeschwindigkeit jedoch einen Grenzwert, so

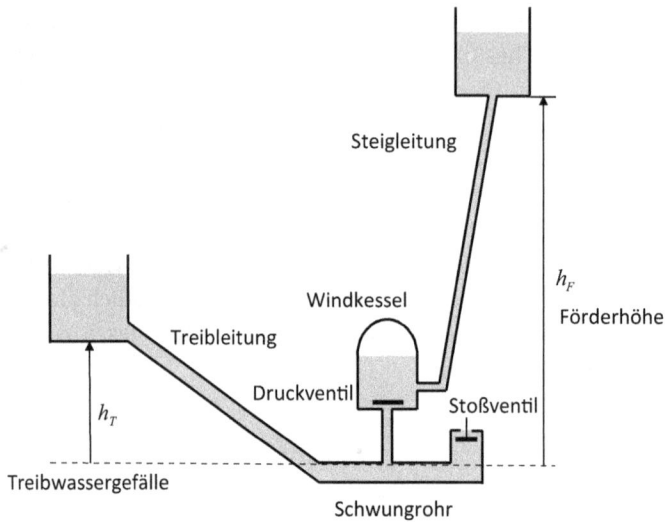

Abb. 2.66: Anlagenschema eines hydraulischen Widders

schließt das Ventil schlagartig. Die in der Treibwasserleitung strömende Wassermenge wird also abrupt gebremst (siehe hydraulische Induktivität). Der Druckanstieg im Wasserschwungrohr öffnet das Druckventil und ein Teil des Wassers strömt so lange in den Windkessel, bis der Gegendruck der komprimierten Luft das Druckventil wieder schließt. Durch das schlagartige Schließen des Druckventils wird ein weiterer Druckstoß ausgelöst, der zu einem Unterdruck an der Vorderseite des Stoßventils führt. Dieses öffnet sich, und der Vorgang beginnt von Neuem. Das im Windkessel unter Druck stehende Wasser wird über eine Steigleitung dem Vorratsbehälter auf Zielhöhe zugeführt. Durch geeignete Konstruktionen lassen sich dabei Wasserdrücke bis 50 bar erzeugen. Typische Gefälle für Treibwasserleitungen liegen zwischen 50 cm und einigen Metern. Die Anlagenparameter ergeben dabei eine typische Periodendauer von 1–2 s.

Simulation

Simulationsdatei: *Bsp_2_16.asc*

Die Bauelemente finden Sie über das Menü KOMPONENT in den nebenstehenden Bibliotheken.

Bauelement	Bibliothek	Bemerkung
R, L, C	Standard	Grundglieder
D	Standard	Diode
SW	Standard	Switch
P	Math	Proportionalglied

Für die Simulation in einem mechatronischen Netzwerk sollen einige Komponenten der Gesamtanlage vereinfacht dargestellt werden. Das Stoßventil wird durch einen Schalter ersetzt, welcher über eine periodische Quelle mit der gegebenen Perioden-

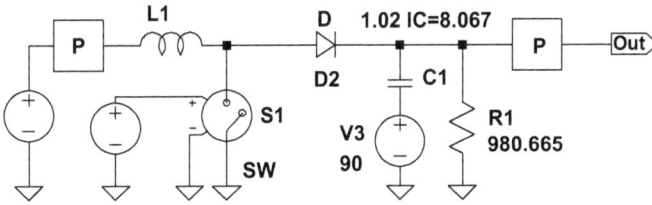

Abb. 2.67: Vereinfachtes Simulationsmodell eines hydraulischen Widders

dauer angesteuert wird. Für das Druckventil kann eine Diode eingesetzt werden. Da das Resonanzsystem somit entfällt, entfällt auch der Windkessel als Bestandteil des Resonanzkreises. Für die Simulation besteht die Anlage (Abb. 2.67) also nur noch aus:

– Vorratsbehälter auf Ausgangshöhe
– Treibwasserleitung
– Schalter mit Ansteuerung als Stoßventil
– Diode als Druckventil
– Steigleitung
– Vorratsbehälter auf Zielhöhe

Dimensionierung

Die Wassermenge, welche bei einem offenen Stoßventil in der Treibwasserleitung gespeichert werden kann, hängt direkt von der Einschaltdauer T_{ON} des Schalters und der Potentialdifferenz am Vorratsbehälter auf Ausgangshöhe ab. Die Potentialdifferenz beträgt Y_0. Die Wassermenge, welche also entnommen werden kann, während das Stoßventil geschlossen ist, hängt von der Ausschaltdauer T_{OFF} des Schalters und der Potentialdifferenz am Vorratsbehälter auf Zielhöhe (Y_1) ab. Die zu bewältigende Potentialdifferenz ist $\Delta Y = Y_1 - Y_0$.

Es gilt also

$$Y_0 \cdot T_{ON} = (Y_1 - Y_0) \cdot T_{OFF}$$

Diese Gleichung kann nach der Potentialdifferenz auf Zielhöhe umgestellt werden.

$$Y_1 = Y_0 \left(\frac{T_{ON} + T_{OFF}}{T_{ON}} \right)$$

Wie die Gleichung zeigt, bestimmt das Tastverhältnis aus Ein- und Ausschaltzeit die Förderhöhe des Widders. Das Tastverhältnis (Duty-Cycle) kann auch mit

$$D = 1 - \frac{T_{OFF}}{T_{ON} + T_{OFF}}$$

abgekürzt werden. Somit bestimmen die in der Aufgabenstellung gegebenen Höhen das notwendige Tastverhältnis der Schalteransteuerung.

$$D = 1 - \frac{Y_0}{Y_1}$$

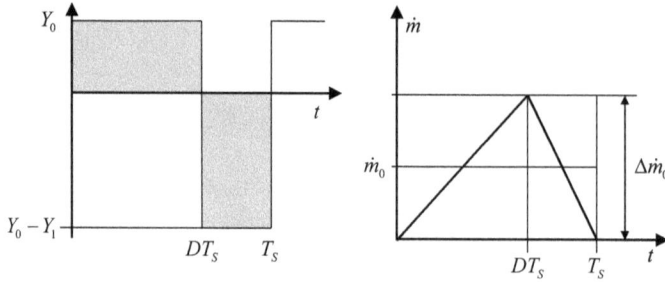

Abb. 2.68: Flächengleichgewicht für eine volle Periode

Der geforderte Massestrom auf Zielhöhe bestimmt die hydraulische Induktivität der Treibleitung. Dazu betrachten wir Abb. 2.68. Ist T_S die Periodendauer des Schaltvorganges des Stoßventils, kann über die Schaltzeiten und die Potentialdifferenzen das Flächengleichgewicht ausgedrückt werden.

$$Y_0 DT_S = -(Y_0 - Y_1)(1 - D)T_S = DY_1(1 - D)T_S$$

Die Potentialdifferenzen ersetzen wir durch den Massestrom sowie die hydraulische Induktivität.

$$\Delta\dot{m} = \frac{Y_0 DT_S}{L_h} = \frac{DY_1(1 - D)T_S}{L_h}$$

$\Delta\dot{m}$ entspricht dabei dem periodischen Massestrom durch die Treibwasserleitung. Gehen wir von einer Anlage mit einem Wirkungsgrad von 100 % aus, so muss die Eingangsleistung der Pumpanlage genau der Ausgangsleistung entsprechen.

$$P_1 = P_2$$

$$Y_0 \dot{m}_0 = Y_1 \dot{m}_1$$

Aus der Leistungsbilanz erhalten wir den mittleren Massestrom durch die Treibwasserleitung, wobei $\Delta\dot{m} = 2 \cdot \dot{m}_0$ ist (siehe Abb. 2.68).

$$\dot{m}_0 = \frac{Y_1}{Y_0}\dot{m}_1$$

Im Anschluss wird das Flächengleichgewicht nach der gesuchten hydraulischen Induktivität umgestellt.

$$L_h = \frac{DY_0(1 - D)}{2f_0\dot{m}_1}$$

Mit der Definitionsgleichung der hydraulischen Induktivität bestimmen wir abschließend die notwendige Länge der Treibwasserleitung.

$$l_T = L_h \rho_F \frac{\pi}{4} d_T^2$$

Da durch einen periodischen Pumpbetrieb das Wasser auf Zielhöhe auch periodisch fließen würde, bietet sich ein weiterer Vorratsbehälter auf Zielhöhe an. Die Größe dieser hydraulischen Kapazität kann mittels der vorgegebenen Höhenschwankung h_R bestimmt werden.

$$C_h = \frac{\dot{m}_1}{Y_R f_0}$$

Abbildung 2.67 zeigt den vollständigen Schaltplan des hydraulischen Widders. Der hydraulische Abflusswiderstand R_1 wird nur aus simulationstechnischen Gründen in die Schaltung eingefügt. Er realisiert genau die Last am Ausgang der Pumpe, die zum gewünschten Massestrom führt. Anderenfalls würde der obere Vorratsbehälter überlaufen.

2.3.4 Vereinfachungen in der Hydraulik

In der Literatur [20,21] werden oft Vereinfachungen für die Hydraulik und Pneumatik diskutiert. Während die Flussgröße Massestrom weitgehend toleriert wird, fällt das Verständnis bei der Potentialdifferenz $\Delta p/\rho$ sehr viel geringer aus. Der Quotient aus Druck und Dichte sperrt sich gegen unser Vorstellungsvermögen. Der Variablensatz $(V, \Delta p)$ erscheint uns viel geeigneter für die Verwendung in der Hydraulik und Pneumatik. Somit stellt sich die Frage, ob die beiden Variablen m_s und $\Delta p/\rho$ durch V und Δp ersetzt werden können. Betrachten wir dazu zunächst den einfachen Kompressionsvorgang eines idealen Gases (Abb. 2.69).

In einem Zylinder mit dem Volumen V_0 befindet sich ein ideales Gas mit dem Druck p_0 und der Temperatur T_0. Ein im Zylinder befindlicher Kolben wird nun reibungsfrei um den Weg ds in den Zylinder gedrückt. Dazu ist eine Kraft F notwendig. Die dabei von außen verrichtete Arbeit (Kompressionsarbeit) berechnet sich aus

$$dE = F \cdot ds$$

Das im Inneren des Zylinders befindliche Gas bewirkt über seine Druckdifferenz Δp an der Kolbenfläche A genau die Kraft, die für die Kompression notwendig ist.

$$F = (p_1 - p_0)\, A = \Delta p \cdot A$$

Weiterhin kann der Weg ds durch die Volumenänderung und die Kolbenfläche ausgedrückt werden.

$$ds = \frac{dV}{A}$$

Setzen wir den so substituierten Weg und die Druckkraft in die Kompressionsarbeit ein, erhalten wir die notwendige Energie im Variablensatz $(V, \Delta p)$.

$$dE = \Delta p \cdot dV$$

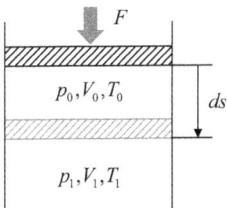

Abb. 2.69: Kompression eines idealen Gases

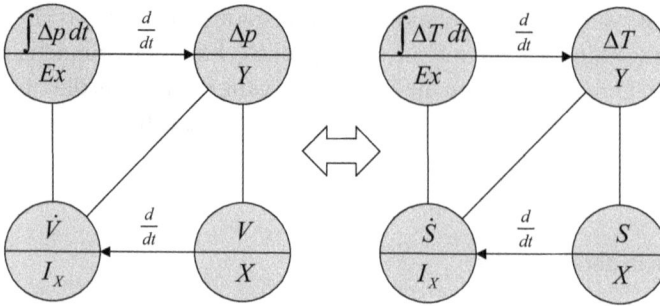

Abb. 2.70: Verkopplungen im idealen Gas

Da die Gibbs'sche Form die Energieänderung immer als Produkt einer Potentialdifferenz und der Änderung der Primärgröße beschreibt,

$$\delta E = Y \cdot \delta X$$

können die Potentialdifferenz Y auch durch Δp und die Primärgröße X durch V ersetzt werden. Formal scheint diese Zuordnung mathematisch korrekt, jedoch geht dabei eine wichtige Eigenschaft der Primärgröße verloren. Laut Tab. 1.2 besitzt jede Primärgröße eine zugehörige Dichte. Da das Volumen jedoch selbst eine Raumgröße darstellt, existiert zum Volumen keine Dichte. Das Volumen stellt somit eine Hilfsgröße dar. Die Verwendung der Druckdifferenz und des Volumens birgt jedoch noch weitere Stolperfallen. So ist der Zustand eines idealen Gases nicht nur vom Druck und Volumen, sondern auch von der Temperatur und der Teilchenanzahl des Gases abhängig. Allein für das Gas im Zylinder (Abb. 2.69) sind schon zwei physikalische Domänen miteinander gekoppelt (Abb. 2.70).

Es darf also die berechtigte Frage gestellt werden, wie diese beiden unterschiedlichen physikalischen Systeme miteinander gekoppelt sind. Ohne die Theorie der mechatronischen Wandler vorwegzugreifen (Kapitel 3), kann die Kopplung über die Gleichung des idealen Gases erschlossen werden.

$$p\,V = m\,R_s\,T$$

Dazu ersetzen wir die Masse des Gases durch das Gasvolumen sowie die Dichte des Gases.

$$p\,V = V\rho\,R_s\,T$$

Der Quotient aus dem Gasdruck und der Gasdichte ist also proportional zur Temperatur des Gases.

$$\frac{p}{\rho} = R_s \cdot T$$

Als Proportionalitätsfaktor finden wir die spezifische Gaskonstante R_s. Wie diese Abhängigkeit zeigt, ist es also auch hier sinnvoll, mit den Quotienten aus Druckdifferenz

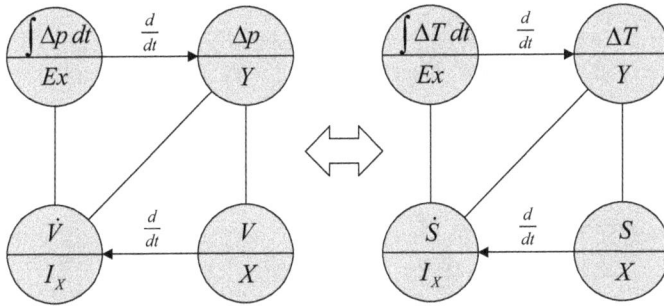

Abb. 2.71: Kopplung zwischen den fluidmechanischen und thermodynamischen Größen über die spezifische Gaskonstante

und Gasdichte als Potentialdifferenz zu arbeiten. Die zweite Abhängigkeit beider Systeme erhalten wir über eine Leistungsbilanz. Wenn die Leistung eines Systems vollständig auf das zweite System übertragen werden soll, muss gelten:

$$P_1 = \frac{\Delta p}{\rho} \cdot \dot{m} \equiv P_2 = \Delta T \cdot \dot{S}$$

Die Potentialdifferenz wird wiederum durch die Temperatur sowie die Gaskonstante ersetzt.

$$\dot{S} = R_s \cdot \dot{m}$$

Auch hier findet sich eine Proportionalität zwischen dem Entropiestrom und dem Massestrom über die spezifische Gaskonstante R_s. Abbildung 2.71 zeigt die vollständige Kopplung zwischen den fluiddynamischen und thermodynamischen Größen.

Mit dem so gewonnenen Verständnis der Kopplungsvorgänge im idealen Gas kann sogar noch das mechanische System Kolben/Zylinder (Abb. 2.69) in die Systemkopplung integriert werden. Den Zusammenhang zwischen der Kraft und der Druckdifferenz hatten wir bereits verwendet.

$$F = \frac{\Delta p}{\rho} \cdot \rho A$$

Die zweite Koppelbedingung gewinnen wir wiederum aus der Leistungsbilanz.

$$P_1 = F \cdot v \equiv P_2 = \dot{m} \cdot \frac{\Delta p}{\rho}$$

Ersetzen wir die Kraft auf den Kolben, folgt:

$$\dot{m} = A\rho \cdot v$$

Im Gegensatz zur fluidmechanisch-thermischen Kopplung, wobei jeweils Potentialdifferenzen mit Potentialdifferenzen und Flussgrößen mit Flussgrößen gekoppelt sind, handelt es sich nun um eine wechselseitige Kopplung zwischen Potentialdifferenzen und Flussgrößen (siehe gyratorische Kopplung, Kapitel 3).

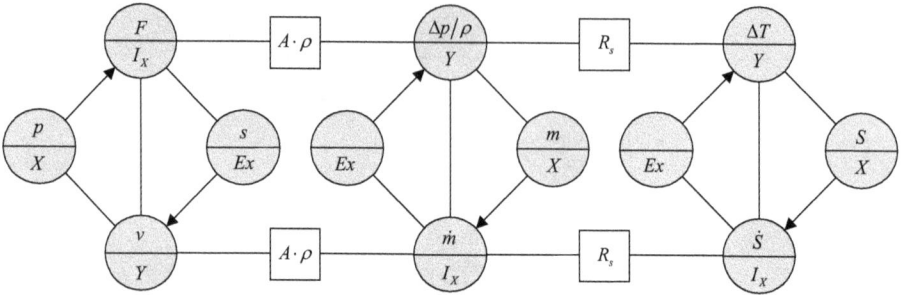

Abb. 2.72: Systemkopplungen im idealen Gas

Betrachten wir den vollständigen Vorgang der Kompression eines idealen Gases, so fällt auf, dass die Kopplung zwischen dem fluiddynamischen System und dem thermischen System über eine Konstante erfolgt und die Kopplung zwischen dem mechanischen System und dem fluidmechanischen System über einen Faktor, der selbst noch die Gasdichte enthält. Da sich die Dichte des Gases bei der Kompression ändert, ist der Koppelfaktor im Gegensatz zur spezifischen Gaskonstanten nicht mehr konstant. Dieses Dilemma kann man dadurch umgehen, indem man in den mechanisch-fluid-dynamischen Gleichungen jeweils die Gasdichte eliminiert.

$$F = A \cdot \Delta p$$
$$\dot{V} = A \cdot v$$

Als Proportionalitätsfaktor bleibt dann tatsächlich nur noch eine systemunabhängige Konstante, die Kolbenfläche A stehen. Allerdings sind für die Potentialdifferenz Y nun die Druckdifferenz Δp und für die Primärgröße X das Volumen V zu verwenden (Abb. 2.73).

Der Vergleich der Abb. 2.72 und der Abb. 2.73 zeigt jedoch, dass eine fluiddynamisch-thermische Kopplung mit den neuen Systemvariablen $(\Delta p, V)$ eine Erweiterung

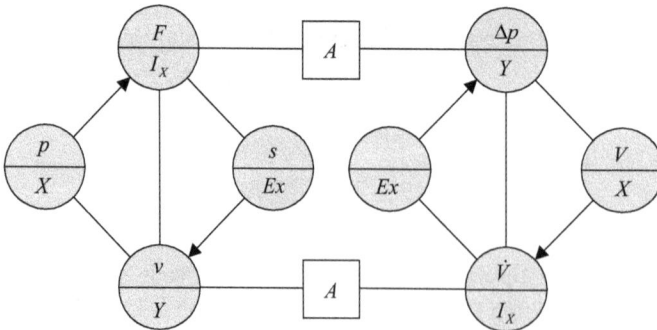

Abb. 2.73: Mechanisch-fluidmechanische Kopplung mit konstantem Koppelfaktor

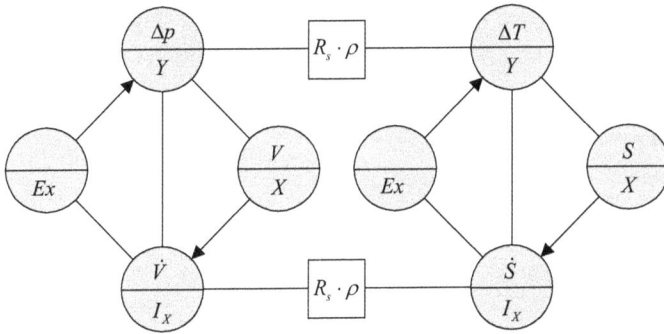

Abb. 2.74: Fluidmechanisch-thermodynamische Kopplung mit variablem Koppelfaktor

der spezifischen Gaskonstanten mit der Fluiddichte erforderlich macht (Abb. 2.74). Das Problem wird also nur verlagert.

Nur bei einer konstanten Gasdichte bleiben auch alle Koppelgrößen systemunabhängige, konstante Größen. In diesem Fall ist es egal, mit welchen Systemvariablen $(\Delta p, V)$ oder $(\Delta p/\rho, m)$ man arbeitet. Sind in einem technischen Prozess die Dichteänderungen vernachlässigbar, so wird häufig auf den Variablensatz $(\Delta p, V)$ zurückgegriffen. Behandelt man das ideale Gas in enger Kopplung mit seinem thermischen Zustand, so bietet sich der Variablensatz $(\Delta p/\rho, m)$ an. Weiterhin kennen wir aus der Thermodynamik weitere Vereinfachungsformen der Zustandsgleichung des idealen Gases. Hierbei wird jeweils immer nur eine Größe X oder Y des jeweiligen Systems konstant gehalten:

- isotherm
- isobar
- isochor
- isentrop

Übungsaufgaben

2.17. RADIALGEBLÄSE

Für eine Raumbelüftung soll ein Radialgebläse dimensioniert werden. Als Antrieb steht ein Elektromotor mit konstanter Drehzahl zur Verfügung. Das Radialgebläse soll im Arbeitspunkt einen vorgegebenen Volumenstrom bei einer notwendigen Druckdifferenz fördern. Zusätzlich soll der fluidmechanische Gesamtwirkungsgrad berücksichtigt werden.
- Erstellen Sie das mechatronische Ersatzschaltbild des Radialgebläses.
- Simulieren Sie die Gebläsekennlinie (Druck über Volumenstrom) mittels LTSpice.

Lösung

Geg.:   Volumenstrom $\dot{V}_{AP} = 0{,}48\,\mathrm{m^3/s}$ Drehzahl $n = 3000\,\mathrm{U/min}$
Druckdifferenz $\Delta p = 1200\,\mathrm{Pa}$ Wirkungsgrad $\eta_F = 0{,}7$

Aus den gegebenen Daten können über das Cordier-Diagramm und die Euler'sche Turbinengleichung [2] die geometrischen Abmessungen gewonnen werden (Abb. 2.75).

Tab. 2.12: Geometrische Abmessungen des Laufrades

Durchmesser	Breiten	Winkel
$d_1 = 18\,\text{mm}$	$b_1 = 8\,\text{mm}$	$\beta_1 = 29\,\text{Grad}$
$d_2 = 300\,\text{mm}$	$b_2 = 49\,\text{mm}$	$\beta_2 = 33\,\text{Grad}$

Das daraus resultierende Betriebsverhalten des Radialgebläses kann exakt nur durch Messungen an der real ausgeführten Maschine bestimmt werden. Minderleistungen, Relativwirbel und Reibeinflüsse lassen sich weder analytisch noch numerisch exakt vorausberechnen. Durch vereinfachte Modellannahmen kann jedoch das Betriebsverhalten des Radialgebläses in einem weiten Kennlinienbereich relativ gut bestimmt werden.

Wichtige Größen, die das Radialgebläse unter wechselnden Lastbedingungen beschreiben, sind der Volumenstrom und die Druckdifferenz. Für die meisten Darstellungen dient der Volumenstrom als Bezugsgröße, während die Druckdifferenz als Parameter auftritt.

Unter der Voraussetzung des drallfreien Lufteintritts in das Laufrad kann im Arbeitspunkt (AP) die notwendige Druckdifferenz über die Euler'sche Turbinengleichung berechnet werden.

$$\psi_{\text{th}\infty}(\varphi) = 2 - \frac{\varphi}{2\dfrac{b_2}{d_2 \tan \beta_2}}$$

Dabei werden in der Strömungsmechanik sehr häufig dimensionslose Kennzahlen wie die Druckzahl ψ und die Durchflusszahl φ verwendet. Eine Rücktransformation auf den Druck und den Volumenstrom ist mittels der Laufradgeometrie sehr einfach

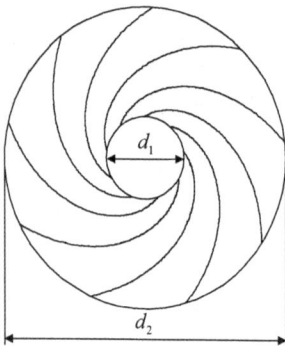

Abb. 2.75: Laufradgeometrie des Radialgebläses

möglich (Aufgabe_2_17.mcdx). Damit erhält man eine theoretisch ideale Kennlinie (Abb. 2.76).

$$\Delta p_{id}\left(\dot{V}\right) = \pi^2 d_2^2 n^2 \rho_F - \frac{\dot{V}\rho_F n}{b_2 \tan \beta_2}$$

Diese ideale Kennlinie muss nun um die realen Verluste korrigiert werden. Während der Wirkungsgrad die ideale Kurve einfach verschiebt, ändern die Stoßverluste, bedingt durch eine endliche Schaufelanzahl, die Kennlinie quadratisch (Abb. 2.76).

$$\Delta p_{Stoß}\left(\dot{V}\right) = S_1 \frac{\rho_F}{2} u_2^2 \left(\frac{d_1}{d_2}\right)^2 \cdot \left(\frac{\dot{V}}{\dot{V}_{AP}} - 1\right)^2$$

Dabei geht man davon aus, dass die geometrische Auslegung des Radialgebläses exakt im Arbeitspunkt erfolgt. Volumenstromänderungen um den Arbeitspunkt wirken sich also als quadratische Druckverluste aus.

Der gesamte Druck muss anschließend um diese Stoßverluste gemindert werden.

$$\Delta p\left(\dot{V}\right) = \Delta p_{id}\left(\dot{V}\right) \cdot \eta_F - \Delta p_{Stoß}\left(\dot{V}\right)$$

Weiterhin ist der fluidmechanische Wirkungsgrad einzubeziehen. Die gesamte Kennlinie kann als Polynom der Form

$$\Delta p\left(\dot{V}\right) = a_0 + a_1 \dot{V} + a_2 \dot{V}^2$$

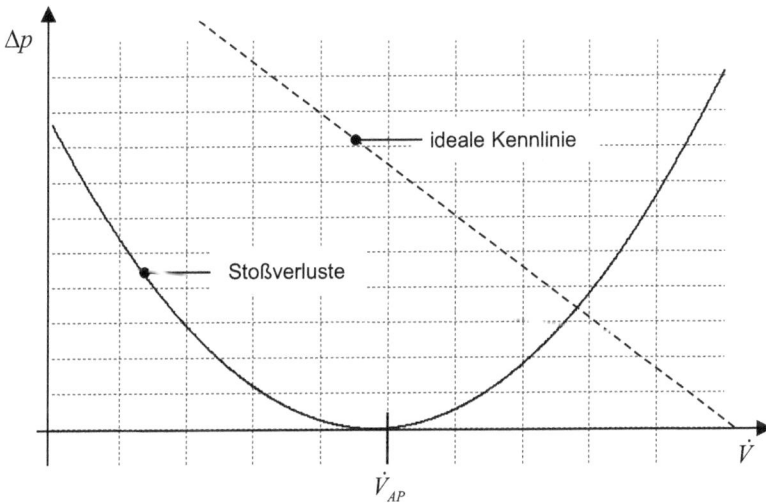

Abb. 2.76: Ideale Drosselkennlinie sowie quadratische Stoßverluste

interpretiert werden. Die Koeffizienten des Polynoms stellen einen

a_0 konstanten Druckverlust
a_1 linearen pneumatischen Widerstand
a_2 quadratischen pneumatischen Widerstand

dar. Abbildung 2.77 zeigt die vollständige Drosselkennlinie mit allen Verlusten.

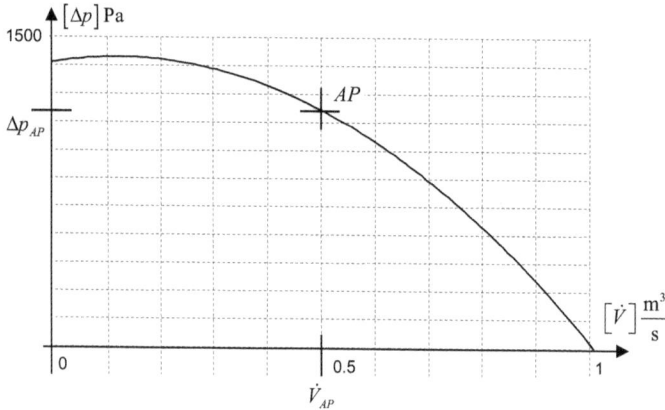

Abb. 2.77: Vollständige Drosselkennlinie des Radialgebläses

Simulation

Simulationsdatei: *Bsp_2_17.asc*

Die Bauelemente finden Sie über das Menü KOMPONENT in den nebenstehenden Bibliotheken.

Bauelement	Bibliothek	Bemerkung
I1	Standard	Stromquelle
V1	Standard	Spannungsquelle
R1	Standard	Grundglied
RL1	Mechatronik	nichtlinearer Widerstand Typ 1

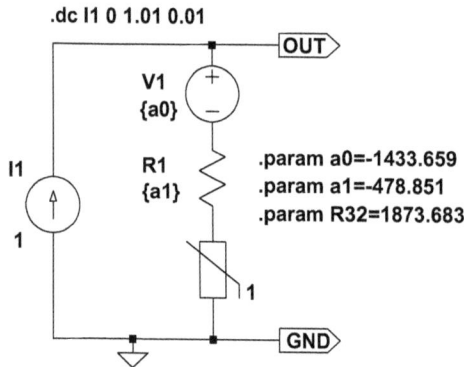

Abb. 2.78: Mechatronisches Netzwerk eines Radialgebläses

.dc I1 0 1.01 0.01

.param a0=-1433.659
.param a1=-478.851
.param R32=1873.683

In der Simulation wird der konstante Druckterm durch eine konstante Spannungsquelle mit dem Parameter a_0 abgebildet. Der lineare pneumatische Widerstand a_1 wird durch einen linearen Ohm'schen Widerstand simuliert. Für den nichtlinearen pneumatischen Widerstand verwenden wir das nichtlineare Modell 1. Somit ergibt sich für das Radialgebläse ein kompaktes Ersatzschaltbild über das Modell eines mechatronischen Netzwerkes (Abb. 2.78).

Übungsaufgaben

2.18. LÜFTUNGSANLAGE

Für eine Werkstatthalle (R_3) ist eine Lüftungsanlage auszulegen (Abb. 2.79). Ein Teil der Luft geht über eine Drosselklappe R_4 ins Freie, während der restliche Luftstrom über eine Umlenkung R_2 vom Gebläse wieder angesaugt wird. Die benötigte Frischluft wird über eine Drosselklappe R_1 von außen angesaugt. Als Radialgebläse ist die Baugruppe aus Aufgabe 2.17 zu verwenden. Für alle eingesetzten Baugruppen wurde im Vorfeld experimentell der Widerstandsbeiwert ermittelt.
- Erstellen Sie ein mechatronisches Ersatzschaltbild für die Lüftungsanlage.
- Simulieren Sie die Lüftungsanlage über das Kennlinienfeld des Radialgebläses.
- Wie groß wird die Druckdifferenz zwischen Werkstatthalle und der Gebäudeumgebung?

Lösung

Geg.: Drosselklappe in 30°-Stellung $\xi_1 = 3,9$ Einlass, Auslass, Gitter $\zeta_3 = 0,98$
Krümmer, Rohre, Abzweig $\xi_2 = 0,69$ Drosselklappe in 40°-Stellung $\xi_4 = 10,8$

Für das Lüftungsschema (Abb. 2.79) kann eine einfache Schaltung angegeben werden. (Abb. 2.80). Da es sich um eine rein statische Aufgabe handelt, können alle dynamischen Bauelemente wie Kapazitäten und Induktivitäten vernachlässigt werden. Die Ersatzschaltung besteht nur aus dem Radialgebläse und den zugehörigen Strömungswiderständen.

Alle nichtlinearen Widerstände sind vom Typ 1. Die Luft wird über den Widerstand R_1 frei angesaugt und ein Teil über R_4 wieder frei ausgeblasen. Vor R_1 und hinter

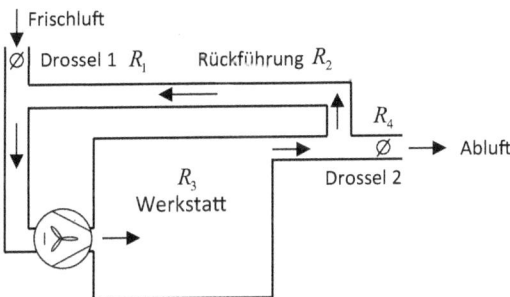

Abb. 2.79: Belüftung einer Werkstatthalle über ein Radialgebläse

R_4 herrscht Normaldruck. Da uns jedoch nur die Druckdifferenz zwischen Werkstatt und Gebäudeäußerem interessiert, können die Widerstände R_1 und R_4 auf Masse (Bezugspunkt) gelegt werden.

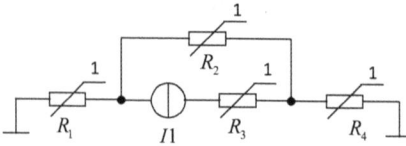

Abb. 2.80: Ersatzschaltung der Lüftungsanlage

ℹ Simulation

Simulationsdatei: *Bsp_2_18.asc*

Die Bauelemente finden Sie über das Menü KOMPONENT in den nebenstehenden Bibliotheken.

Bauelement	Bibliothek	Bemerkung
I1	Standard	Stromquelle
V1	Standard	Spannungsquelle
RL1	Mechatronik	nichtlinearer Widerstand Typ 1

Für die Simulation kann das vollständige Lüftermodell aus Aufgabe 2.17 übernommen werden. Die Widerstände R_1 bis R_4 sind nichtlineare Widerstände vom Typ 1. Das Lüftermodell I_1 liegt in Reihe mit den Widerständen R_1, R_3 und R_4. Für die Bypassfunktion sorgt der Widerstand R_2 welcher parallel zu R_3 und I_1 geschaltet wird (Abb. 2.81).

Nach abschließender Simulation kann hinter dem Radialgebläse die Druckdifferenz zum Bezugspotential (Masse) abgelesen werden.

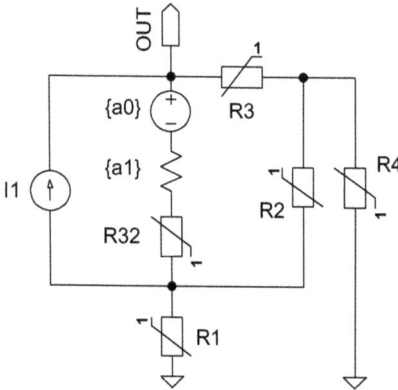

Abb. 2.81: Mechatronisches Netzwerk einer Lüftungsanlage im Simulationssystem

3 Mechatronischer Wandler

In den bisherigen Kapiteln erfolgte die Beschreibung der mechatronischen Netzwerke immer nur innerhalb eines physikalischen Teilgebietes. Die Primärgröße sowie die daraus abgeleiteten weiteren energetischen Größen sowie alle Bauelemente (konstitutive Gesetze) bezogen sich ausschließlich auf ein der Primärgröße zugeordnetes Teilgebiet. Der Vorteil der mechatronischen Netzwerke liegt jedoch gerade auf der Verkopplung einzelner physikalischer Teilsysteme.

Da wir zur Netzwerkbeschreibung ausschließlich die beiden Intensitätsgrößen I_X und Y verwenden, benötigen wir einen Kopplungsmechanismus für genau diese Größen.[1]

Die systemdynamischen Eigenschaften der Einzelsysteme dürfen bei der Verkopplung zu einem neuen System nicht verloren gehen. Das bedeutet, dass kapazitive, induktive und resistive Eigenschaften der Systeme untereinander wechselwirken.

Eine Übersicht über mögliche Wechselwirkungen der Primärgröße X zeigt Tab. 3.1. Die tatsächlich vorhandenen chemischen Eigenschaften vieler Systeme wurden hierbei nicht berücksichtigt, fügen sich jedoch nahtlos in den Kopplungsmechanismus ein. Alle Felder in der Hauptdiagonale der Kopplungsmatrix beinhalten keine mechatronischen Wandler, sondern nur einen Übersetzer [2].

Tab. 3.1: Mögliche Wechselwirkungen

	p	L	m_s	Q_e	Q_m	S
p		$p-L$	$p-m_s$	$p-Q_e$	$p-Q_m$	$p-S$
L	$L-p$		$L-m_s$	$L-Q_e$	$L-Q_m$	$L-S$
m_s	m_s-p	m_s-L		m_s-Q_e	m_s-Q_m	m_s-S
Q_e	Q_e-p	Q_e-L	Q_e-m_s		Q_e-Q_m	Q_e-S
Q_m	Q_m-p	Q_m-L	Q_m-m_s	Q_m-Q_e		Q_m-S
S	$S-p$	$S-L$	$S-m_s$	$S-Q_e$	$S-Q_m$	

Energieübersetzung ist ein Vorgang, bei dem die Form des Energieflusses geändert wird, die Energieart jedoch erhalten bleibt (Getriebe, Hebel).

Energiewandlung ist ein Vorgang, bei dem die Energieart des Energieflusses geändert wird (zum Beispiel elektrische Energie in mechanische Energie).

---

[1] Aus mathematischer Sicht besteht keine Einschränkung auch Quantitätsgrößen oder Mischformen miteinander zu koppeln.

https://doi.org/10.1515/9783110470857-003

3.1 Allgemeines Wandlerprinzip (Onsager-Relation)

Die Onsager-Relation[2] beschreibt den Zusammenhang zwischen den Intensitätsgrößen eines thermodynamischen Gesamtsystems außerhalb des Gleichgewichtszustandes. Die Auslenkung vom Gleichgewichtszustand darf dabei nur so groß sein, dass
ein linearer Zusammenhang zwischen den Intensitätsgrößen nicht verletzt wird. In
Anlehnung an die Originalarbeit [22] erfolgt die Ableitung zunächst anhand der Thermodynamik. Da die Onsager-Relation jedoch ein allgemeingültiges Prinzip darstellt,
werden anschließend die Erkenntnisse der Thermodynamik für die mechatronischen
Netzwerke verallgemeinert.

3.1.1 Das Gleichgewicht

Ein abgeschlossenes thermodynamisches System befinde sich im Gleichgewicht. Der
Energieinhalt des Gesamtsystems sei konstant (Abb. 3.1).

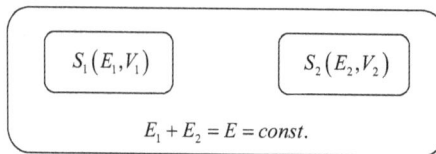

$$S_1(E_1, V_1) \qquad S_2(E_2, V_2)$$

$$E_1 + E_2 = E = const.$$

Abb. 3.1: Abgeschlossenes thermodynamisches System

Die im Gesamtsystem gespeicherte Entropie kann aus der Summe aller Einzelentropi-
en gebildet werden.

$$S = S_1(E_1, V_1) + S_2(E_2, V_2)$$

Um zu analysieren, wie sich das System außerhalb des Gleichgewichtszustandes verhält, wird das Gesamtsystem um den Betrag dS aus dem Gleichgewichtszustand ausgelenkt (Abb. 3.2).

Die Gesamtentropie ergibt sich aus der Summe der Einzelentropien, wobei die Entropie wiederum von der jeweiligen Energie und dem Volumen abhängt.

$$S_1 = S_1(E_1, V_1)$$
$$S_2 = S_2(E_2, V_2)$$

Eine Entropieänderung dS im Gesamtsystem wirkt sich also auch auf alle Teilsysteme
aus,

$$dS = \beta_1(E_1, V_1) \cdot dE_1 + \beta_2(E_2, V_2) \cdot dE_2$$

---

2 Lars Onsager erhielt für die Entdeckung dieses Zusammenhanges 1968 den Nobelpreis der Chemie.

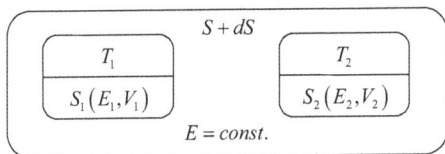

Abb. 3.2: Auslenkung aus dem Gleichgewichtszustand

wobei die Koeffizienten β über die partiellen Ableitungen definiert sind.

$$\beta_1 = \frac{\partial}{\partial E_1} S_1(E_1, V_1)$$

$$\beta_2 = \frac{\partial}{\partial E_2} S_2(E_2, V_2)$$

Werden die partiellen Ableitungen in dS eingesetzt, erhalten wir das vollständige Differential.

$$dS = \frac{\partial}{\partial E_1} S_1(E_1, V_1) \cdot dE_1 + \frac{\partial}{\partial E_2} S_2(E_2, V_2) \cdot dE_2$$

Wie in Abb. 3.1 und Abb. 3.2 angedeutet, bleibt bei der Auslenkung um dS die gesamte Energie im System jedoch konstant.

$$E = E_1 + E_2 = \text{const}.$$

Die Einzelenergieänderungen sind betragsmäßig gleich, jedoch mit umgekehrten Vorzeichen.

$$dE_1 = -dE_2$$

Damit kann die Entropieänderung durch die Energieänderung eines Teilsystems ausgedrückt werden.

$$dS = \left[\frac{\partial}{\partial E_1} S_1(E_1, V_1) - \frac{\partial}{\partial E_2} S_2(E_2, V_2) \right] \cdot dE_1$$

Der Gleichgewichtszustand, das lokale Minimum, stellt sich immer dann ein, wenn $dS = 0$ wird. Da laut Energieerhaltungssatz $dE_1 \neq 0$ ist, müssen auch beide Differentialquotienten gleich sein.

$$\frac{\partial}{\partial E_1} S_1(E_1, V_1) = \frac{\partial}{\partial E_2} S_2(E_2, V_2)$$

Die Differentialquotienten sind jedoch gerade die inversen Temperaturen (Gl. 1.19).

$$\frac{1}{T_1} = \frac{1}{T_2}$$

Somit liegt immer dann ein Systemgleichgewicht vor, wenn alle Einzelsysteme die gleiche Temperatur aufweisen, $T_1 = T_2$. Im Ungleichgewichtszustand fließt so lange ein Entropiestrom, bis wieder Gleichgewicht herrscht (Abb. 3.3).

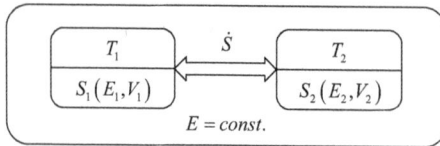

Abb. 3.3: Entropiestrom im Ungleichgewichts-zustand

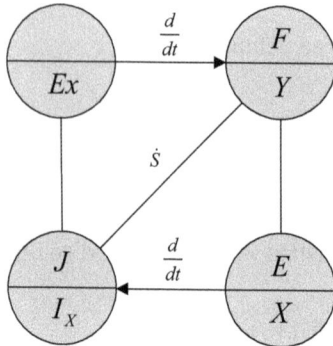

Abb. 3.4: Energieflussschema für die verallgemeinerten Kräfte und Ströme

Für die Beobachtung des Entropiestroms reicht die Analyse eines Einzelsystems aus.

$$\dot{S} = \frac{\partial}{\partial E_1} S_1\,(E_1,\,V_1) \cdot \frac{dE_1}{dt} =: F \cdot J$$

Den ersten Faktor nennen wir die *verallgemeinerte Kraft*,

$$F := \left(\frac{\partial S}{\partial E}\right)_V$$

den zweiten Faktor den *verallgemeinerten Strom*.

$$J := \frac{dE}{dt}$$

Die Reihenfolge der Faktoren richtet sich nach ihrem Vorzeichen. Während der verallgemeinerte Strom seine Stromrichtung ändern kann, bleibt das Vorzeichen der verallgemeinerten Kraft immer gleich.[3] Beide Faktoren sowie die Energie können über ihre mathematischen Zusammenhänge in ein Energieflussschema (Abb. 3.4) eingetragen werden.

Dieses Schema entspricht vollständig dem Energieflussschema mit der Energie als Primärgröße (Abb. 1.24).

Die Onsager-Relation setzt lineare Systeme voraus. Somit existiert ein proportionaler Zusammenhang zwischen dem verallgemeinerten Strom und der verallgemeinerten Kraft.

$$J \sim F$$

---

[3] Bei einem Magnetfeld muss sich zur Erhaltung der Zeitumkehr nicht nur die Stromrichtung des verallgemeinerten Stroms umkehren, sondern auch die Feldrichtung (Onsager-Casimir-Relation).

Den Proportionalitätsfaktor nennen wir den Transportkoeffizienten L.

$$J = L \cdot F$$

Wie die Differentialquotienten zeigen, existieren in Abhängigkeit der Einzelsysteme nicht nur eine Kraft oder ein Strom.

$$J_k = \sum_i L_{ki} \cdot F_i$$

Die verwendeten Indizes sind dabei wie folgt zu verwenden:

k: Anzahl der Einzelsysteme
i: Anzahl der Teilströme

Beispiel 2.1

$k = 1$	$i = 1$	$J_1 = L_{11} \cdot F_1$	ein Teilsystem, ein Teilstrom	
Beispiel	elektrisch	$I_e = \frac{1}{R_e} \cdot U_e$	$L_{11} = \frac{1}{R_e}$	

Beispiel 2.2

$k = 1$	$i = 2$	$J_1 = L_{11} \cdot F_1 + L_{12} \cdot F_2$	ein Teilsystem. zwei Teilströme	
Beispiel	elektrisch	$I_e = \frac{1}{R_{e1}} \cdot U_{e1} + \frac{1}{R_{e2}} \cdot U_{e2}$	$L_{11} = \frac{1}{R_{e1}} L_{12} = \frac{1}{R_{e2}}$	

Beispiel 2.3

$k = 2$	$i = 2$	$J_1 = L_{11} \cdot F_1 + L_{12} \cdot F_2$ $J_2 = L_{21} \cdot F_1 + L_{22} \cdot F_2$	zwei Teilsysteme, zwei Teilströme
Beispiel		elektrisches Teilsystem	thermisches Teilsystem

Kehren wir zum Ausgangssystem (Abb. 3.3) zurück. Der Entropiestrom fließt dort zwischen zwei Teilsystemen ($k = 2$).

$$\dot{S} = \sum_k F_k \cdot J_k$$

$$J_k = \sum_i L_{ki} \cdot F_i$$

Außerdem existiert Proportionalität zwischen den Kräften und Strömen. Beide Gleichungen können zu einer Gleichung zusammengefasst werden.

$$\dot{S} = \sum_k \sum_i L_{ki} \cdot F_i F_k \qquad (3.1)$$

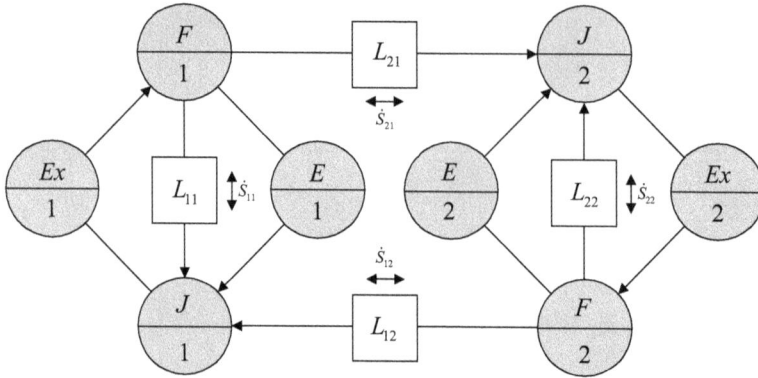

Abb. 3.5: Energetische Kopplung von zwei Systemen

Beispiel 2.4

$$k = 2 \quad i = 2 \quad \dot{S} = \underbrace{L_{11}F_1}_{J_{11}} \cdot F_1 + \underbrace{L_{12}F_2}_{J_{12}} \cdot F_1 + \underbrace{L_{21}F_1}_{J_{21}} \cdot F_2 + \underbrace{L_{22}F_2}_{J_{22}} \cdot F_2$$

$$\dot{S} = \dot{S}_{11} + \dot{S}_{12} + \dot{S}_{21} + \dot{S}_{22}$$

Der Entropiestrom für den Systemausgleich von zwei Teilsystemen setzt sich aus vier Einzelentropieströmen zusammen. Nun gehören gleiche Indizes zu gleichen Systemen, also:

$$\dot{S} = \underbrace{(J_{11} + J_{12}) \cdot F_1}_{\text{System 1}} + \underbrace{(J_{21} + J_{22}) \cdot F_2}_{\text{System 2}}$$

System 1 $\quad J_{11} = L_{11} \cdot F_1 \quad$ System 2 $\quad J_{21} = L_{21} \cdot F_1$

$\quad\quad\quad\quad\; J_{12} = L_{12} \cdot F_2 \quad\quad\quad\quad\quad\;\; J_{22} = L_{22} \cdot F_2$

Dieser Zusammenhang lässt sich über das Energieflussschema (Abb. 3.5) sehr gut grafisch veranschaulichen.

3.1.2 Transportgleichungen für mechatronische Netzwerke

Um die von Onsager getroffenen Relationen auf beliebige physikalische Systeme zu erweitern, vergleichen wir die Größen des allgemeinenergetischen Energieflussschemas mit den Größen des Energieflussschemas der mechatronischen Netzwerke (Tab. 3.2).

Wie der Vergleich zeigt, unterscheiden sich beide Darstellungen nur um den Faktor ΔT. Ansonsten sind sie identisch. Die Kopplung mechatronischer Netzwerke basiert also vollständig auf der Onsager-Relation. Die Prozessleistung zwischen den unterschiedlichen Teilsystemen sorgt wie der Entropiestrom für eine Systemkopplung.

In einem mechatronischen Netzwerk kann jeder mechatronische Elementarwandler über ein Zweitor abgebildet werden [2]. Diese Darstellung wenden wir auf die Sum-

Tab. 3.2: Vergleich allgemeinenergetisch – mechatronisch

Nr.	allgemeinenergetisch	mechatronisch	Bemerkungen zu ME
1	$F = \left(\frac{\partial S}{\partial E}\right)_V$	$i_T = \frac{\delta E_P}{\delta q_P}$; $i_P = \frac{\delta E_T}{\delta q_T}$	Ableitung der Energie nach der Quantität
2	$J = \frac{d}{dt} E$	$i_T = \frac{d}{dt} q_T$; $i_P = \frac{d}{dt} q_P$	Ableitung der Quantität nach der Zeit
3	$\dot{S} = F \cdot J$	$P = i_P \cdot i_T = F^* \cdot J^*$	$P = \dot{S} \cdot \Delta T$
4	$\dot{S} = \sum_k \sum_i L_{ki} \cdot F_i F_k$	$P = \sum_k \sum_i L_{ki} \cdot F_i^* F_k^*$	Prozessleistung
5	$J_k = \sum_i L_{ki} \cdot F_i$	$J_k = \sum_i L_{ki} \cdot F_i^*$	Stromkopplung

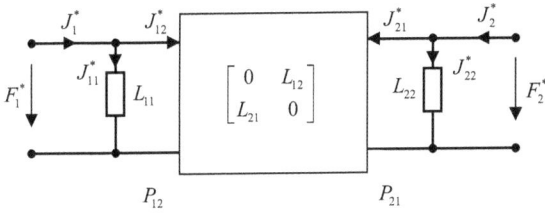

Abb. 3.6: Kopplung von zwei Systemen

mengleichung der Prozessleistung an.

$$P = \sum_k \sum_i L_{ki} \cdot F_i^* F_k^* \qquad (3.2)$$

Als Beispiel dienen wieder zwei unterschiedliche physikalische Systeme, welche miteinander gekoppelt werden sollen (Abb. 3.6).

Wenden wir Gl. 3.2 auf die Kopplung an, so erhalten wir alle Teilleistungen des Systems.

$$P = \underbrace{L_{11} F_1^* F_1^*}_{P_{11}} + \underbrace{L_{12} F_1^* F_2^*}_{P_{12}} + \underbrace{L_{21} F_2^* F_1^*}_{P_{21}} + \underbrace{L_{22} F_2^* F_2^*}_{P_{22}}$$

Da das Produkt aus Koppelkoeffizient L und Potentialdifferenz F^* immer einen Strom ergibt, können in der Leistungsgleichung auch diese Ströme eingesetzt werden.

$$P = \underbrace{J_{11} F_1^*}_{P_{11}} + \underbrace{J_{12} F_2^*}_{P_{12}} + \underbrace{J_{21} F_1^*}_{P_{21}} + \underbrace{J_{22} F_2^*}_{P_{22}}$$

Die beiden Leistungen P_{11} und P_{22} beschreiben die jeweiligen Verluste, welche in den ungekoppelten Einzelsystemen auftreten. Eine eigentliche Prozesskopplung findet über P_{12} und P_{21} statt (Abb. 3.6). Hat nun der eigentliche Wandler den Wirkungsgrad $\eta = 1$, so muss die aufgenommene Leistung P_{12} gleich der abgegebenen Leistung P_{21} sein.

$$P_{12} = P_{21}$$
$$L_{12} F_1^* F_2^* = L_{21} F_2^* F_1^*$$
$$L_{12} = L_{21}$$

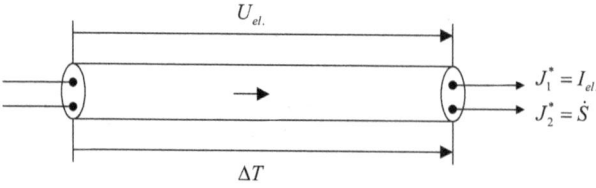

Abb. 3.7: Stromkopplung in einem Leiter

Die beiden Wandlerkoeffizienten mit den Mischindizes müssen jeweils gleich sein! Diese Erkenntnis ist eine weitere wichtige Aussage der Onsager-Relation.

Wie können wir uns nun den Mechanismus der Stromkopplung vorstellen?

Betrachten wir dazu einen elektrischen Leiter (Abb. 3.7), der von einem elektrischen Strom $I_{el.}$ durchflossen wird, wenn an den Leiterenden eine Potentialdifferenz $U_{el.}$ vorhanden ist.

Die gleiche Vorstellung können wir auf einen thermischen Leiter anwenden, an dessen Leiterenden eine Temperaturdifferenz ΔT vorhanden ist. In diesem Fall fließt ein Entropiestrom. Fließen nun gleichzeitig beide Ströme $\left(I_{el.}, \dot{S}\right)$, so sind diese über die Reziprozitätsrelation wechselseitig miteinander verkoppelt, jedoch nur, solange sie sich jeweils proportional zu $U_{el.}$ und ΔT verhalten. Im elektrischen System muss dazu zum Beispiel das Ohm'sche Gesetz eingehalten werden, beim thermischen System das Fourier'sche Gesetz der Wärmeleitung.

Die Kopplung bewirkt nun, dass der elektrische Strom (Ladungsstrom) einen Entropiestrom mitnimmt, selbst wenn es keine Temperaturdifferenz gibt. Fließt ein thermischer Strom durch eine Temperaturdifferenz, wird ein elektrischer Strom mitgenommen, obwohl es keine Potentialdifferenz an den Leiterenden gibt. Gedanklich kann der Leiter aus Abb. 3.7 also in zwei Leiter zerlegt werden. Einen Leiter für das elektrische System und einen Leiter für das thermische System (Abb. 3.8).

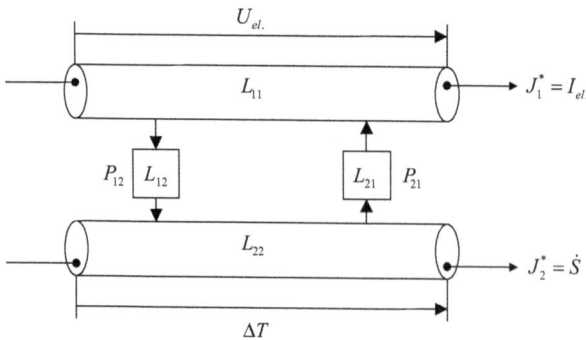

Abb. 3.8: Zerlegung in zwei Leiter

Der Koeffizient L_{12} koppelt also einen Teil des elektrischen Stroms mit dem Entropiestrom und der Koeffizient L_{21} einen Teil des Entropiestroms mit dem elektrischen Strom. Die Koeffizienten L_{11} und L_{22} bewirken die Verluste in den jeweiligen Einzelsystemen (Ohm'sches Gesetz, Fourier'sches Gesetz).

Um eine anschauliche Vorstellung von der Kopplungsstärke zu bekommen, kann der Differentialquotient

$$\left(\frac{\partial \dot{S}}{\partial I_{\text{el.}}} \right)_{\Delta T}$$

herangezogen werden. Er beträgt bei Kupfer ca. $1,7 \cdot 10^{-6} \frac{\text{J/K}}{\text{A} \times \text{s}}$. Um eine Entropiemenge von $1 \frac{\text{J}}{\text{K}}$ zu erzeugen, müsste also ein Strom von 1 A ca. eine Woche lang durch den elektrischen Leiter fließen. Bei einer Verdampfungsentropie von Wasser $\left(109,1 \frac{\text{J/K}}{\text{mol}} \right)$ müsste der Strom von 1 A ca. sechs Wochen fließen, um $1 \, \text{cm}^3$ Wasser zu verdampfen. Der Kopplungseffekt ist also sehr gering.

3.1.3 Transformatorische und gyratorische Kopplungen

Schauen wir uns nochmals den Vergleich des allgemeinenergetischen Systems mit dem mechatronischen System Tab. 3.2. an, so fällt in den Zeilen 1–3 eine Mehrdeutigkeit auf. Während beim allgemeinenergetischen System die Zuordnung zu den verallgemeinerten Kräften und Strömen eindeutig ist, können die Intensitätsgrößen zunächst nicht eindeutig einer Kraft oder einem Strom zugeordnet werden. Würde eine der Intensitätsgrößen aus der Ableitung der Energie gewonnen werden, so müsste die andere Intensitätsgröße durch die Zeitableitung gebildet werden. Somit sind die zwei Kombinationen in Tab. 3.3 möglich.

Tab. 3.3: Kombinationsmöglichkeiten für Kräfte und Ströme

	F^*	J^*
1	i_P	i_T
2	i_T	i_P

Welche Kombination ist jedoch für ein konkretes physikalisches System zu verwenden? Die Antwort kann aus der Leistungsbetrachtung gewonnen werden. Das Produkt aus einer verallgemeinerten Kraft und einem verallgemeinerten Strom[4] nennen wir eine Hauptgröße[5]. Somit ist die Prozessleistung selbst eine Hauptgröße. Definieren wir eine Prozessleistung für Zeiten $t > 0$ als positiv, so wird die Prozessleistung für alle Zei-

---

4 In der Mechanik sprechen wir oft von verallgemeinerten Geschwindigkeiten.
5 Begriff aus der Thermodynamik.

ten $t < 0$ negativ. Da bei einem Produkt nur ein Faktor das Vorzeichen wechseln darf um einen Vorzeichenwechsel bei der Prozessleistung zu bewirken, kann entweder nur F^* oder J^* das Vorzeichen wechseln. Genau diese Eigenschaft des Vorzeichenwechsels definiert die beiden Größen.

Definition

Ändert bei einer Hauptgröße ein Faktor bei der Zeitumkehr sein Vorzeichen nicht, so heißt dieser Faktor verallgemeinerte Kraft. Der Faktor, der mit der Zeitumkehr sein Vorzeichen wechselt, heißt verallgemeinerter Strom.

Eine Zeitumkehr können wir uns praktisch so vorstellen, indem wir von einem Versuchsaufbau einen Film drehen und ihn dann anschließend rückwärtslaufen lassen.

Tab. 3.4: Mechanik

Zeit	Leistung	Zuordnung	Bemerkung
$t > 0$	$P = v \cdot F$	$F \cong F^*$	verallgemeinerte Kraft
$t < 0$	$-P = (-v) \cdot F$	$v \cong J^*$	verallgemeinerter Strom

Eine Kraft F dehnt zum Beispiel eine Feder mit der Geschwindigkeit v. Die Kraft wird mit einem Federkraftmesser bestimmt. Bei allen Zeiten $t > 0$ zeigt der Federkraftmesser eine positive Kraft an, und das Federende bewegt sich in positive Richtung. Lassen wir nun den Film rückwärtslaufen $t < 0$, so sehen wir immer noch eine positive Kraft am Federkraftmesser. Allerdings bewegt sich das Federende nun in die umgekehrte Richtung (negativ).

Tab. 3.5: Elektrotechnik

Zeit	Leistung	Zuordnung	Bemerkung
$t > 0$	$P = U_{el.} \cdot I_{el.}$	$U_{el.} \cong F^*$	verallgemeinerte Kraft
$t < 0$	$-P = U_{el.} \cdot (-I_{el.})$	$I_{el.} \cong J^*$	verallgemeinerter Strom

Legen wir an die Enden eines elektrischen Leiters eine Spannung an und stellen sie auf einem Voltmeter dar, so fließt ein positiver elektrischer Ladungsstrom für alle Zeiten $t > 0$. Lassen wir nun diesen Film rückwärtslaufen $t < 0$, so zeigt das Voltmeter die gleiche Spannung an, der Ladungsstrom fließt allerdings in die entgegengesetzte Richtung.

Somit kann für beliebige physikalische Systeme die konkrete Zuordnung zu den verallgemeinerten Kräften und Strömen getroffen werden. Eine wichtige Aussage der Onsager-Relation lautet, dass die Kopplung aller auftretenden verallgemeinerten Strö-

Tab. 3.6: Thermodynamik

Zeit	Leistung	Zuordnung	Bemerkung
$t > 0$	$P = \Delta T \cdot \dot{S}$	$\Delta T \cong F^*$	verallgemeinerte Kraft
$t < 0$	$-P = \Delta T \cdot \left(-\dot{S}\right)$	$\dot{S} \cong J^*$	verallgemeinerter Strom

me symmetrisch ist. Somit besteht jeweils ein linearer Zusammenhang zwischen den verallgemeinerten Strömen. Betrachten wir die drei Beispiele (Tab. 3.4–3.6), so sind die folgenden Kopplungen möglich (Tab. 3.7).

Tab. 3.7: Mögliche Kopplungsvarianten

Kopplung	Proportionalität	mechatronisch	Bezeichnung
mechanisch-elektrisch	$v \sim I_{el.}$	$Y_1 \sim I_{X2}$	gyratorisch
thermisch-elektrisch	$\dot{S} \sim I_{el.}$	$I_{X1} \sim I_{X2}$	transformatorisch
mechanisch-thermisch	$v \sim \dot{S}$	$Y_1 \sim I_{X2}$	gyratorisch

Wie Tab. 3.7 zeigt, sind also Kopplungen zwischen Flussgrößen und Flussgrößen (transformatorische Kopplung) und Kopplungen zwischen Flussgrößen und Potentialdifferenzen (gyratorische Kopplungen) möglich. Welche Kopplung bei einem realen Wandler vorliegt, hängt von dem tatsächlich wirkenden physikalischen Wandlerprinzip ab.

Mathematisch lassen sich gyratorische Kopplungen durch die Leitwertmatrix Y und transformatorische Kopplungen durch die Hybridmatrix H darstellen (Abb. 3.9).

Auch wenn die Matrizenrechnung Möglichkeiten bietet, die Leitwertsmatrix in die Hybridmatrix umzurechnen und umgekehrt, darf dabei der physikalische Zusammenhang nicht aus den Augen verloren werden. Nur der mögliche Vorzeichenwechsel einer Intensitätsgröße bestimmt, ob die Kopplung transformatorisch oder gyratorisch erfolgt. Im Übrigen ist eine Matrizenumrechnung schon dann nicht mehr möglich, wenn die jeweiligen Systemverluste $Y_{11}, Y_{22}, H_{11}, H_{22}$ null werden. Das Wandlerprinzip bleibt jedoch davon unberührt.

Sollen zwei oder mehrere physikalische Einzelsysteme miteinander gekoppelt werden, sind ihre Koppelkoeffizienten L zu bestimmen. Diese können je nach Systemverhalten (transformatorisch, gyratorisch) in Matrixschreibweise abgebildet werden. Wir wollen im weiteren einen Weg aufzeigen, mögliche Koppelkoeffizienten analytisch zu bestimmen. Recht anschaulich gelingt uns das an einem mechanischen Modell (Abb. 3.11).

Dazu sei ein Hydraulikbehälter mit einer inkompressiblen Flüssigkeit gefüllt. Zwei Kolben lassen sich jeweils über F_1, l_1 bzw. F_2, l_2 bewegen. Ein dritter Kolben arbeitet gegen eine elastische Feder, welche nur die eigentliche Volumenkompressibilität der

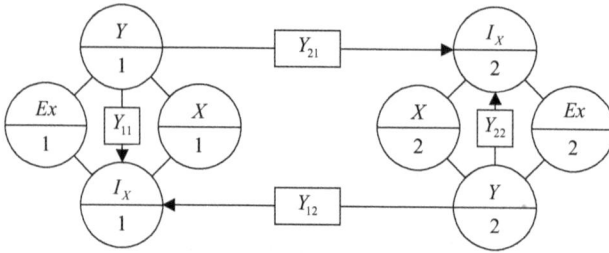

Abb. 3.9: Gyratorische Kopplung zweier Systeme

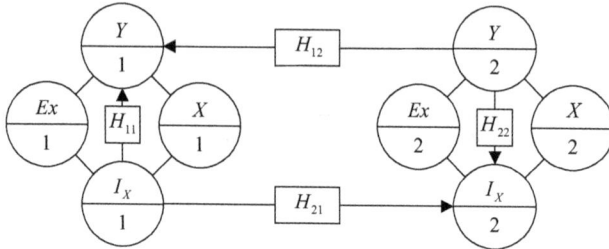

Abb. 3.10: Transformatorische Kopplung zweier Systeme

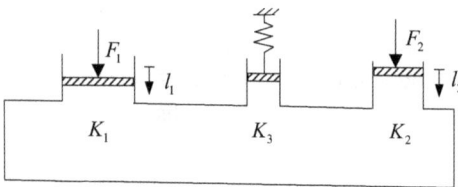

Abb. 3.11: Elastisches System

Flüssigkeit abbilden soll. Tatsächlich existiert dieser Kolben mit der zugehörigen Feder nur im Modell.

Drücken wir nun den Kolben K_1 in den Zylinder, verrichten wir Arbeit. Das Gleiche gilt für den Kolben K_2.

$$dU_1 = F_1 \cdot dl_1$$
$$dU_2 = F_2 \cdot dl_2$$

Die Änderung der Gesamtenergie setzt sich also aus der Summe beider Teilenergien zusammen.

$$dE = F_1 dl_1 + F_2 dl_2$$

Wir können also die Energie als Funktion der Kolbenhübe darstellen.

$$E = E(l_1, l_2)$$

Jede Einzelkraft gewinnen wir über die partiellen Ableitungen.

$$F_1 = \frac{\partial}{\partial l_1} E(l_1, l_2); \quad F_2 = \frac{\partial}{\partial l_2} E(l_1, l_2)$$

Häufig bedient man sich auch einer Kurzschreibweise

$$F_1 = \left(\frac{\partial E}{\partial l_1}\right)_{l_2} ; \quad F_2 = \left(\frac{\partial E}{\partial l_2}\right)_{l_1}$$

wobei der Index hinter der Klammer die jeweilige konstant zu haltende Größe bei der partiellen Ableitung angibt. Setzen wir die beiden Kräfte wieder in die Energieglei-chung ein, erhalten wir das vollständige Differential.

$$dE = \frac{\partial}{\partial l_1} E(l_1, l_2)_1 \, dl_1 + \frac{\partial}{\partial l_2} E(l_1, l_2) \, dl_2$$

Nun ist die Kraft F_1 nicht nur vom Weg l_1 abhängig, sondern auch von der Stellung des Zylinders 2.

$$F_1 = F_1(l_1, l_2); \quad F_2 = F_2(l_1, l_2)$$

Die Kraftänderungen können wiederum über die partiellen Ableitungen gewonnen werden.

$$dF_1 = \frac{\partial}{\partial l_1} F_1(l_1, l_2) + \frac{\partial}{\partial l_2} F_1(l_1, l_2)$$
$$dF_2 = \frac{\partial}{\partial l_1} F_2(l_1, l_2) + \frac{\partial}{\partial l_2} F_2(l_1, l_2)$$

Dabei sind die beiden Summanden mit den Mischableitungen gleich (Satz von Schwarz).

$$\frac{\partial}{\partial l_2} F_1(l_1, l_2) = \frac{\partial}{\partial l_1} F_2(l_1, l_2)$$

Die Aussage könnte auch in umgekehrter Reihenfolge formuliert werden. Sind die bei-den Mischableitungen gleich, so ist die Energiegleichung ein vollständiges Differenti-al.

Bezüglich des physikalischen Zusammenhanges vergeben wir die nachfolgenden Begriffe.

Hauptwirkungen: $\quad \frac{\partial}{\partial l_1} F_1(l_1, l_2) \quad \frac{\partial}{\partial l_2} F_2(l_1, l_2)$
Nebenwirkungen: $\quad \frac{\partial}{\partial l_2} F_1(l_1, l_2) \quad \frac{\partial}{\partial l_1} F_2(l_1, l_2)$

Während die Hauptwirkungen das unmittelbare Verhalten jedes der Einzelkolben be-schreiben, charakterisieren die Nebenwirkungen die Verkopplung der Kolben unter-einander. Nun zeigt sich jedoch, dass noch weitere Haupt- und Nebenwirkungen exis-tieren, da die gewählten Funktionen $F_1 = F_1(l_1, l_2)$ und $F_2 = F_2(l_1, l_2)$ willkürlich gebildet wurden. Genauso gut hätten die Funktionen auch

$$\begin{array}{lll} l_1 = l_1(F_1, F_2) & & F_1 = F_1(l_1, l_2) & & l_2 = l_2(F_1, l_1) \\ l_2 = l_2(F_1, F_2) & \text{oder} & l_2 = l_2(l_1, F_2) & \text{oder} & F_2 = F_2(F_1, l_1) \end{array}$$

lauten können. Somit stellt sich die Frage, wie viele Differentialquotienten zu einem gekoppelten System tatsächlich existieren.

Betrachten wir das obige mechanische System, so setzt sich die Energieänderung aus genau zwei Summanden zusammen.

$$dE = F_1 dl_1 + F_2 dl_2 \quad n = 2$$

Um dieses System vollständig zu charakterisieren sind genau

$$\frac{n(n+1)}{2}$$

Differentialquotienten notwendig.

Alle restlichen Differentialquotienten können anhand dieser Größen abgeleitet werden.

Beispiel 2.5 langer dünner Draht

Gegeben sei ein elastischer Draht der Länge l, welcher bei Umgebungstemperatur über eine Kraft F gedehnt wird (Abb. 3.12).

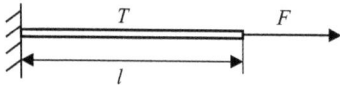

Abb. 3.12: Dehnung eines elastischen Drahtes

Die Energieänderung kann wiederum über zwei Summanden ausgedrückt werden ($E = E(l, S)$).

$$dE = F \cdot dl + T \cdot dS$$

Da auch in diesem Beispiel $n = 2$ beträgt, sollten drei Differentialquotienten zur Systemcharakterisierung ausreichen. Das könnten zum Beispiel

$$\frac{\partial}{\partial T} l(T, F) =: \chi^{l,T}$$

$$\frac{\partial}{\partial T} S(T, F) =: \chi^{S,T}$$

$$\frac{\partial}{\partial F} l(T, F) =: \chi^{l,F}$$

sein. Schauen wir uns den zweiten und dritten Quotienten genauer an. Abgesehen von der partiellen Ableitung stellen diese beiden Quotienten die jeweiligen differentiellen Speichergrößen im Teilsystem dar (Abb. 3.13).

Dazu wird jeweils der Quotient aus einer Quantitäts- und einer Intensitätsgröße gebildet. Die so definierten Größen nennt man Suszeptibilitäten. Letztendlich sind also Kapazitäten, Induktivitäten, Federsteifigkeiten usw. alles nur Suszeptibilitäten.

$$\frac{\partial q}{\partial i} = \chi^{qi}$$

Anhand Abb. 3.13 wird auch deutlich, warum nur drei von vier Suszeptibilitäten für das System ausreichen. Zwei Größen bestimmen die Speichergrößen der jeweiligen

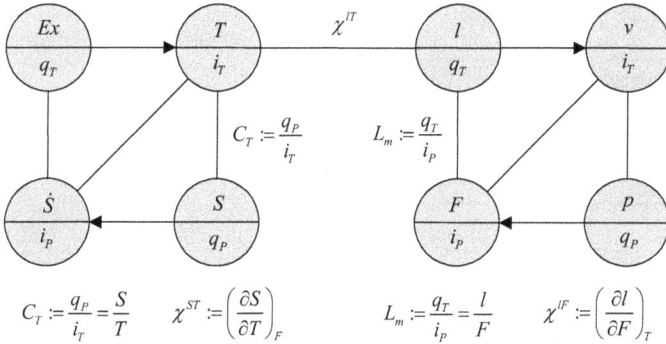

$$C_T := \frac{q_P}{i_T} = \frac{S}{T} \qquad \chi^{ST} := \left(\frac{\partial S}{\partial T}\right)_F \qquad\qquad L_m := \frac{q_T}{i_P} = \frac{l}{F} \qquad \chi^{lF} := \left(\frac{\partial l}{\partial F}\right)_T$$

Abb. 3.13: Mechanisch-thermische Kopplung am Draht

Einzelsysteme und eine Größe die Kopplung. Der zweite Kopplungsfaktor ist aufgrund der Onsager-Relation aus dem ersten Koppelfaktor zu bestimmen.

Bestimmen wir nun die Suszeptibilitäten, so erhalten wir:

$$\frac{\partial}{\partial F} l\,(T, F) \cdot \frac{A}{l} = L_m \cdot \frac{A}{l} =: \varepsilon^* \qquad \text{reziproker E-Modul}$$

$$\frac{\partial}{\partial T} S\,(T, F) \cdot \frac{T}{\rho l A} = C_T \cdot \frac{T}{\rho l A} =: c \qquad \text{spezifische Wärmekapazität}$$

$$\frac{\partial}{\partial T} l\,(T, F) \cdot \frac{1}{l} = \chi^{lT} \cdot \frac{1}{l} =: \alpha \qquad \text{thermischer Ausdehnungskoeffizient}$$

Wie die drei Gleichungen zeigen, werden die Suszeptibilitäten hier zusätzlich mit jeweils einem speziellen Faktor multipliziert. So zum Beispiel die mechanische Induktivität (Nachgiebigkeit) mit dem Vorfaktor A/l. Diese Art der Erweiterung macht die Differentialquotienten unabhängig von der Größe und Form des Körpers. Sie werden nur noch durch die Werkstoffeigenschaften des Körpers bestimmt. Wie man leicht sehen kann, ist ε^* genau der Kehrwert des Elastizitätsmoduls des Drahtes.

Die Bildung der Vorfaktoren erfolgt dabei keineswegs willkürlich, sondern unterliegt einem einfachen Bildungsgesetz. Betrachten wir dazu die folgende Suszeptibilität:

$$\left(\frac{\partial \varepsilon}{\partial \sigma}\right)_T =: \chi^{\varepsilon\sigma}$$

Gehen wir wie bei einem Draht von einem einachsigen Spannungszustand aus, so können die Spannung und die Dehnung jeweils ersetzt werden.

$$\sigma = \frac{F}{A}; \quad \varepsilon = \frac{\Delta l}{l}$$

Eingesetzt in die Suszeptibilität erhalten wir:

$$\chi^{\varepsilon\sigma} = \left(\frac{\partial\left(\frac{\Delta l}{l}\right)}{\partial\left(\frac{F}{A}\right)}\right)_T = \frac{A}{l}\left(\frac{\partial l}{\partial F}\right)_T = \varepsilon^* = \frac{1}{E}$$

Statt der Größen l und F werden also die Größen ε und σ verwendet. Diese beiden Größen sind aber nur die zugehörigen Feldgrößen zu l und F. Die Koeffizienten ergeben sich also aus der Bildung der Feldgrößen. Jedes Energieflussschema (Abb. 1.21)

Tab. 3.8: Modifikationen der Bildungsgesetze

skalare Größe	Feldgröße
E – Energie $\Rightarrow$	Energiedichte (Volumendichte)
P – Leistung $\Rightarrow$	Leistungsdichte (Volumendichte)
X – Primärgröße $\Rightarrow$	Flächendichte

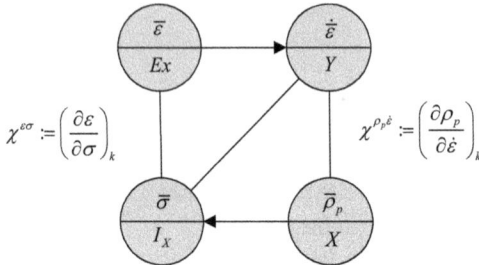

$$\chi^{\varepsilon\sigma} := \left(\frac{\partial \varepsilon}{\partial \sigma}\right)_k \qquad \chi^{\rho_p\dot{\varepsilon}} := \left(\frac{\partial \rho_p}{\partial \dot{\varepsilon}}\right)_k$$

Abb. 3.14: Mechanisches System in Felddarstellung

kann in das zugehörige Energieflussschema für feldartige Größen umgewandelt werden. Dazu sind in den Bildungsgesetzen nur die folgenden Modifikationen (Tab. 3.8) vorzunehmen.

Aus dem mechanischen Impuls p wird also die Impulsdichte (Flächendichte), aus der elektrischen Ladung $Q_{\text{el.}}$ wird die elektrische Ladungsdichte (elektrische Flussdichte $\boldsymbol{D}$) und aus der magnetischen Ladung $Q_{\text{mag.}}$ wird die magnetische Ladungsdichte (magnetische Flussdichte $\boldsymbol{B}$). Äquivalent können so alle zugehörigen Feldgrößen bestimmt werden. Für das mechanische System würde sich zum Beispiel eine Darstellung aus Abb. 3.14 ergeben.

Auch für das elektrische System lässt sich eine einfache Darstellung finden. Hier wird oft noch nach elektrischen Feldern im Vakuum oder Feldern in Materie unterschieden (Abb. 3.15).

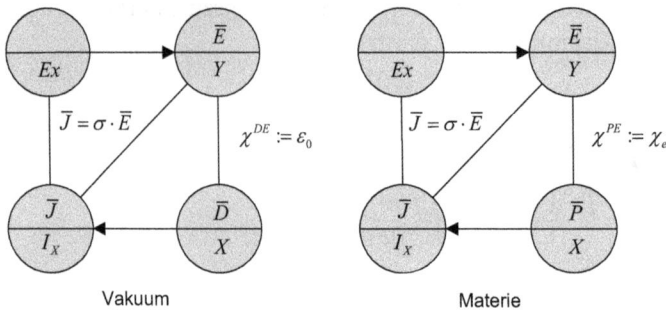

Vakuum   Materie

Abb. 3.15: Elektrisches System in Felddarstellung

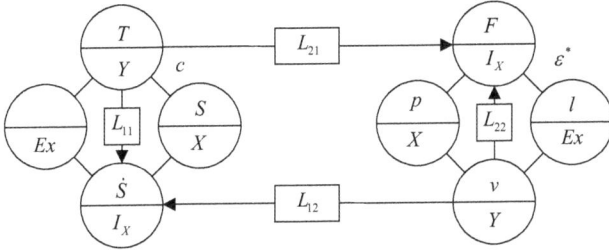

Abb. 3.16: Mechanisch-thermische Kopplung am Draht

Während in der Felddarstellung im Vakuum die Suszeptibilität der Dielektrizitätskonstanten des Vakuums entspricht, erhalten wir bei der Materiedarstellung die elektrische Suszeptibilität. Aus dem Ohm'schen Gesetz der skalaren Größen wird das lokale Ohm'sche Gesetz.

$$\boldsymbol{J}_{el.} = \sigma \cdot \boldsymbol{E}$$

Zurück zum Beispiel 2.5 des gedehnten Drahtes. Diese Suszeptibilitäten bzw. deren Vorfaktoren werden über die jeweiligen Energieflussschemata in Felddarstellung gewonnen. Um die zugehörigen Wandlergleichungen zu formulieren, sind neben den Speichergrößen die Onsager'schen Koppelkoeffizienten zu bestimmen (Abb. 3.16).

Sind c und ε^* bekannt (Suszeptibilitäten χ^{ST} und χ^{lF}), außerdem noch die Suszeptibilität χ^{lT}, sollte sich L_{21} bestimmen lassen. Dazu wird der gesuchte Differentialquotient mathematisch formal gebildet.

$$\frac{\partial}{\partial F} T(F, S)$$

Durch Umformungsregeln für Differentialquotienten erhalten wir

$$\frac{\partial}{\partial F} T(F, S) = -\frac{\partial}{\partial S} T(F, S) \cdot \frac{\partial}{\partial F} S(T, F)$$

$$= \frac{\frac{\partial}{\partial T} l(T, F)}{\frac{\partial}{\partial T} S(T, F)} = -\frac{\alpha \cdot l}{\frac{c\rho l A}{T}}$$

Somit ist der Koppelkoeffizient aus den bekannten Suszeptibilitäten bestimmt. Wir sprechen hier auch von einem thermo-mechanischen Effekt.

$$\frac{\partial}{\partial F} T(F, S) = -\frac{\alpha \cdot l}{\frac{c\rho l A}{T}} = L_{21}$$

Eine recht anschauliche Interpretation erhalten wir wiederum am Beispiel 2.5 des Drahtes. Der Differentialquotient sagt etwas darüber aus, wie sich die Kraft, welche zur Dehnung eines Drahtes notwendig ist, auf dessen Temperatur bei konstanter Entropie auswirkt.

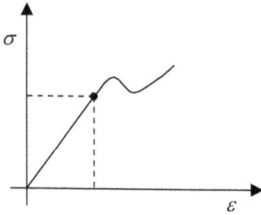

Abb. 3.17: Spannungs-Dehnungs-Diagramm

$$\frac{\partial}{\partial F} T\,(F, S) = \frac{dT}{dF} = \frac{\Delta T}{\Delta F}$$

Lassen wir nun die Kraftwirkung von null bis zu einer maximalen Kraft F ansteigen, so kann für ΔF auch F geschrieben werden.

$$\Delta T = \frac{\partial}{\partial F} T\,(F, S) \cdot F$$

Eine geeignete Darstellung dazu bietet das Spannungs-Dehnungs-Diagramm (Abb. 3.17).

Innerhalb der Hooke'schen Gerade (Voraussetzung für die Onsager-Relation) gilt:

$$\Delta T = \frac{\partial}{\partial F} T\,(F, S) \cdot \sigma \cdot A$$

Setzen wir nun unsere berechneten Differentialquotienten ein, so erhalten wir:

$$\Delta T = -\frac{\alpha T}{c\rho} \cdot \sigma = f\,(\sigma)$$

Die Temperatur des Drahtes bei konstanter Entropie sinkt also mit der Zunahme der Spannung des Drahtes. Bei Stahl kann durchaus mit einer zulässigen Zugspannung von $\sigma = 500\,\mathrm{MPa}$ gerechnet werden. Nutzen wir die weiteren Materialparameter von Stahl,

Dichte	$\rho = 7800\,\frac{\mathrm{kg}}{\mathrm{m}^3}$
spezifische Wärmekapazität	$c = 452\,\frac{\mathrm{J}}{\mathrm{kg} \times \mathrm{K}}$
Temperatur	$T = 20\,^\circ\mathrm{C}$

so erhalten wir eine Temperaturänderung von $\Delta T = -0{,}478\,\mathrm{K}$. Das bedeutet, wenn ein Stahldraht so schnell mit einer Normalspannung von $500\,\mathrm{MPa}$ gedehnt wird, dass keine Entropie von außen nach innen fließen kann, kühlt sich der Draht um ca. $0{,}5\,\mathrm{K}$ ab.

3.1.4 Feld- und Materiewechselwirkungen

Die bisherigen Betrachtungen haben gezeigt, wie physikalische Systeme miteinander gekoppelt sind und welche Kopplungsvarianten existieren (transformatorisch, gyratorisch). Unbekannte Koppelkoeffizienten können durch Suszeptibilitäten bestimmt werden. Dabei ist es sinnvoll Feldgrößen zu verwenden, um diese Suszeptibilitäten möglichst unabhängig von den geometrischen Abmessungen des Wandlers zu machen. Oft eignen sich spezifische Größen dazu. Da nach der Onsager-Relation nicht alle Koeffizienten bestimmt werden müssen, kann man sich darauf beschränken, die Suszeptibilitäten zu erfassen, die messtechnisch leicht zugänglich sind. Durch Umrechnungen lassen sich dann die unbekannten Größen ermitteln. Die Beschäftigung mit dieser Materie ist so umfangreich, dass dem interessierten Leser die entsprechende Literatur nahegelegt wird [23]. Für eine Übersicht ist es jedoch sinnvoll einen Zusammenhang der Materiewechselwirkungen sowie der zugehörigen Transportprozesse aufzuzeigen (Tab. 3.9 und Tab. 3.10). Die beiden Tabellen sind keineswegs vollständig; viele Effekte besitzen sogar noch keinen Namen oder sind wenig erforscht.

Tab. 3.9: Materiewechselwirkungen

	$[T] = K$	$[\sigma] = N \times m^{-2}$	$[E] = V \times m^{-1}$	$[B] = Vs \times m^{-2}$
$[S] = J \times K^{-1}$	Wärmekapazität	piezokalorischer Effekt	elektrokalorischer Effekt	magnetokalorischer Effekt
$[V] = m^3$	Wärmedehnung	Kompressibilität	Elektrostriktion	Magnetostriktion
$[P] = C \times m^{-2}$	pyroelektrischer Effekt	piezoelektrischer Effekt	elektrische Suszeptibilität	magnetoelektrischer Effekt
$[M] = A \times m^{-1}$	pyromagnetischer Effekt	piezomagnetischer Effekt	elektromagnetischer Effekt	magnetische Suszeptibilität

Tab. 3.10: Transportprozesse

	∇T	$\nabla \sigma$	∇U	∇B
J_S	Wärmeleitung	mechanokalorischer Effekt	zweiter Benedicks-Effekt Peltier-Effekt	
J_m	thermomechanischer Effekt	Massetransport		
J_{el}	erster Benedicks-Effekt Seebeck-Effekt	piezoelektrischer Effekt	Ohm'sches Gesetz	
J_{mag}		piezomagnetischer Effekt		Spindiffusion

3.2 Mechatronische Wandler in Netzwerkdarstellung

Unabhängig von den physikalischen Wandlermechanismen soll der mechatronische Wandler in Netzwerkdarstellung in der Lage sein, auf Simulationsebene zwei unterschiedliche physikalische Domänen miteinander zu verbinden. Neben den bisherigen Bauelementen R, L, C sind dazu noch weitere aktive Bauelemente notwendig. Hierbei handelt es sich um gesteuerte Quellen. Da die Quellen selbst Fluss- oder Potentialquellen sein können, ergeben sich aus den Quellenvarianten und den Steuermöglichkeiten vier Kombinationen.

Tab. 3.11: Mögliche Steuerkombinationen

Steuerung/Quelle	Fluss	Potentialdifferenz
Fluss	stromgesteuerte Stromquelle	stromgesteuerte Spannungsquelle
Potentialdifferenz	spannungsgesteuerte Stromquelle	spannungsgesteuerte Spannungsquelle

Welche Quelle im konkreten Fall Anwendung findet, hängt von der verwendeten Übertragungsmatrix ab. Wie in [2] beschrieben, können die Übertragungsmatrizen unter gewissen Voraussetzungen ineinander umgerechnet werden. Dabei zeichnet sich die Kettenform (A-Matrix) besonders dadurch aus, dass sowohl die Hybridmatrix (Transformator) als auch die Leitwertsmatrix (Gyrator) immer in die Kettenmatrix umgerechnet werden können. Für eine Darstellung in einem mechatronischen Netzwerk würde also die Kettenform ausreichen. Aus Gründen der Übersichtlichkeit machen wir jedoch zunächst davon keinen Gebrauch. Vielmehr sollen im Weiteren die entsprechenden transformatorischen und gyratorischen Wandler entworfen werden.

3.2.1 Transformatorischer Wandler

Zur Herleitung der Ersatzschaltung in Netzwerkdarstellung ist die Komponentenform der Wandlergleichung sehr hilfreich.

$$Y_1 = H_{11} \cdot I_{X1} + H_{12} \cdot Y_2$$
$$I_{X2} = H_{21} \cdot I_{X1} + H_{22} \cdot Y_2$$

Da es sich um einen reziproken Wandler handelt, unterscheiden sich die beiden Matrixkoeffizienten H_{12} und H_{21} nur durch ihr Vorzeichen.

$$H_{12} = -H_{21}$$

Die erste Gleichung kann im Sinne der Netzwerktopologie als Maschensatz interpretiert werden.

$$Y_1 = \underbrace{H_{11} \cdot I_{X1}}_{Y_{11}} + \underbrace{H_{12} \cdot Y_2}_{Y_{12}}$$

Da der Fluss I_{X1} zum System Y_1 gehört, erfüllt H_{11} die Funktion eines mechatronischen Widerstandes. Er steht für alle Verluste im System 1. Die Potentialdifferenz Y_2 steht für das zu koppelnde System 2, im Allgemeinen eine andere physikalische Domäne. Somit muss das Produkt aus den Wandlerkoeffizienten H_{12} und Y_2 die Einheit der Potentialdifferenzen aus System 1 ergeben.

Bsp.: elektrothermischer Wandler

Eingangsgrößen	$[Y_1] = V$	$[Y_1] = K$	$[I_{X1}] = A$
Wandlerkoeffizienten	$[H_{11}] = \frac{V}{A} = \Omega$	$[H_{12}] = \frac{V}{K}$	
Teilspannungen	$[Y_{11}] = [H_{11}] \cdot [I_{X1}] = V$		
	$[Y_{12}] = [H_{12}] \cdot [Y_2] = V$		

Nur im Falle eines Übersetzers ist der Koeffizient H_{12} dimensionslos.

Der Spannungsabfall Y_{11} kann für einen vollständigen Maschenumlauf (Abb. 3.18) über dem Widerstand H_{11} eingetragen werden. Die Spannung Y_{12} wird vom System 2 erzeugt. An dieser Stelle ist also eine spannungsgesteuerte Spannungsquelle notwendig.

Dabei muss die Polarität der gesteuerten Spannungsquelle so gewählt werden, dass Vorzeichen der Einzelspannungen Y_{11} und Y_{12} übereinstimmen.

Der zweite Teil des transformatorischen Wandlers ergibt sich aus der zweiten Wandlergleichung in Komponentenschreibweise.

$$I_{X2} = \underbrace{H_{21} \cdot I_{X1}}_{I_{21}} + \underbrace{H_{22} \cdot Y_2}_{I_{22}}$$

Wie diese Gleichung zeigt, handelt es sich hierbei um den Knotenpunktsatz. Ordnet man allen in den Knoten K fließenden Strömen ein positives Vorzeichen und allen aus dem Knoten fließenden Strömen ein negatives Vorzeichen zu (Abb. 3.19), ergibt sich automatisch die richtige Schaltungstopologie. Da der Strom I_{22} wiederum im gleichen

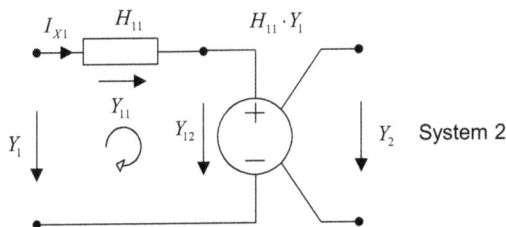

Abb. 3.18: Netzwerktopologie des Maschensatzes

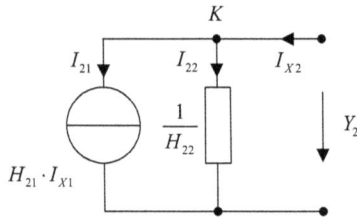

Abb. 3.19: Netzwerktopologie des Knotenpunktsatzes

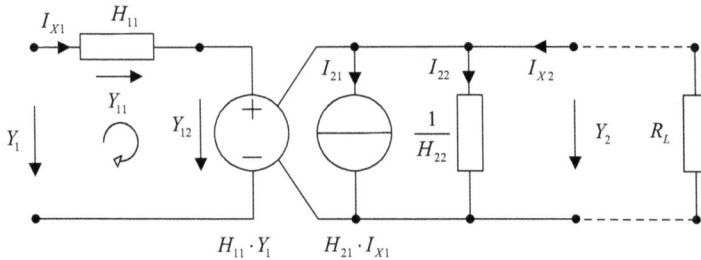

Abb. 3.20: Vollständiger transformatorischer Wandler (Hybridform)

System wie I_{X2} und Y_2 entsteht, entspricht der Koeffizient H_{22} einem Leitwert. Der zweite Teilstrom I_{21} wird vom Strom I_{X1} (System 1) gesteuert. Es ist an dieser Stelle also eine stromgesteuerte Stromquelle notwendig.

Beide Teilschaltungen werden für den vollständigen Wandler zu einer Gesamtschaltung vereint (Abb. 3.20).
Eine Besonderheit ergibt sich aus der symmetrischen Darstellung der Hybridmatrix. Der Strom I_{X2} fließt in den Wandler hinein! Damit ist bei der Beschaltung mit einer äußeren Last (R_L) zu beachten, dass dieser Vorzeichenwechsel stattfindet.

$$I_{X2} = -\frac{Y_2}{R_L}$$

Das ist insbesondere dann notwendig, wenn Leistungen und Wirkungsgrade berechnet werden. Die tatsächliche Stromrichtung kann im Simulationsfall von der in Abb. 3.20 skizzierten Stromrichtung abweichen, zumal auch Reziprozität gilt.

Übungsaufgaben

THERMOELEKTRISCHER WANDLER
Es ist ein thermoelektrischer Generator zu dimensionieren. Dazu soll ein System aus unterschiedlich dotierten Halbleitermaterialien (Bi_2Te_3) Verwendung finden.
– Bestimmen Sie die Transportkoeffizienten des thermoelektrischen Wandlers.
– Erstellen Sie ein Simulationsmodell des zugehörigen mechatronischen Transformators.
– Wie groß ist der maximale Wirkungsgrad einer thermoelektrischen Zelle?
– Wie ist die abgegebene Spannung einer thermoelektrischen Zelle?

Lösung

Geg.:

Leiterdurchmesser	$l_Z = 5\,\text{mm}$		Leiterlänge	$h_Z = 5\,\text{mm}$	
Temperatur	$T_0 = 20\,°C$		Temperaturdifferenz	$\Delta T = 200\,\text{K}$	
elektrische Leitfähigkeit	$\sigma_{BT} = 51{,}3 \cdot 10^3\,\text{S/m}$		Wärmeleitfähigkeit	$\lambda_{BT} = 1{,}73\,\text{W/mK}$	
Seebeck-Koeffizient	$S_e = -436\,\mu V/K$				

Ein thermoelektrischer Wandler kann über seine jeweiligen Transportgesetze beschrieben werden.

$$\boldsymbol{J}_{el} = L_{11} \cdot \boldsymbol{E} + L_{12} \cdot \nabla T \tag{3.3}$$

$$\boldsymbol{J}_S = L_{21} \cdot \boldsymbol{E} + L_{22} \cdot \nabla T \tag{3.4}$$

Die Transportkoeffizienten $L_{11}, L_{12}, L_{21}, L_{22}$ lassen sich experimentell durch Variation der Versuchsbedingungen ermitteln.

1. Beide Seiten des Thermoelementes besitzen die gleiche Temperatur ($\nabla T = 0$). Gl. 3.3 reduziert sich auf das lokale Ohm'sche Gesetz.

$$\boldsymbol{J}_{el} = L_{11} \cdot \boldsymbol{E} = \sigma_{el} \cdot \boldsymbol{E}$$

Der Transportkoeffizient L_{11} entspricht der spezifischen elektrischen Leitfähigkeit der verwendeten Halbleitermaterialien. Er ist für beide verwendete Materialien (n-dotiertes Bi_2Te_3, p-dotiertes Bi_2Te_3) annähernd gleich.

$$L_{11} = \sigma_{el}$$

2. Das Thermoelement wird im elektrischen Leerlauf betrieben, d. h., es wird mit keiner äußeren Last beaufschlagt ($\boldsymbol{J}_{el} = 0$).

$$\boldsymbol{0} = L_{11} \cdot \boldsymbol{E} + L_{12} \cdot \nabla T$$

Da kein äußerer Strom fließt, kompensiert der Thermostrom im Inneren des Thermoelementes gerade das elektrische Feld. Die elektrische Feldstärke wird im elektrischen Leerlaufversuch ermittelt.

$$\boldsymbol{E} = -\frac{L_{12}}{L_{11}} \nabla T$$

Nun beschreibt der Seebeck-Effekt[6] gerade den proportionalen Zusammenhang zwischen einem elektrischen Feld und einem Temperaturfeld im Thermoelement.

$$\boldsymbol{E} = S_e \cdot \nabla T$$

Ein Koeffizientenvergleich gibt uns den Zusammenhang zwischen den Transportkoeffizienten und dem Seebeck-Koeffizienten.

$$S_e = -\frac{L_{12}}{L_{11}}$$

---

6 von Thomas Johann Seebeck 1821 entdeckter thermoelektrischer Effekt.

Somit kann der erste Kreuzkoeffizient, unter Kenntnis der spezifischen elektrischen Leitfähigkeit σ_{el} gewonnen werden.

$$L_{12} = -\sigma_{el} \cdot S_e$$

Der elektrische Strom im Thermoelement setzt sich also aus zwei Anteilen zusammen; einem Anteil durch die angelegte elektrische Spannung (begrenzt durch den elektrischen Widerstand) und ein Anteil durch eine Temperaturdifferenz. Der Anteil durch die Temperaturdifferenz wird neben dem Seebeck-Koeffizienten auch noch durch den elektrischen Widerstand begrenzt.

3. Die elektrische Feldstärke, welche durch den Thermostrom kompensiert wird, wird in die zweite Transportgleichung (Gl. 3.4) eingesetzt.

$$J_S = L_{21} \cdot E + L_{22} \cdot \nabla T$$

$$J_S = \left(L_{22} - \frac{L_{21} L_{12} \cdot}{L_{11}} \right) \nabla T = \frac{1}{L_{11}} \det L \cdot \nabla T$$

In einem reinen thermischen Leiter wirkt wie beim elektrischen Leiter das lokale Ohm'sche Gesetz. Im Falle des thermischen Leiters wird es als Fourier'sches Gesetz bezeichnet.

$$J_S = -\frac{\lambda_T}{T} \nabla T$$

Das negative Vorzeichen gibt dabei an, dass der Entropiestrom mit fallender Temperatur zunimmt. Für die Behandlung des thermoelektrischen Generators mit einer positiven Temperaturdifferenz kehrt sich das Vorzeichen um. Auch hier gibt uns ein Koeffizientenvergleich den Zusammenhang zwischen den Transportkoeffizienten und der spezifischen thermischen Wärmeleitfähigkeit λ_T.

$$\frac{1}{L_{11}} \det L = \frac{\lambda_T}{T}$$

Unter Beachtung der Onsager-Relation ($L_{12} = L_{21}$) kann diese Gleichung nach dem letzten unbekannten Transportkoeffizienten L_{22} aufgelöst werden.

$$L_{22} = \frac{\lambda_T}{T} + \sigma_{el} \cdot S_e^2$$

Einen weiteren interessanten Zusammenhang gewinnen wir, wenn wir das Thermoelement einem weiteren Versuch unterziehen. Dazu wird nochmals die Temperaturdifferenz zwischen beiden Seiten zu null gemacht ($\nabla T = 0$). Beim Anlegen einer elektrischen Spannung fließt trotzdem ein Wärmestrom.

$$J_S = L_{21} \cdot E$$

Dieser Transportmechanismus ist auf den Peltier-Effekt[7] zurückzuführen.

$$J_S = \frac{\Pi}{T} \cdot J_{el}$$

---

7 Ein 1834 von Jean-Charles Athanase Peltier untersuchter thermoelektrischer Effekt.

Ersetzen wir die Stromdichte durch die elektrische Feldstärke sowie die spezifische elektrische Leitfähigkeit, so wird die Entropiestromdichte nur noch von der elektrischen Feldstärke abhängig.

$$J_S = \frac{\Pi}{T} \cdot \sigma_{el} E$$

Beide Entropiestromdichten können nun gleichgesetzt werden.

$$L_{21} \cdot E = \frac{\Pi}{T} \cdot \sigma_{el} E$$

Unter Kenntnis des Kreuzkoeffizienten L_{12} erhalten wir die bekannte Thomson-Relation[8].

$$S_e = \frac{\Pi}{T}$$

Sie stellt einen direkten Zusammenhang zwischen dem Seebeck-Koeffizienten und dem Peltier-Koeffizienten her. Somit sind alle Transportkoeffizienten eindeutig ermittelt.

Unter Kenntnis der realen Geometrie des thermoelektrischen Generators können beide Transportgleichungen von der Felddarstellung auf die skalare Darstellung reduziert werden.

$$J_{el} = \frac{I_{el}}{A} \quad E = \frac{U_{el}}{l} \quad J_S = \frac{\dot{S}}{A} \quad \nabla T = \frac{\Delta T}{l}$$

$$I_{el} = \underbrace{L_{11} \frac{A}{l}}_{Y_{11}} U_{el} + \underbrace{L_{12} \frac{A}{l}}_{Y_{12}} \Delta T$$

$$\dot{S} = \underbrace{L_{21} \frac{A}{l}}_{Y_{21}} U_{el} + \underbrace{L_{22} \frac{A}{l}}_{Y_{22}} \Delta T$$

Die so gewonnene Darstellung in Leitwertform suggeriert zunächst ein gyratorisches Wandlerprinzip. Dass das nicht der Fall ist, zeigt der Zusammenhang zwischen den verallgemeinerten Kräften und verallgemeinerten Strömen.

Für eine transformatorische Darstellung muss die Leitwertform in die Hybridform überführt werden $Y \to H$.

$$H_{11} = \frac{1}{Y_{11}} = R_{el} \qquad H_{22} = \frac{1}{Y_{11}} \det Y = \frac{1}{R_T}$$

$$H_{12} = -\frac{Y_{12}}{Y_{11}} = S_e \qquad H_{21} = \frac{Y_{21}}{Y_{11}} = -S_e$$

Die Hybridkoeffizienten ordnen also dem jeweiligen physikalischen System eindeutig ihre Eigenschaften zu. H_{11} beschreibt die reinen Ohm'schen Verluste im Thermoelement und H_{22} die Entropieproduktion durch den Entropiestrom. Die Kreuzkoeffizienten $H_{12} = -H_{21}$ geben die Kopplung beider Systeme an.

$$\begin{bmatrix} U_{el} \\ \dot{S} \end{bmatrix} = \begin{bmatrix} R_{el} & S_e \\ -S_e & \frac{1}{R_T} \end{bmatrix} \cdot \begin{bmatrix} I_{el} \\ \Delta T \end{bmatrix}$$

---

8 1851 Vorhersage durch Lord Kelvin (William Thomson).

Simulation

Simulationsdatei: *Bsp_3_1.asc*

Die Bauelemente finden Sie über das Menü KOMPONENT in den nebenstehenden Bibliotheken.

Bauelement	Bibliothek	Bemerkung
E1, F1	Standard	gesteuerte Quellen
R	Standard	Widerstand
V1	Standard	Spannungsquelle

Das Simulationsmodell wird äquivalent zu Abb. 3.20 aufgebaut. Die thermische Seite wird dabei zusätzlich um eine Spannungsquelle, welche die Temperaturdifferenz verkörpert, ergänzt. Die elektrische Last kann über einen zeitgesteuerten Widerstand realisiert werden (Abb. 3.21).

Eine Simulation mit den gegebenen Parametern zeigt ein ausgeprägtes Wirkungsgradmaximum einer thermoelektrischen Zelle bei einer bestimmten Last. Dieser Wirkungsgrad kann auch exakt analytisch aus den H-Parametern ermittelt werden [2]. Weiterhin können wir die thermoelektrische Spannung am Wirkungsgradoptimum ablesen (Abb. 3.22).

Bei der Simulation einer thermoelektrischen Zelle muss noch eine Besonderheit beachtet werden. Im elektrischen Stromkreis liegen beide Halbleitermaterialien in Reihe und im thermischen Stromkreis liegen beide Materialien parallel (Abb. 3.23).

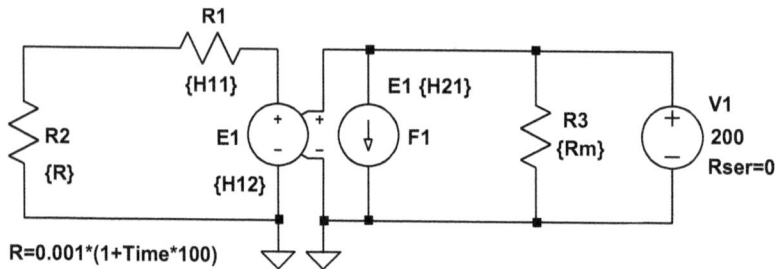

Abb. 3.21: Simulationsschaltung eines thermoelektrischen Wandlers als Transformator

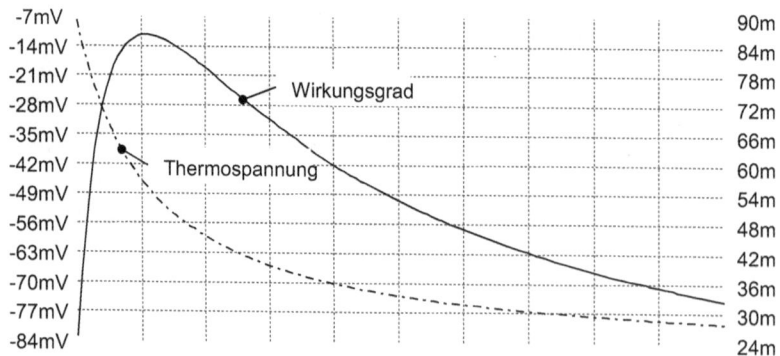

Abb. 3.22: Simulation einer thermoelektrischen Zelle

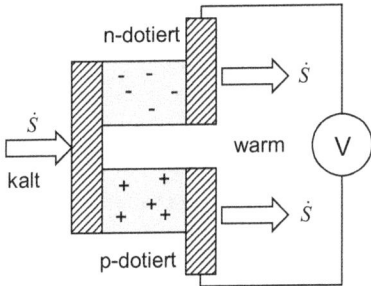

Abb. 3.23: Prinzipaufbau einer thermoelektrischen Zelle

Eine Wirkungsgradabschätzung erfolgt über die thermoelektrische Leitzahl ZT. Dabei werden die unterschiedlichen elektrischen und thermischen Eigenschaften des Halbleitermaterials berücksichtigt. Beide Wirkungsgrade η_{ZT} und η_H stimmen in etwa überein. Die vollständige analytische Rechnung zu dieser Aufgabe ist unter *Aufgabe_3_1.mcdx* zu finden.

3.2.2 Gyratorischer Wandler

Der gyratorische Wandler ist ein mechatronischer Wandler, bei dem Fluss- und Potentialdifferenzen wechselseitig vertauscht sind. Die Zuordnung basiert auf den jeweils zugrunde liegenden physikalischen Effekten des entsprechenden Wandlerprinzips. Dabei kommt es darauf an, ob die verallgemeinerten Ströme und Kräfte jeweils einer Flussgröße oder einer Potentialdifferenz zugeordnet werden können (Tab. 3.4–3.6).

Zur Herleitung des Ersatzschaltbildes für einen Gyrator nutzen wir die Komponentenform der Wandlergleichungen.

$$I_{X1} = Y_{11} \cdot Y_1 + Y_{12} \cdot Y_2 \tag{3.5}$$

$$I_{X2} = Y_{21} \cdot Y_1 + Y_{22} \cdot Y_2 \tag{3.6}$$

Wie schon zuvor beim transformatorischen Wandlerprinzip sind die Kreuzkoeffizienten aufgrund der Reziprozität gleich.

$$Y_{12} = Y_{21}$$

Die erste Wandlergleichung (Gl. 3.5) kann im Sinne der Netzwerktopologie als Knotenpunktsatz interpretiert werden. Dabei werden zwei Teilströme in einem Knoten K_1 addiert.

$$I_{X1} = \underbrace{Y_{11} \cdot Y_1}_{I_{11}} + \underbrace{Y_{12} \cdot Y_2}_{I_{12}}$$

Ein Teilstrom (I_{11}) ergibt sich direkt aus dem Strom durch den Widerstand Y_{11}^{-1} an der Potentialdifferenz Y_1. Der zweite Teilstrom wird durch die Potentialdifferenz Y_2 im System 1 erzeugt. Wir benötigen dazu also eine spanungsgesteuerte Stromquelle (Abb. 3.24).

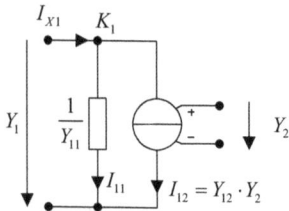

Abb. 3.24: Netzwerktopologie des Knotenpunktsatzes K1

Die Stromrichtungen sind entsprechend dem Vorzeichen des ersten Knotenpunktsatzes zu wählen. Während sich die Stromrichtung durch den Widerstand Y_{11}^{-1} automatisch ergibt, muss die gesteuerte Stromquelle so verschaltet werden, dass der Strom aus dem Knoten K_1 herausfließt.

Auch die zweite Wandlergleichung entspricht in einer Netzwerktopologie dem Knotenpunktsatz.

$$I_{X2} = \underbrace{Y_{21} \cdot Y_1}_{I_{21}} + \underbrace{Y_{22} \cdot Y_2}_{I_{22}}$$

Hier entsteht ein Teilstrom (I_{22}) durch einen Widerstand Y_{22}^{-1} und ein zweiter Teilstrom (I_{21}) durch eine spannungsgesteuerte Stromquelle (Abb. 3.25).

Da für das gyratorische Wandlerprinzip immer beide Wandlergleichungen notwendig sind, müssen beide Teilschaltungen zu einer gemeinsamen Wandlerschaltung zusammengefasst werden (Abb. 3.26).

Auch bei dieser Wandlerdarstellung ist darauf zu achten, dass es sich um einen symmetrischen Wandler handelt. Der Strom I_{X2} fließt in den Wandler hinein. Das ist insbesondere wieder bei äußeren Lasten zu beachten.

$$I_{X2} = -\frac{Y_2}{R_L}$$

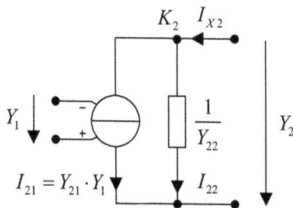

Abb. 3.25: Netzwerktopologie des Knotenpunktsatzes K2

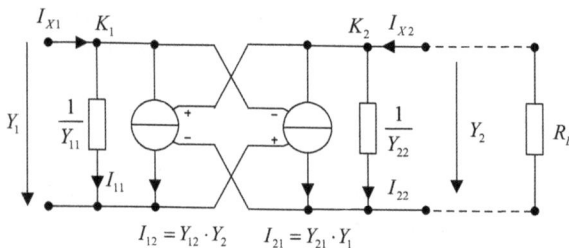

Abb. 3.26: Netzwerktopologie eines gyratorischen Wandlers

Übungsaufgaben

3.2. PIEZOELEKTRISCHER WANDLER

Es ist ein piezoelektrischer Aktuator zu dimensionieren. Dazu wird ein keramischer Werkstoff aus Blei-Zirkonat-Titanat (PZT) eingesetzt.

- Bestimmen Sie die Transportkoeffizienten des piezoelektrischen Wandlers.
- Erstellen Sie ein Simulationsmodell des zugehörigen mechatronischen Gyrators.
- Wie groß ist die Aktuatorauslenkung bei einer gegebenen Steuerspannung?
- Wie groß ist die Blockierkraft des Aktuators?

Lösung

Geg.:					
Aktuatorbreite	$a = 5\,\text{mm}$		Aktuatorbreite	$b = 5\,\text{mm}$	
Aktuatorhöhe	$h = 2\,\text{mm}$		relative Permittivität	$\varepsilon_{\text{r}} = 2400$	
Piezomodul	$d_{33} = 500 \cdot 10^{-12}\,\text{m/V}$		elastische Nachgiebigkeit	$s_{33} = 19 \cdot 10^{-12}\,\text{m}^2/\text{N}$	

Bei einem piezoelektrischen Wandler ist ein mechanisches System mit einem elektrischen System zu koppeln. Da zur Bestimmung der Wandlerkoeffizienten die entsprechenden Suszeptibilitäten herangezogen werden müssen, ist eine Felddarstellung der beiden Systeme vorteilhaft (Abb. 3.27).

Wie Abb. 3.27 zeigt, wird eine weitere Kopplung zu einem thermischen System vernachlässigt. Wir betrachten die Kopplung also nur unter der Voraussetzung adiabatischer oder isothermer Systemzustände. Weiterhin vernachlässigen wir zunächst die beiden Suszeptibilitäten $\chi^{\rho\dot{\varepsilon}}$ und χ^{ExJ}. Während die erste Suszeptibilität $\chi^{\rho\dot{\varepsilon}}$ nur bei statischen Betrachtungen des Wandlers vernachlässigt werden kann (aktuelle Masse spielt in diesem Fall eine untergeordnete Rolle), kann der induktive Anteil des piezokeramischen Materials tatsächlich vernachlässigt werden. Dissipative Verluste, wie sie in L_{11} und L_{22} auftreten, werden abschließend separat behandelt. Das so reduzierte System vereinfacht sich auf vier Zustandsgrößen (Abb. 3.28).

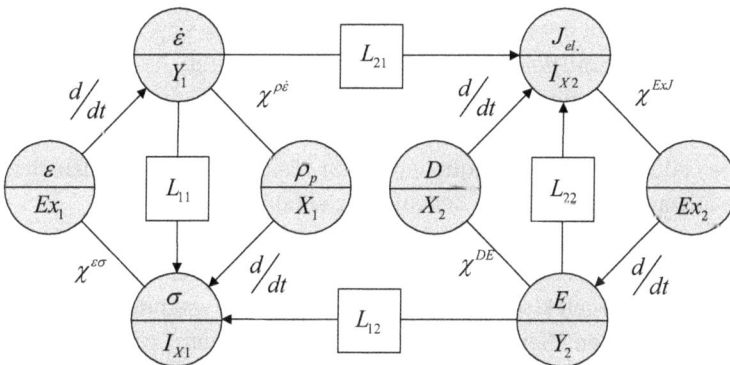

Abb. 3.27: Elektromechanische Kopplung eines piezoelektrischen Aktuators

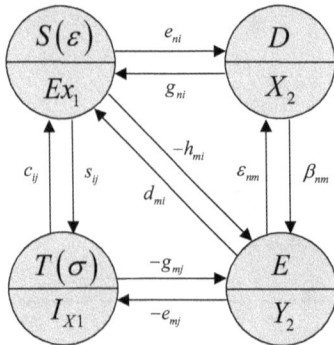

Abb. 3.28: Vereinfachte piezoelektrische Kopplung

Tab. 3.12: Piezoelektrische Grundgleichungen

Nr.	Grundgleichung a	Grundgleichung b	unabhängige Variablen
1	$D_n = \varepsilon_{nm}^T \cdot E_m + d_{nj} \cdot T_j$	$S_i = d_{mi} \cdot E_m + s_{ij}^E \cdot T_j$	(D, S)
2	$D_n = \varepsilon_{nm}^T \cdot E_m + e_{ni} \cdot S_i$	$T_j = -e_{mj} \cdot E_m + c_{ij}^E \cdot S_i$	(D, T)
3	$E_m = \beta_{nm}^T \cdot D_n - g_{mj} \cdot T_j$	$S_i = g_{ni} \cdot D_n + s_{ij}^E \cdot T_j$	(E, S)
4	$E_m = \beta_{nm}^S \cdot D_n - h_{mi} \cdot S_i$	$T_j = -h_{nj} \cdot D_n + c_{ij}^E \cdot S_i$	(E, T)
	$n = 1 \ldots 3; \quad j = 1 \ldots 6$	$m = 1 \ldots 3; \quad i = 1 \ldots 6$	

Im Gegensatz zu der bisherigen Felddarstellung mechanischer Systeme, wollen wir für die mechanische Dehnung ε die Zustandsvariable S (strain) und für die mechanische Spannung σ die Zustandsvariable T (Tension) verwenden. Einerseits finden wir diese Darstellung häufig in der Literatur, andererseits vermeiden wir damit eine Verwechslung der mechanischen Zustandsgrößen mit den elektrischen Zustandsgrößen und den Suszeptibilitäten.

In Abhängigkeit der Wahl der unabhängigen Variablen (siehe Kapitel 3.1.4) können vier piezoelektrische Grundgleichungen formuliert werden (Tab. 3.12).
Die entsprechenden Suszeptibilitäten sind in ihrer Tensorschreibweise über die Einstein'sche Summenkonvention indiziert. Der hochgestellte Index gibt die jeweils konstant zu haltende Größe im Differentialquotienten an. Den einzelnen Koeffizienten kommt dabei die folgende physikalische Bedeutung zu (Tab. 3.13).

Bei der Auswahl der piezoelektrischen Grundgleichungen kann man sich daran orientieren, welche Größen messtechnisch sehr gut zu erfassen sind. Für experimentelle Untersuchungen ist das elektrische Feld als unabhängige Zustandsgröße meist leicht messbar oder steuerbar. Hier erweisen sich die Gleichungen 1 oder 2 als vorteilhaft (Tab. 3.12). Weiterhin muss die Frage beantwortet werden, wie viele Konstanten zur eindeutigen Beschreibung notwendig sind. Auch diese Frage wurde im Kapitel 3.1.4 beantwortet. Zu einer vollständigen Beschreibung eines piezoelektrischen

Tab. 3.13: Koeffizienten der piezoelektrischen Grundgleichungen

Name	Konstante	Eigenschaft	Suszeptibilität
dielektrische Permittivität	ε_{nm}	dielektrisch	χ^{DE}
dielektrische Impermittivität	β_{nm}	dielektrisch	-
Elastizitätskoeffizient	s_{ij}	elastisch	χ^{ST}
Elastizitätsmodul	c_{ij}	elastisch	-
piezoelektrischer Koeffizient	d_{nj}	piezoelektrisch	χ^{DT}
piezoelektrischer Modul	h_{mi}	piezoelektrisch	-
Piezomodul	e_{ni}	Transportkoeffizient	-
Piezomodul	g_{mj}	Transportkoeffizient	-

Aktuators mit der Systemkopplung $n = 2$ reichen $n + 1 = 3$ Konstanten aus. Betrachten wir dazu nochmals Abb. 3.28. Die Kopplung zwischen der mechanischen Spannung und der elektrischen Feldstärke ist durch das Piezomodul e_{ni} gegeben. Dieses entspricht also schon einem der gesuchten Transportkoeffizienten.

$$L_{12} = e_{ni} = L_{21}$$

Weiterhin bieten sich die Dielektrizitätskonstante

$$\chi^{DE} = \left(\frac{\partial D_n}{\partial E_m}\right)_S = \varepsilon_{nm}^S$$

und das Elastizitätsmodul

$$\chi^{\varepsilon\sigma} = \left(\frac{\partial T_i}{\partial S_j}\right)_E = c_{ij}^E$$

an. Somit haben die Gleichungen 2a und 2b schon die geeignete gyratorische Form.

$$T_j = c_{ij}^E \cdot S_i - e_{mj} \cdot E_m \tag{3.7}$$

$$D_n = e_{ni} \cdot S_i + \varepsilon_{nm}^T \cdot E_m \tag{3.8}$$

Integrieren wir Gl. 3.8, so erhalten wir die Onsager'sche Flusskopplung.

$$T_j = c_{ij}^E \cdot S_i - e_{mj} \cdot E_m$$

$$J_{\text{el.}} = e_{ni} \cdot \dot{\varepsilon}_i + \frac{d}{dt} \cdot D_m$$

Die mechanische Spannung I_{X1} setzt sich aus zwei Teilströmen zusammen; einem Strom bedingt durch die mechanische Elastizität und einen Strom durch das elektrische Feld (direkter piezoelektrischer Effekt). Der elektrische Strom setzt sich genauso aus zwei Teilströmen zusammen; einem Verschiebungsstrom im Dielektrikum und einem Teilstrom durch die mechanische Dehnungsgeschwindigkeit (inverser piezoelektrischer Effekt). Da wir die Felddarstellung nutzen, sind die Ströme durch die jeweiligen Stromdichten ausgedrückt. Um letztlich zum gyratorischen Wandler zu kommen,

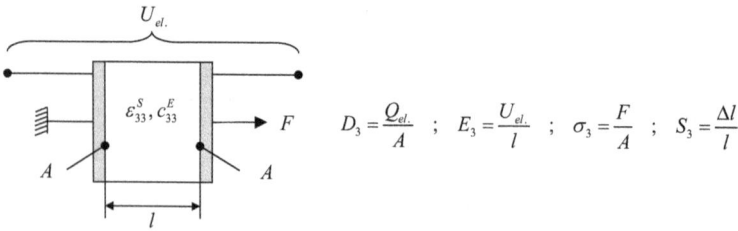

Abb. 3.29: Piezoelektrischer Wandler (Längseffekt)

werden sowohl die Felddarstellung als auch die Tensorschreibweise aufgelöst. Laut Aufgabenstellung soll ein Aktuator über den piezoelektrischen Längseffekt entworfen werden (mechanische Spannung und elektrisches Feld zeigen in die gleiche Richtung).

$$T_3 = c_{33}^E \cdot S_3 + e_{33} \cdot E_3$$
$$D_3 = e_{33} \cdot S_3 + \varepsilon_{33}^T \cdot E_3$$

Das negative Vorzeichen des Piezomoduls entfällt, da wir ein symmetrisches Zweitor entwerfen. Weiterhin können wir den Index der Feld- und Spannungsrichtung aus Gründen der Übersichtlichkeit weglassen. Für eine einfache Konstruktion (Abb. 3.29) reduziert sich die Felddarstellung wie folgt.

$$F = \underbrace{c_{33}^E \frac{A}{l}}_{c_m} \cdot \Delta l + e_{33} \frac{A}{l} \cdot U_{el}$$

$$Q_{el} = e_{33} \frac{A}{l} \cdot \Delta l + \underbrace{\varepsilon_{33}^S \frac{A}{l}}_{C_{el}} \cdot U_{el}$$

Der erste Koeffizient entspricht der mechanischen Steifigkeit der Piezokeramik oder der inversen mechanischen Induktivität.

$$\frac{1}{L_m} = c_m = \frac{c_{33}^E A}{l}$$

Der zweite Koeffizient entspricht der elektrischen Kapazität der nach Abb. 3.29 kontaktierten Piezokeramik.

$$C_{el} = \frac{\varepsilon_{33}^S A}{l}$$

Während die erste Gleichung nur noch in die komplexe Schreibweise überführt werden muss, ist die zweite Gleichung zunächst einmal zu differenzieren um die elektrische Ladung durch den elektrischen Strom zu ersetzen. Auch hier bietet sich eine komplexe Schreibweise an.

$$F(j\omega) = \frac{1}{j\omega L_m} \cdot v(j\omega) + e_{33} \frac{A}{l} \cdot U_{el}(j\omega)$$

$$I_{el}(j\omega) = e_{33} \frac{A}{l} v(j\omega) + j\omega C_{el} \cdot U_{el}(j\omega)$$

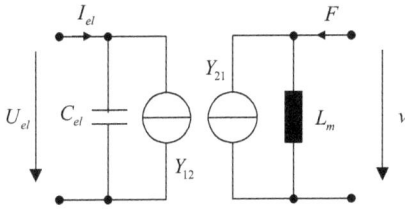

Abb. 3.30: Piezoelektrischer Aktuator als gyratorischer Wandler

Somit erhalten wir die beiden Ausgangsgleichungen in Matrixform für den gesuchten gyratorischen Wandler.

$$\begin{bmatrix} \widetilde{F} \\ \widetilde{I}_{el} \end{bmatrix} = \begin{bmatrix} \frac{1}{j\omega L_m} & Y_{12} \\ Y_{21} & j\omega\, C_{el} \end{bmatrix} \cdot \begin{bmatrix} \widetilde{v} \\ \widetilde{U}_{el} \end{bmatrix}$$

Die beiden Leitwerte Y_{11} und Y_{22} entsprechen den komplexen Admittanzen in der Netzwerkdarstellung des Generators (Abb. 3.30).

Wie Abb. 3.30 zeigt, sind bei dieser Wandlerformulierung tatsächlich keine dissipativen Verluste berücksichtigt ($L_{11} = 0$, $L_{22} = 0$). Bei realen Aktuatoren im dynamischen Betrieb treten jedoch Polarisationsverluste in der Kapazität und mechanische Reibungsverluste bei der Deformation der Piezokeramik auf. Diese können durch entsprechende Ohm'sche Widerstände nachgebildet werden. Weiterhin wurde die Aktuatormasse eingangs vernachlässigt ($\chi^{\rho\varepsilon} = 0$). Auch diese kann bei einer möglichst realitätsnahen Simulation als mechanische Kapazität der mechanischen Induktivität parallel geschaltet werden.

Simulation

Simulationsdatei: *Bsp_3_2.asc*

Die Bauelemente finden Sie über das Menü KOMPONENT in den nebenstehenden Bibliotheken.

Bauelement	Bibliothek	Bemerkung
Gyrator	Mechatronik	Gyrator
C	Standard	Kapazität
L	Standard	Induktivität

Das nach Abb. 3.30 entwickelte Modell kann direkt im Simulationssystem LTSpice abgebildet werden. Es entspricht vollständig Abb. 3.26. Da der piezoelektrische Aktuator über eine Spannungsquelle angesteuert wird, erhält die elektrische Seite des Netzwerkmodells die Steuerspannung V1. Die gesuchte Blockierkraft des Aktuators wird dadurch gewonnen, indem wir den Aktuator auf der mechanischen Seite festklemmen ($v = 0$). Das entspricht in der Netzwerktopologie einem mechanischen Kurzschluss. Die Aktuatorauslenkung wird über eine einfache Integration aus der Aktuatorgeschwindigkeit gewonnen. Über eine Simulation können anschließend die gesuchten Größen gewonnen werden (Abb. 3.31).

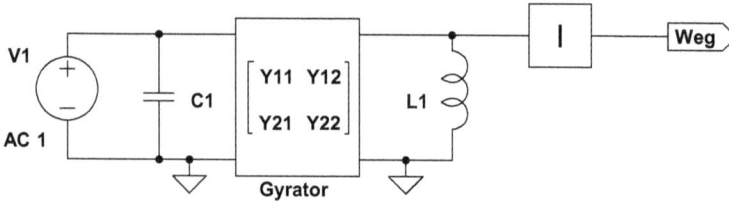

Abb. 3.31: Simulationsmodell eines piezoelektrischen Wandlers

Übungsaufgaben

3.3. ANTRIEBSBAUGRUPPE

In einer Antriebsbaugruppe, bestehend aus einem Gleichstrommotor und einem Getriebe, soll die Momentenregelung über die Messung der elektrischen Antriebsparameter realisiert werden.

- Bestimmen Sie unter Zuhilfenahme der experimentell ermittelten Größen die zugehörigen Wandlerparameter.
- Erstellen Sie ein mechatronisches Netzwerk der Antriebsbaugruppe.
- Ermitteln Sie über ein geeignetes Experiment die mechanische Zeitkonstante der Antriebsbaugruppe.
- Bestimmen Sie das Lastmoment über die Messung der elektrischen Antriebsparameter.
- Bei welcher Last hat die Antriebsbaugruppe ihren maximalen Wirkungsgrad?

Lösung

Ein permanenterregter Gleichstrommotor kann innerhalb eines mechatronischen Netzwerkes als ein reziproker Wandler in Zweitorform abgebildet werden. Dabei bestimmen die physikalischen Zusammenhänge zwischen dem Torein- und Torausgang das zugehörige Wandlerprinzip. Zur Simulation der mechatronischen Netzwerke mittels des Netzwerkanalyseprogrammes LTSpice bietet sich nachfolgend eine Darstellung über gesteuerte Quellen an. Die entsprechenden Modellparameter bestimmen wir über ein Experiment. In einem statischen Versuch wurden für die Antriebsbaugruppe dabei die folgenden elektrischen und mechanischen Kenngrößen ermittelt.

Geg.:	Gleichstromwiderstand	$R_A = 0,4\,\Omega$	Ankerspannung	$U_A = 6\,\text{V}$
	Ankerinduktivität	$L_A = 21\,\mu\text{H}$	Leerlaufstrom	$I_A = 150\,\text{mA}$
	Laststrom	$I_L = 770\,\text{mA}$	Leerlaufdrehzahl	$\omega_L = 9301/\text{s}$
	Trägheitsmoment Anker	$J_A = 560 \cdot 10^{-9}\,\text{kg} \cdot \text{m}^2$		
	Trägheitsmoment Getriebe	$J_A = 24 \cdot 10^{-6}\,\text{kg} \cdot \text{m}^2$		

Die physikalischen Grundlagen einer Gleichstrommaschine beruhen auf dem Prinzip der Lorentz-Kraft (Abb. 3.32).

Beschränken wir uns auf die magnetische Komponente der Kraft und geben konstruktiv eine spezielle geometrische Anordnung vor ($v \perp B$), kann die vektorielle Dar-

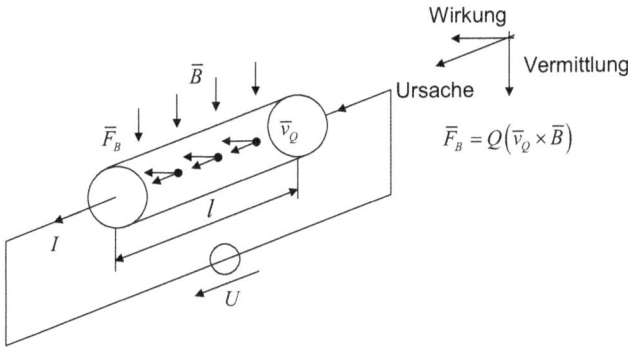

Abb. 3.32: Wirkung der Lorentz-Kraft an einem elektrischen Leiter

stellung der Lorentz-Kraft aufgelöst werden.

$$F_B = v \cdot B \cdot Q_{el.}$$

Die Geschwindigkeit v bezieht sich dabei auf die Elektronengeschwindigkeit im elektrischen Leiter.

$$v = \frac{dl}{dt}$$

Somit erhalten wir eine Proportionalität zwischen der magnetischen Kraft und dem elektrischen Strom.

$$F_B = \underbrace{\frac{d}{dt} Q_{el.}}_{I_{el.}} \cdot B \cdot l$$

Aus Sicht der mechatronischen Wandler werden die beiden Flussgrößen aus zwei zu koppelnden Systemen über eine Proportionalitätskonstante ($B \cdot l$) miteinander in Beziehung gebracht. Dieses Verhalten entspricht einem transformatorischen Wandler.

$$F_B \sim I_{el.}$$

Im Gleichstrommotor wird die Translationsbewegung in eine Rotationsbewegung umgesetzt.

$$\boldsymbol{M} = \boldsymbol{r} \times \boldsymbol{F}_B$$

Auch hier reduziert sich die vektorielle Darstellung durch die spezielle geometrische Anordnung (Abb. 3.32) im Gleichstrommotor ($\boldsymbol{r} \perp \boldsymbol{F}_B$) auf eine skalare Gleichung.

$$M = B \cdot \underbrace{2Rl}_{A} \cdot I_{el.}$$

Einen weiteren Zusammenhang erhalten wir über das Induktionsgesetz.

$$U_{ind} = \frac{d}{dt} \Phi = \frac{d}{dt} (B \cdot A) = \frac{d}{dt} (B \cdot 2Rl)$$

Da die magnetische Flussdichte sowie die Leiterlänge für die gewählte Konstruktion konstant bleiben, ändert sich nur der Radius der sich drehenden Leiterschleife mit der Zeit.

$$U_{\text{ind}} = 2Bl \cdot \frac{dR}{dt} = 2Bl \cdot v$$

$$U_{\text{ind}} = B \cdot \underbrace{2Rl}_{A} \cdot \omega$$

Wie schon zuvor bei der Lorentz-Kraft erkennen wir in der Proportionalität zwischen der induzierten Spannung und der Winkelgeschwindigkeit ein transformatorisches Wandlerprinzip. Beide Gleichungen zusammengefasst ergeben den idealen Transformator.

$$\begin{bmatrix} U_{\text{ind}} \\ M \end{bmatrix} = \begin{bmatrix} 0 & BA \\ -BA & 0 \end{bmatrix} \cdot \begin{bmatrix} I_{\text{el.}} \\ \omega \end{bmatrix}$$

Der reale Transformator (Antriebsbaugruppe) muss noch um die Verluste beider Systeme (elektrisch, mechanisch) ergänzt werden. So existieren auf der elektrischen Seite zunächst Ohm'sche Verluste in der Ankerwicklung. Auf der mechanischen Seite existieren Reibverluste in Lagern und durch die Luftreibung. Beide Verluste fließen in die Hybridmatrix direkt ein. Der Gleichstromwiderstand R_A entspricht somit dem Matrixkoeffizienten H_{11}. Zur Ermittlung der mechanischen Reibung (experimentell schwer zu bestimmen) greifen wir auf die Koeffizienten zurück, welche sich experimentell einfacher ermitteln lassen. Wir erinnern uns dabei, dass drei Parameter ausreichen, um ein System der Größe $n = 2$ vollständig zu charakterisieren. Der Leerlaufversuch gibt uns dazu die folgenden Zusammenhänge.

$$U_A = H_{11} \cdot I_A + H_{12} \cdot \omega_L \qquad (3.9)$$

$$M_L = H_{21} \cdot I_A + H_{22} \cdot \omega_L \stackrel{!}{=} 0 \qquad (3.10)$$

Die erste Gleichung (Gl. 3.9) führt direkt auf die Motorkonstante $H_{12} = BA$.

$$H_{12} = \frac{U_A - H_{11} \cdot I_A}{\omega_L}$$

Da es sich um einen reziproken Wandler handelt, $H_{12} = -H_{21}$, können auch beide Kreuzkoeffizienten gleichgesetzt werden.

$$\frac{H_{22} \cdot \omega_L}{I_A} = \frac{U_A - H_{11} \cdot I_A}{\omega_L}$$

Die einzige Unbekannte in dieser Gleichung ist die mechanische Reibung H_{22}.

$$H_{22} = \frac{U_A \cdot I_A - H_{11} \cdot I_A^2}{\omega_L^2}$$

Dabei muss beachtet werden, dass der Hybridparameter H_{22} eine Admittanz darstellt. Das Gleiche gilt für die Torsionsreibung k_t. Die Torsionsreibkonstante entspricht also vollständig dem Hybridparameter H_{22}. Weiterhin müssen wir beachten, dass alle bisherigen Überlegungen davon ausgehen, dass die Parameter $H_{11} \cdots H_{22}$ unabhängig von den Versuchsbedingungen sind. Für den Ohm'schen Widerstand H_{11} sollte diese Voraussetzung zutreffen, für die Motorkonstante $H_{12} = -H_{21}$ sowie die Reibkonstante H_{22} sind diese Voraussetzungen gegebenenfalls experimentell zu überprüfen.

In einer weiteren Aufgabenstellung ist das Lastmoment des Gleichstrommotors nur über die elektrischen Antriebsparameter zu bestimmen. Das ist insbesondere immer dann vorteilhaft, wenn eine direkte Momentenmessung zu aufwendig ist. Gl. 3.9 liefert uns die Motordrehzahl in Abhängigkeit des Motorstroms.

$$\omega\left(I_A\right) = \frac{U_A - H_{11} \cdot I_A}{H_{12}}$$

Aus Gl. 3.10 erhalten wir die Abhängigkeit des Motorstroms vom äußeren Lastmoment.

$$I_A\left(M_L\right) = \frac{M_L - H_{22} \cdot \omega}{H_{21}}$$

Setzen wir die Winkelgeschwindigkeit $\omega\left(I_A\right)$ in die Gleichung des Motorstroms ein, kann diese nach dem Lastmoment aufgelöst werden.

$$M_L\left(I_A\right) = \frac{H_{22} \cdot U_A - I_A \cdot \det H}{H_{12}}$$

Unter Kenntnis der elektrischen Kenngrößen U_A und I_A kann also direkt das Lastmoment des Gleichstrommotors bestimmt werden.

Für die dynamischen Untersuchungen (mechanische Zeitkonstante) wird das vollständige Modell der Antriebsbaugruppe benötigt. Dazu gehören neben der Ankerinduktivität auch die Trägheitseigenschaften des Motorankers und des Getriebes. Trägheitseigenschaften entsprachen den mechatronischen Kapazitäten (siehe 2.2.1) und die Ankerinduktivität direkt der elektrischen Induktivität. Somit ergibt sich das folgende Gesamtersatzschaltbild der Antriebsbaugruppe (Abb. 3.33).

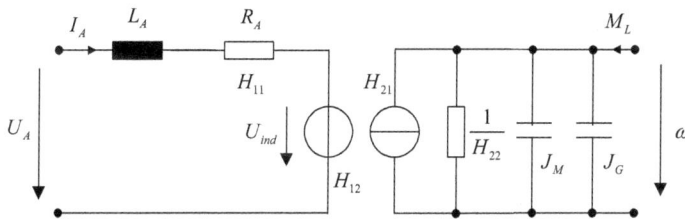

Abb. 3.33: Mechatronisches Ersatzschaltbild der Antriebsbaugruppe

Simulation

Simulationsdatei: *Bsp_3_3.asc*

Die Bauelemente finden Sie über das Menü KOMPONENT in den nebenstehenden Bibliotheken.

Bauelement	Bibliothek	Bemerkung
Transformator	Mechatronik	Transformator
C	Standard	Kapazität
L	Standard	Induktivität

Für eine Simulation kann das Ersatzschaltbild (Abb. 3.33) direkt in das Simulationsprogramm übernommen werden. Der mechatronische Transformator wird durch sein Ersatzmodell ersetzt. Über eine lineare Spannungsquelle $V1$ am Eingang der Antriebsbaugruppe wird ein Einschaltsprung simuliert. Läuft die Antriebsbaugruppe im Leerlauf ($M_L = 0$), entspricht die Drehzahl-Zeit-Funktion direkt einem PT_2– Glied. Unter Kenntnis der regelungstechnischen Zusammenhänge kann aus dieser Funktion die mechanische Zeitkonstante abgelesen werden (Bsp_3_3_a.asc). Zur experimentellen Ermittlung des maximalen Wirkungsgrades wird das Lastmoment (gesteuerte Stromquelle) bei einer konstanten Ankerspannung verändert (Bsp_3_3_b.asc). Der Quotient aus der Ausgangsleistung ($M_L \cdot \omega$) und der Eingangsleistung ($I_A \cdot U_A$) gibt uns den gewünschten Wirkungsgrad. Dieser stimmt exakt mit dem theoretischen Wirkungsgrad [2] überein.

Komplexaufgaben

3.4. BESCHLEUNIGUNGSMESSUNG

Es ist ein Messsystem zur Beschleunigungsmessung in einem Frequenzbereich von 1 Hz bis 10 kHz zu konzipieren. Dazu werden ein piezoelektrischer Beschleunigungssensor sowie ein Ladungsverstärker eingesetzt.
- Entwerfen Sie ein Simulationsmodell für die gesamte Messkette.
- Erstellen Sie ein isomorphes Ersatzmodell des piezoelektrischen Beschleunigungssensors.
- Simulieren Sie den Frequenzgang der gesamten Messkette.

Lösung

Piezoelektrische Beschleunigungssensoren sind Messsysteme zur Erfassung dynamischer Vorgänge in der Mechanik. Es handelt sich dabei meist um hochintegrierte mechatronische Baugruppen, bestehend aus einer komplexen Messkette von Einzelsystemen. Erst die optimale Gestaltung der Einzelkomponenten erlaubt exakte dynamische Messungen bei einem robusten Design.

Aus dem Datenblatt des Beschleunigungssensors werden die folgenden Daten übernommen:

Geg.:	Spannungsübertragungsfaktor	$B_{UA} = 200\,\text{mV/g}$	Kapazität	$C_e = 0{,}8\,\text{nF}$
	Resonanzfrequenz	$f_0 = 30\,\text{kHz}$	seismische Masse	$m_S = 10\,\text{Gramm}$

Ziel dieser Analyse ist die Förderung des Verständnisses der komplexen dynamischen Zusammenhänge innerhalb der gesamten Messkette „Beschleunigungsmessung". Dazu wird die Messkette (Abb. 3.34) zunächst bezüglich ihrer Einzelkomponenten genauer betrachtet.

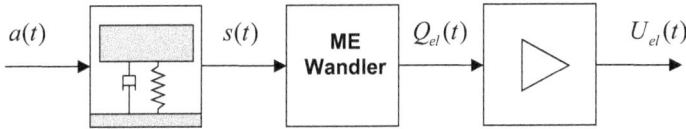

Abb. 3.34: Messkette zur Beschleunigungsmessung

Prinzipiell lassen sich innerhalb gesamten der Messkette drei Grundelemente identifizieren:
– ein schwingungsfähiges mechanisches System (Block 1)
– ein mechatronischer Wandler (Block 2)
– ein elektrischer Verstärker (Block 3)

Teilmodelle (analytisch)
Mechanisches System – Block 1
Das mechanische System ist bei einer technischen Sensorrealisierung untrennbar mit dem mechatronischen Wandler verbunden. Beide Baugruppen nutzen ihre jeweiligen Einzelbauelemente im Sinne einer Funktionsintegration. Dennoch lässt sich das mechanische System relativ eindeutig für eine Funktionsanalyse abspalten. Betrachten wir zunächst die Schnittdarstellung durch einen piezoelektrischen Beschleunigungssensor (Abb. 3.35).

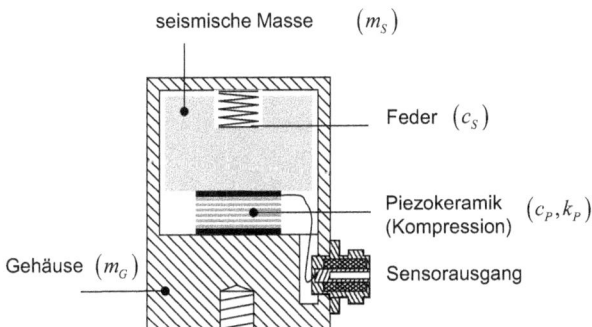

Abb. 3.35: Schnittdarstellung eines piezoelektrischen Beschleunigungssensors

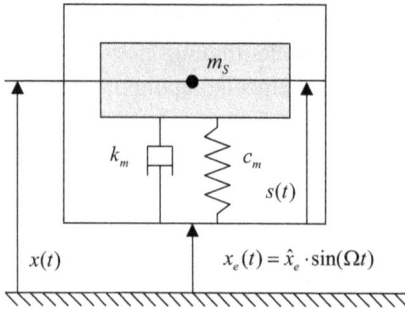

Abb. 3.36: Modell eines Einmassenschwingers mit Gehäuseerregung

Gut zu erkennen sind die seismische Masse, der piezoelektrische Werkstoff, die mechanische Aufhängung zwischen Masse und Piezokeramik sowie das Gehäuse. Obwohl die gesamte mechanische Anordnung eigentlich einen Kontinuaschwinger mit Randmasse und Randelastizität darstellt, kann sie näherungsweise für die Grundwelle durch einen Einmassenschwinger mit Gehäuseerregung abstrahiert werden (Abb. 3.36).

Für den Einmassenschwinger formuliert man dazu das Kräftegleichgewicht aus der Trägheits-, Dämpfer- und Federkraft.

$$m_S \ddot{x} + k_m \dot{s} + c_m s = 0$$

Da das Sensorsignal unmittelbar aus der Relativkoordinate s(t) gewonnen wird, führt eine entsprechende Koordinatentransformation auf die zugehörige Bewegungsgleichung (Gl. 3.11).

$$s = x - x_e \; ; \; \ddot{x} = \ddot{s} + \ddot{x}_e$$

$$m_S \ddot{s} + k_m \dot{s} + c_m s = -m_S \ddot{x}_e$$

(3.11)

Vernachlässigen wir die Dämpfung und realisieren gleichzeitig eine hohe Gesamtsteifigkeit bei kleiner seismischer Masse, so überwiegt der Federkraftanteil gegenüber den restlichen Kräften.

$$|c_m s| \gg |m_S \ddot{s} + k_m \dot{s}|$$

Damit vereinfacht sich die ursprüngliche Bewegungsgleichung zu einem einfachen Kräftegleichgewicht aus Federkraft und Erregerkraft.

$$c_m s = -m_S \ddot{x}_e$$

Gleichzeitig wird die mathematische Abhängigkeit der beiden physikalischen Größen, der Erregerbeschleunigung und dem Sensorweg deutlich.

$$s(t) = -\frac{m_S}{c} \cdot \ddot{x}_e(t) = \frac{1}{\omega_0^2}\left(-\ddot{x}_e(t)\right)$$

Das Sensorsignal $s(t)$ ist proportional zur Erregerbeschleunigung $\ddot{x}_e(t)$ mit einer Phasenverschiebung von 180°. Aus einer großen Federsteifigkeit der Piezokeramik resultiert eine hohe Sensoreigenfrequenz bei gleichzeitig niedriger mechanischer Empfindlichkeit des Sensors.

Mechatronischer Wandler – Block 2

Der mechatronische Wandler verbindet das mechanische System direkt mit dem elektrischen System über ein piezoelektrisches Wandlerprinzip. Die elektromechanische Kopplung erfolgt dabei über die anisotropen dielektrischen Festkörpereigenschaften der Piezokeramik zwischen der seismischen Masse und dem Gehäuse. Je nach mathematischer Formulierung erfolgt die elektromechanische Kopplung durch die piezoelektrische Kraftkonstante oder die piezoelektrische Ladungskonstante (Tab. 3.13). Beide Formulierungen führen auf einen mechatronischen Transformator in Felddarstellung. Da jedoch diese Felddarstellungen für die Komplexaufgabe BESCHLEUNIGUNGSMESSUNG unpraktisch sind, werden die Feldgleichungen auf skalare Wandlergleichungen reduziert. Diese Reduktion ist immer dann zulässig und korrekt, wenn die konstruktive Sensorgestaltung weitgehend homogene Feldbeschreibungen für den Longitudinal- oder Quereffekt zulassen. Die ursprüngliche piezoelektrische Kraftkonstante muss dabei jedoch um geometrische Größen der Piezokeramik erweitert werden (Abb. 3.37).

$$F(j\omega) = \frac{1}{j\omega L_m} \cdot v(j\omega) + e_{33}\frac{A}{l} \cdot U_{el}(j\omega)$$

$$I_{el}(j\omega) = e_{33}\frac{A}{l}v(j\omega) + j\omega\, C_{el} \cdot U_{el}(j\omega)$$

Wie beide Wandlergleichungen zeigen, handelt es sich in der skalaren Form um einen reziproken mechatronischen Gyrator mit der Wandlerkonstanten

$$Y_{12} = Y_{21} = \frac{e_{33}A}{l}$$

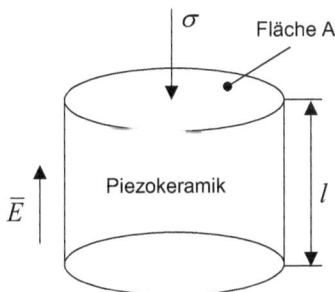

Abb. 3.37: Piezokeramik unter Längsbelastung

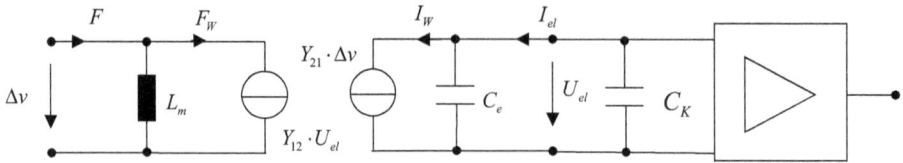

Abb. 3.38: Piezokeramik als Gyrator mit elektrischem Verstärker

Sowohl die Toreingangs- als auch die Torausgangsimpedanz sind rein komplex. Für die Toreingangsimpedanz ist ausschließlich die mechanische Nachgiebigkeit der Piezokeramik verantwortlich. Die Ausgangsimpedanz setzt sich hingegen aus zwei Anteilen zusammen; der reinen Kapazität der Piezokeramik und der elektrischen Anschlusskapazität (Abb. 3.38).

Da ein Gyrator eine Torausgangskapazität als Induktivität auf den Eingang transformiert, erscheint die elektrische Summenkapazität als scheinbare mechanische Induktivität in Parallelschaltung mit der mechanischen Nachgiebigkeit. Somit werden die Sensorübertragungseigenschaften erheblich von den elektrischen Anschlussbedingungen des nachfolgenden Messsystems beeinflusst. Das Ziel einer robusten technischen Sensorrealisierung sollte immer darin bestehen, die Sensorausgangsgrößen weitgehend unabhängig vom Messwertverarbeitungssystem zu gestalten. Dazu sollte im speziellen Realisierungsfall der Einfluss der elektrischen Kapazität eliminiert werden. Eine mögliche Konstruktionsvariante bietet dazu eine spezielle Integratorschaltung.

Elektrischer Verstärker – Block 3

Für die Beschreibung des elektrischen Verstärkers gehen wir zunächst vom Modell eines idealen Operationsverstärkers (OPV) aus. Damit sind die folgenden Kenngrößen verbunden:

– unendliche Differenzverstärkung
– unendlicher Differenzeingangswiderstand
– kein Ausgangswiderstand
– linearer Frequenzgang
– keine Drift-und Offsetgrößen

Für die zu realisierende Verstärkerschaltung wird die Grundschaltung eines invertierenden Verstärkers genutzt. Dieser Verstärker kann durch eine Parallelspannungsgegenkopplung realisiert werden (Abb. 3.39).

Durch die unendliche Differenzverstärkung

$$V_{\text{Diff}} = \frac{U_{\text{A}}}{U_{\text{E}}}$$

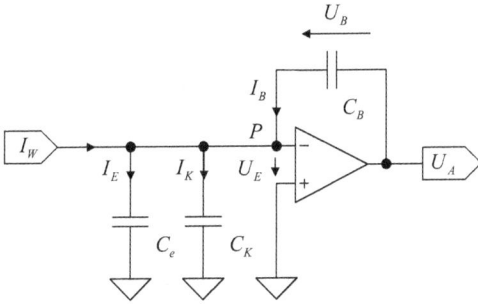

Abb. 3.39: Parallelspannungsgegenkopplung am idealen OPV

folgt $U_E = 0$. Für den Knoten P bedeutet das, dass er scheinbar mit dem Bezugspotential Masse verbunden ist. In diesem Zusammenhang spricht man auch von einer „virtuellen Masse". Weiterhin gilt für den Knoten P der Knotenpunktsatz.

$$I_W - I_E - I_K + I_B = 0$$

Diese Gleichung wird nach dem Wandlerausgangsstrom I_W umgeformt und die restlichen Ströme durch ihre jeweiligen Kapazitäten ersetzt. Die elektrische Wandlerkapazität wird durch C_e und die Kabelkapazität durch C_K beschrieben. C_B repräsentiert den Bereichskondensator.

$$I_W = j\omega\, C_e U_E + j\omega\, C_K U_E - j\omega\, C_B U_B$$

Da bei unendlicher Differenzverstärkung die Eingangsspannung $U_E = 0$ ist, werden auch die Ströme I_e und I_K zu null.

$$I_W = -j\omega\, C_B U_B$$

Die Spannung über dem Bereichskondensator entspricht jedoch genau der Ausgangsspannung (virtuelle Masse an P).

$$I_W = -j\omega\, C_B U_A$$

Somit erhalten wir einen unmittelbaren Zusammenhang zwischen der Ausgangsspannung des Verstärkers und dem Ausgangsstrom des Wandlers.

$$U_A = -\frac{I_W}{j\omega C_B}$$

Der Bereichskondensator bestimmt also unmittelbar die Ausgangsspannung des Verstärkers. Oft wird der Wandlerstrom durch eine entsprechende Ladung ausgedrückt.

$$I_W = j\omega\, Q_W$$

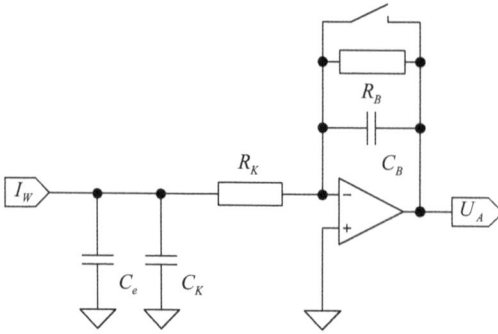

Abb. 3.40: Parallelspannungsgegenkopplung unter Berücksichtigung realer Bauelemente

Damit erhält die Verstärkungsgleichung eine frequenzunabhängige Form.

$$U_A = -\frac{Q_W}{C_B}$$

Aufgrund dieser Form hat sich für die Schaltungsanordnung (Abb. 3.39) der Begriff des „Ladungsverstärkers" etabliert. Dieser Begriff ist jedoch nicht exakt, da ja tatsächlich keine Ladung „verstärkt", sondern am Bereichskondensator der Strom so lange aufintegriert wird, bis die Differenzspannung $U_E = 0$ beträgt. Tatsächlich handelt es sich um einen Integrator, bei dem aufgrund der invertierenden Schaltungsanordnung die Sensor- und Kabelkapazität keine Rolle mehr spielen.

Bei einer realen Schaltungsrealisierung müssen jedoch noch der Kabelwiderstand R_K und der Bereichswiderstand R_B berücksichtigt werden (Abb. 3.40).

Der Frequenzgang des Verstärkers entspricht nun dem eines Bandpassgliedes. Die untere Grenzfrequenz wird durch das Hochpassverhalten

$$f_{HP} = \frac{1}{2\pi R_B C_B}$$

und die obere Grenzfrequenz durch das Tiefpassverhalten

$$f_{TP} = \frac{1}{2\pi R_K (C_e + C_K)}$$

bestimmt. Weiterhin kann über einen Schalter der Bereichskondensator zu Beginn jeder Messung entladen werden.

ℹ Simulation

Simulationsdatei: *Bsp_3_4x.asc*

Die Bauelemente finden Sie über das Menü KOMPONENT in den nebenstehenden Bibliotheken.

Bauelement	Bibliothek	Bemerkung
Gyrator	Mechatronik	Gyrator
C	Standard	Kapazität
L	Standard	Induktivität

Mechanisches System – Block 1

Zentraler Bestandteil eines Beschleunigungssensors ist seine seismische Masse m_S, gelagert auf einer Piezokeramik mit der Steifigkeit c_m. Die seismische Masse kann als starrer Körper und die Piezokeramik als masselose Feder aufgefasst werden. Gekapselt ist dieser Einmassenschwinger mit einem Gehäuse der Masse m_G. Die äußere Erregung erfolgt über das Gehäuse mit einer Erregerbeschleunigung $a_e (j\omega)$ (Abb. 3.41).

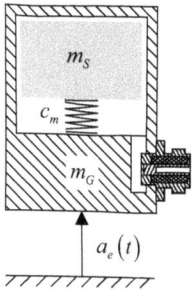

Abb. 3.41: Einmassenschwinger mit Gehäuseerregung

Anhand des Kraftflusses, ausgehend vom Fundament über die Gehäusemasse, die Feder, bis hin zur seismischen Masse, kann das zugehörige mechatronische Netzwerk aufgestellt werden (Abb. 3.42).

Da das Piezoelement den Kraftfluss durch die Piezokeramik sowie die Geschwindigkeit über der Piezokeramik wandelt, schließt sich der gyratorische Wandler genau an den Anschlussklemmen 1 und 2 an (Abb. 3.43).

Diese Darstellung ist jedoch für Simulationszwecke ungünstig, da bei einer gegebenen Erregerbeschleunigung die Erregergeschwindigkeit frequenzabhängig ist. Günstiger ist die Vorgabe einer frequenzabhängigen Erregerkraft. Dazu wird das ursprüngliche mechatronische Netzwerk nach Abb. 3.43 entsprechend umgeformt (Abb. 3.44).

Anhand der Simulationsmodelle (LTSpice) „Bsp_3_4_b.asc" und „Bsp_3_4_c.asc" kann man sich selbst von der Äquivalenz der Umformung überzeugen.

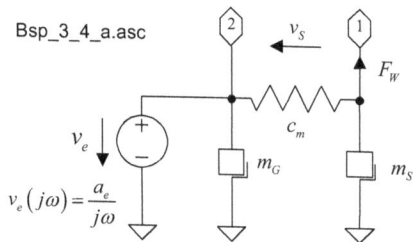

Abb. 3.42: Mechatronisches Netzwerk des mechanischen Systems

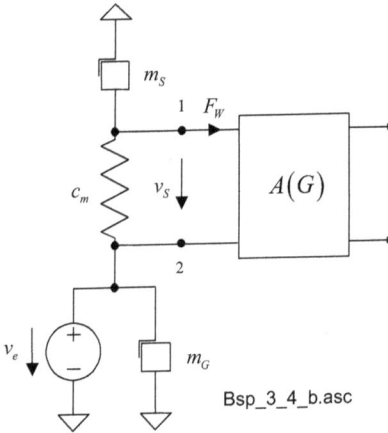

Abb. 3.43: Netzwerk des mechanischen Systems mit idealem piezoelektrischem Wandler

Mechatronischer Wandler – Block 2

Wie Abb. 3.44 sehr gut zeigt, beeinflusst die Gehäusemasse nicht die Eigenfrequenz des Sensors. Fassen wir die Kraftquelle als ideale Kraftquelle auf, verändert die Gehäusemasse lediglich den Innenwiderstand der realen Quelle (Abb. 3.45).

Eine charakteristische Eigenschaft mechatronischer Wandler besteht in deren transformatorischem oder gyratorischem Verhalten. Die unvermeidliche elektrische Kapazität der Piezokeramik C_e wird über die gyratorischen Eigenschaften des idealen mechanischen Wandlers zur Induktivität L_e auf der mechanischen Wandlerseite. Somit liegt die virtuelle elektrische Induktivität parallel zur mechanischen Induktivität.

Bei der Auswertung der Simulation muss ebenfalls das gyratorische Verhalten des Wandlers berücksichtigt werden. Die elektrische Spannung über der elektrischen Kapazität wird zum Strom I_{el} durch die virtuelle elektrische Induktivität. Eine Parallelschaltung von Induktivitäten entspricht einer Reihenschaltung von Steifigkeiten, d. h., das Gesamtsystem wird härter, die Resonanzfrequenz des Sensors steigt.

Der Beschleunigungssensor wird bei dieser Beschaltung im Leerlauf betrieben. Allerdings wirken sich hier unvermeidlich Kabelkapazitäten unmittelbar auf die Über-

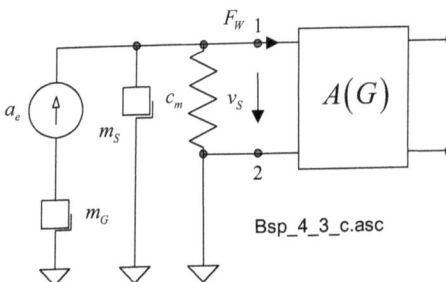

Abb. 3.44: Äquivalentes mechatronisches Netzwerk mit Krafterregung

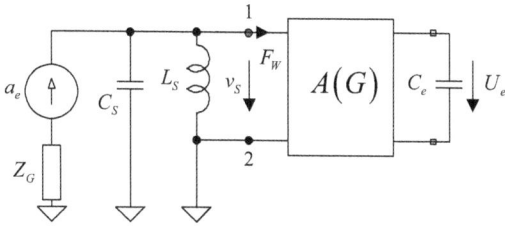

Abb. 3.45: Mechatronisches Netzwerk der Sensormechanik in allgemeiner Bauelementedarstellung

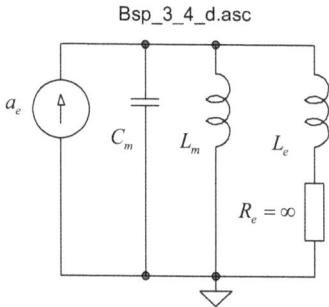

Bsp_3_4_d.asc

Abb. 3.46: Mechanisches Modell mit transformierter elektrischer Kapazität und virtuellem Kurzschluss

tragungsfunktion aus. Abhilfe schafft der schon eingeführte „Ladungsverstärker". Allerdings bildet er für die Ausgangsklemme des Gyrators eine virtuelle Masse. Transformiert auf die mechanische Eingangsseite, liegt zu der elektrischen Induktivität ein unendlicher Widerstand in Reihe (Abb. 3.46).

Modellintegration

In einem letzten Schritt wird der „Ladungsverstärker", inklusive Kabelwiderstand und Kabelkapazität in die Schaltung integriert (Abb. 3.47). Während Abb. 3.47 ein rein elektrisches Äquivalent der vollständigen Messkette darstellt, zeigt Abb. 3.48 das mechanische System, den piezoelektrischen Wandler in Form eines Gyrators und den elek-

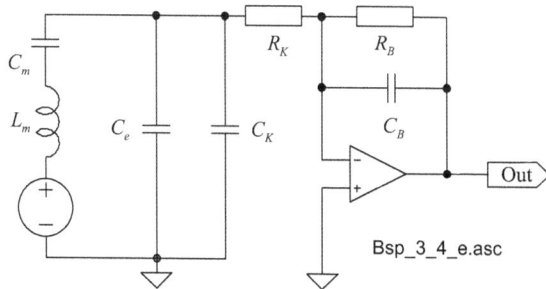

Bsp_3_4_e.asc

Abb. 3.47: Modell der vollständigen Messkette „Beschleunigungsmessung"

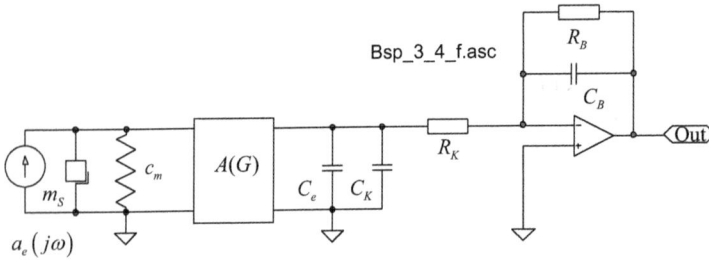

Abb. 3.48: Modell der vollständigen Messkette als mechatronisches Netzwerk

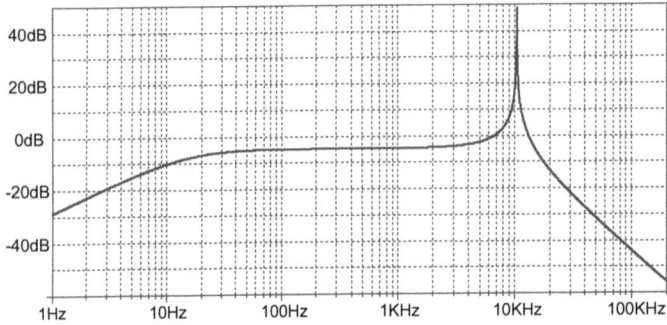

Abb. 3.49: Amplitudenfrequenzgang der vollständigen Messkette

trischen Verstärker. Selbstverständlich sind beide Darstellungsformen bezüglich ihrer Simulationsergebnisse äquivalent. Der zugehörige Frequenzgang der gesamten Messkette ist in Abb. 3.49 abgebildet.

A Nichtlineare Widerstände

Ein lineares Widerstandsgesetz ist für viele technische Anwendungen oft eine Ausnahme. Meist finden wir eher Zusammenhänge, welche sich nur um einen Punkt linear abbilden lassen. Eine beliebte Methode des Ingenieurs ist sogar die explizite Linearisierung im Arbeitspunkt. Mag diese Vorgehensweise bei einigen Aufgabenstellungen ihre Berechtigung haben, so führt sie bei anderen Aufgabenstellungen zu großen Fehlern. Günstiger scheint es, für alle nichtlinearen Widerstände den entsprechenden mathematischen Zusammenhang auch für die mechatronischen Netzwerke zu implementieren. Analysiert man die unterschiedlichen physikalischen Widerstandsgesetze, so fallen zwei grundlegende Zusammenhänge auf.

| 1 | nichtlineare Abhängigkeit des Widerstandes von der Flussgröße | $Y = R_1 \cdot I_X^n$ |
| 2 | nichtlineare Abhängigkeit des Leitwertes von der Potentialgröße | $I_X = G_2 \cdot Y^n$ |

Der erste Fall ist häufig in der Strömungsmechanik anzutreffen. Ein Summand der Bernoulli-Gleichung, der dynamische Druck, bestimmt viele strömungsmechanische Widerstandsgesetze.

$$\Delta p = \xi \cdot \frac{\rho}{2} v^2$$

Manchmal wird auch fälschlicherweise vom Strömungswiderstand gesprochen. Den zweiten Fall treffen wir bei der Mechanik des Impulses, zum Beispiel bei der Newton'schen Reibung an.

$$\boldsymbol{F}_R = -k_N \left| \boldsymbol{v}^2 \right| \cdot \frac{\boldsymbol{v}}{|\boldsymbol{v}|}$$

Auf den ersten Blick scheinen beide Zusammenhänge von gleicher Struktur zu sein. Dividiert man den dynamischen Druck durch eine Bezugsfläche, erhält man die entsprechende Druckkraft. Tatsächlich handelt es sich jedoch um zwei gänzlich unterschiedliche Sachverhalte. Während die erste Gleichung ein Gesetz der schweren Masse beschreibt, trifft die zweite Gleichung Aussagen über den Impuls. Etwas deutlicher wird der Zusammenhang, wenn in der Gleichung des dynamischen Druckes statt der mittleren Strömungsgeschwindigkeit der Massestrom verwendet wird.

$$\frac{\Delta p}{\rho} = \frac{\xi}{2A^2\rho^2} \cdot \dot{m}^2$$

Hier wird der Zusammenhang $Y = R \cdot I_X^2$ auf einen Blick sichtbar.

Die konstitutiven Gesetze der mechatronischen Netzwerke bauen auf einem linearen Leistungsgesetz auf.

$$P = Y \cdot I_X$$

Das bedeutet, dass die Leistung in einer physikalischen Domäne immer aus dem Produkt der Potentialdifferenz über einem Widerstand mal dem Fluss durch diesen Wi-

https://doi.org/10.1515/9783110470857-004

derstand bestimmt wird, egal wie die innere physikalische Beschaffenheit dieses Widerstandes aussieht. Diesem linearen Leistungsgesetz muss auch in der Modellbildung der mechatronischen Netzwerke Rechnung getragen werden. Die Ableitung der Modellbildung erfolgt im Weiteren exemplarisch am Widerstandsgesetz 1.

$$Y = R_1 \cdot I_X^n$$

Für die zweite Form (Widerstandsgesetz 2) ist äquivalent zu verfahren.

Im ersten Schritt wird ein Ersatzwiderstand R_{L1} im Sinne eines linearen Leistungsgesetzes gebildet.

$$Y = \underbrace{\left(R_1 \cdot I_X^{n-1}\right)}_{R_{L1}} \cdot I_X$$

Weiterhin kann diese Gleichung nach der Flussgröße aufgelöst werden.

$$I_X = \sqrt[n]{\frac{Y}{R_1}}$$

Da für den obigen linearen Zusammenhang

$$R_{L1} = \frac{Y}{I_X}$$

gilt, muss nur noch I_X ersetzt werden.

$$R_{L1} = \frac{Y}{\sqrt[n]{\frac{Y}{R_1}}} = \sqrt[n]{R_1} \cdot Y^{\frac{n-1}{n}} \tag{A.1}$$

Für die äquivalente Auflösung der zweiten Form erhält man den folgenden Zusammenhang.

$$R_{L2} = R_2 \cdot \frac{1}{Y^{n-1}} \tag{A.2}$$

Beide Formen beschreiben ein nichtlineares Widerstandsgesetz in Abhängigkeit der Potentialdifferenz.

Die hier getätigten Überlegungen sind keineswegs neu. Schon lange beschäftigt sich die Strömungsmechanik mit äquivalenten Widerstandsgesetzen; so schreibt Eck 1952 in [18]: *„Das Widerstandsgesetz für die Druckverluste $\Delta p = R \cdot Q^2$ hat gewisse*

Tab. A.1: Nichtlineare Widerstandsgesetze

Form 1	Form 2
$Y = R_1 \cdot I_X^n$	$I_X = \frac{1}{R_2} Y^n$
$R_{L1}(Y) = \sqrt[n]{R_1} \cdot Y^{\frac{n-1}{n}}$	$R_{L2}(Y) = R_2 \cdot \frac{1}{Y^{n-1}}$
1	2

Ähnlichkeit mit dem ohmschen Gesetz U = W · J, so daß der Gedanke naheliegt, durch elektrische Vergleichsmessungen die Widerstandskennlinien zu bestimmen." Auch Fritsche [19] greift 1955 dieses Thema in seinem Lehrbuch der Bergbaukunde auf. „*Das Wettergesetz $\Delta p = R \cdot V^n$ wird in der Widerstandszelle dadurch nachgebildet, dass man den ohmschen Widerstand W mit der Stromstärke ändert nach der Beziehung $W' \cdot I^{n-1} = const.$*"

Wie diese beiden Quellen zeigen, nutzte man zur Simulation wettertechnischer Netzwerke bei der Grubenbelüftung lineare Ohm'sche Widerstände mit damals mechanischen Stelleinrichtungen. Heute lassen sich in Simulationssystemen die nichtlinearen Funktionen direkt den so gebildeten neuen Widerständen zuordnen. Ein häufiges Argument, die Modellbildung mechatronischer Netzwerke gilt nur für lineare Systeme, kann damit nicht mehr aufrecht gehalten werden.

B Mechatronik.lib

B.1 Träge Masse – mechatronische Kapazität

Tab. B.1: Träge Masse (Primärgröße Impuls)

Beschreibung	Größe	Größenwert	Maßeinheit
Bauelement	träge Masse	1	kg
Flussgröße	Kraft	1	N
Differenzgröße	Geschwindigkeit	1	m/s
Symbol			
Ersatzschaltbild			

Tab. B.2: Component Attribute Editor

Attribute	Value
Prefix	X
InstName	C
SpiceModel	
Value	C_m_p
Value2	
SpiceLine	m=
SpiceLine2	

Die Eingabe des Größenwertes der trägen Masse erfolgt im Component Attribute Editor unter *SpiceLine*.

B.2 Steifigkeit – mechatronische Induktivität

Die Eingabe des Größenwertes der Steifigkeit erfolgt im Component Attribute Editor unter *SpiceLine*. Der zur Berechnung genutzte Induktivitätswert berechnet sich aus der inversen Steifigkeit. Der Parallelwiderstand ist ohne eine Werteangabe automatisch unendlich groß. Der Wert des seriellen Widerstandes muss explizit angegeben werden.

https://doi.org/10.1515/9783110470857-005

Tab. B.3: Steifigkeit (Primärgröße Impuls)

Beschreibung	Größe	Größenwert	Maßeinheit
Bauelement	Steifigkeit	1	N/m
Flussgröße	Kraft	1	N
Differenzgröße	Geschwindigkeit	1	m/s
Symbol			
Ersatzschaltbild			

Tab. B.4: Component Attribute Editor

Attribute	Value
Prefix	X
InstName	C
SpiceModel	
Value	L_m_p
Value2	
SpiceLine	c= Rser=0
SpiceLine2	

Bsp.: Steifigkeit von 100 N/m ohne Reibungsverluste

c = 100 Rser = 0

B.3 Dämpfung – mechatronischer Widerstand

Tab. B.5: Dämpfung (Primärgröße Impuls)

Beschreibung	Größe	Größenwert	Maßeinheit
Bauelement	Dämpfungskonstante	1	N × s/m
Flussgröße	Kraft	1	N
Differenzgröße	Geschwindigkeit	1	m/s
Symbol			
Ersatzschaltbild			

$$R_m = \frac{1}{k_S}$$

Tab. B.6: Component Attribute Editor

Attribute	Value
Prefix	X
InstName	k
SpiceModel	
Value	R_m_p
Value2	
SpiceLine	k=
SpiceLine2	

Die Eingabe des Größenwertes der Dämpfungskonstante erfolgt im Component Attribute Editor unter *SpiceLine*. Der zur Berechnung genutzte Widerstandswert berechnet sich aus der inversen Dämpfungskonstante. Weitere Ersatzgrößen existieren für die (lineare) Dämpfungskonstante nicht.

Bsp.: Dämpfungskonstante von 0,01 Ns/m

$\quad$ k = 0,01

B.4 Massenträgheitsmoment – mechatronische Kapazität

Die Eingabe des Größenwertes des Massenträgheitsmomentes erfolgt im Component Attribute Editor unter *SpiceLine*.

Bsp.: Massenträgheitsmoment von $5,2\,\mathrm{N} \times \mathrm{m} \times \mathrm{s}^2$

$\quad$ Js = 5,2

Tab. B.7: Massenträgheitsmoment (Primärgröße Drehimpuls)

Beschreibung	Größe	Größenwert	Maßeinheit
Bauelement	Massenträgheitsmoment	1	$\mathrm{N} \times \mathrm{m} \times \mathrm{s}^2$
Flussgröße	Moment	1	$\mathrm{N} \times \mathrm{m}$
Differenzgröße	Winkelgeschwindigkeit	1	rad/s
Symbol			
Ersatzschaltbild			

Tab. B.8: Component Attribute Editor

Attribute	Value
Prefix	X
InstName	C
SpiceModel	
Value	C_m_d
Value2	
SpiceLine	Js=
SpiceLine2	

B.5 Torsionssteifigkeit – mechatronische Induktivität

Tab. B.9: Torsionssteifigkeit (Primärgröße Drehimpuls)

Beschreibung	Größe	Größenwert	Maßeinheit
Bauelement	Torsionssteifigkeit	1	N × m
Flussgröße	Moment	1	N × m
Differenzgröße	Winkelgeschwindigkeit	1	rad/s
Symbol			
Ersatzschaltbild			

Tab. B.10: Component Attribute Editor

Attribute	Value
Prefix	X
InstName	C
SpiceModel	
Value	L_m_d
Value2	
SpiceLine	ct= Rser=0
SpiceLine2	

Die Eingabe des Größenwertes der Steifigkeit erfolgt im Component Attribute Editor unter *SpiceLine*. Der zur Berechnung genutzte Induktivitätswert berechnet sich aus der inversen Steifigkeit. Der Parallelwiderstand ist ohne eine Werteangabe automatisch unendlich groß. Der Wert des seriellen Widerstandes muss explizit angegeben werden.

Bsp.: Torsionssteifigkeit von $100 \cdot$ N × m ohne Reibungsverluste
      c = 100 Rser = 0

B.6 Torsionsdämpfung – mechatronischer Widerstand

Die Eingabe des Größenwertes der Dämpfungskonstante erfolgt im Component Attribute Editor unter *SpiceLine*. Der zur Berechnung genutzte Widerstandswert berechnet sich aus der inversen Dämpfungskonstante. Weitere Ersatzgrößen existieren für die (lineare) Dämpfungskonstante nicht.

Bsp.: Dämpfungskonstante von 0,01 Nm × s/rad
      kt = 0,01

Tab. B.11: Torsionsdämpfung (Primärgröße Drehimpuls)

Beschreibung	Größe	Größenwert	Maßeinheit
Bauelement	Dämpfungskonstante	1	N × m × s/rad
Flussgröße	Moment	1	N × m
Differenzgröße	Winkelgeschwindigkeit	1	rad/s
Symbol			
Ersatzschaltbild	$R_m = \dfrac{1}{k_t}$		

Tab. B.12: Component Attribute Editor

Attribute	Value
Prefix	X
InstName	kt
SpiceModel	
Value	R_m_d
Value2	
SpiceLine	kt=
SpiceLine2	

B.7 Schwere Masse – mechatronische Kapazität

Tab. B.13: Kapazität (Primärgröße schwere Masse)

Beschreibung	Größe	Größenwert	Maßeinheit
Bauelement	Kapazität	1	$kg \times s^2/m^2$
Flussgröße	Massestrom	1	kg/s
Differenzgröße	Druckdifferenz/Dichte	1	m^2/s^2
Symbol			
Ersatzschaltbild			

Tab. B.14: Component Attribute Editor

Attribute	Value
Prefix	X
InstName	C
SpiceModel	
Value	C_m_h
Value2	
SpiceLine	C=
SpiceLine2	

Die Eingabe des Größenwertes der schweren Masse erfolgt im Component Attribute Editor unter *SpiceLine*.

Bsp.: Kapazität von $10 \, \dfrac{kg \times s^2}{m^2}$

C = 10

B.8 Rohrleitung – mechatronische Induktivität

Die Eingabe des Größenwertes der Steifigkeit erfolgt im Component Attribute Editor unter *SpiceLine*. Der Parallelwiderstand ist ohne eine Werteangabe automatisch unendlich groß. Der Wert des seriellen Widerstandes muss explizit angegeben werden.

Tab. B.15: Rohrleitung (Primärgröße schwere Masse)

Beschreibung	Größe	Größenwert	Maßeinheit
Bauelement	Induktivität	1	m^2/kg
Flussgröße	Massestrom	1	kg/s
Differenzgröße	Druckdifferenz/Dichte	1	m^2/s^2
Symbol			
Ersatzschaltbild	R_{par}, L, R_{ser}, C_{par}		

Tab. B.16: Component Attribute Editor

Attribute	Value
Prefix	X
InstName	C
SpiceModel	
Value	L_m_h
Value2	
SpiceLine	L= Rser=0
SpiceLine2	

Bsp.: Induktivität von $100 \ \dfrac{m^2}{kg}$ ohne Reibungsverluste

L = 100 Rser = 0

B.9 Rohrreibung – mechatronischer Widerstand

Die Eingabe des Größenwertes der linearen Dämpfungskonstante erfolgt im Component Attribute Editor unter *SpiceLine*. Der zur Berechnung genutzte Widerstandswert berechnet sich aus der inversen Stokes'schen Dämpfungskonstante. Weitere Ersatzgrößen existieren für die (lineare) Dämpfungskonstante nicht.

Bsp.: Dämpfungskonstante von $0{,}01 \ m^2/kg \times s$

ks = 0, 01

Tab. B.17: Rohrreibung (Primärgröße Drehimpuls)

Beschreibung	Größe	Größenwert	Maßeinheit
Bauelement	Rohrreibung (linear)	1	$m^2/kg \times s$
Flussgröße	Massestrom	1	kg/s
Differenzgröße	Druckdifferenz/Dichte	1	m^2/s^2
Symbol			
Ersatzschaltbild	$R_m = \dfrac{1}{k_{St}}$		

Tab. B.18: Component Attribute Editor

Attribute	Value
Prefix	X
InstName	ks
SpiceModel	
Value	R_m_h
Value2	
SpiceLine	ks=
SpiceLine2	

B.10 Nichtlinearitäten – nichtlinearer Widerstand Typ 1

Tab. B.19: Nichtlinearer Widerstand Typ 1

Beschreibung	Größe	Größenwert	Maßeinheit
Bauelement	Widerstand (nichtlinear)	1	[x]
Flussgröße	beliebig	1	[x]
Differenzgröße	beliebig	1	[x]
Symbol			
Ersatzschaltbild	$R_{L1}(Y) = \sqrt[n]{R_1} \cdot Y^{\frac{n-1}{n}}$		
	$Y = R_1 \cdot I_X^n$		

Tab. B.20: Component Attribute Editor

Attribute	Value
Prefix	X
InstName	U1
SpiceModel	
Value	RL1
Value2	
SpiceLine	RL1=
SpiceLine2	n=

Die Eingabe des Größenwertes des Widerstandes R_1 erfolgt im Component Attribute Editor unter *SpiceLine*. Der Exponent der Flussgröße I_X wird in der *SpiceLine2*-Variable n festgelegt. Der zur Simulation genutzte Widerstandswert $R_{L1}(Y)$ wird aus R_1 und n berechnet. Weitere Ersatzgrößen existieren für den nichtlinearen Widerstand nicht.

Bsp.: RL1 = 100

n = 2

B.11 Nichtlinearitäten – nichtlinearer Widerstand Typ 2

Tab. B.21: Nichtlinearer Widerstand Typ 2

Beschreibung	Größe	Größenwert	Maßeinheit
Bauelement	Widerstand (nichtlinear)	1	[x]
Flussgröße	beliebig	1	[x]
Differenzgröße	beliebig	1	[x]
Symbol			
	$R_{L2}(Y) = R_2 \cdot \dfrac{1}{Y^{n-1}}$		
Ersatzschaltbild	$\qquad I_X = \dfrac{1}{R_2} \cdot Y^n$		

Die Eingabe des Größenwertes des Widerstandes R_2 erfolgt im Component Attribute Editor unter *SpiceLine*. Der Exponent der Potentialgröße Y wird in der *SpiceLine2*-Variable n festgelegt. Der zur Simulation genutzte Widerstandswert $R_{L2}(Y)$ wird aus R_2 und n berechnet. Weitere Ersatzgrößen existieren für den nichtlinearen Widerstand nicht.

Bsp.: RL2 = 100

n = 2

Tab. B.22: Component Attribute Editor

Attribute	Value
Prefix	X
InstName	U1
SpiceModel	
Value	RL2
Value2	
SpiceLine	RL2=
SpiceLine2	n=

C Wandler.lib

C.1 Transformator (Zweitor)

Tab. C.1: Transformator

Beschreibung	Größe	Größenwert	Maßeinheit
Bauelement	Transformator	1	[x]
Flussgröße	beliebig	1	[x]
Differenzgröße	beliebig	1	[x]
Symbol	$\begin{bmatrix} H_{11} & H_{12} \\ H_{21} & H_{22} \end{bmatrix}$		
Ersatzschaltbild	$\{H_{11}\}$ E1 F1 $\left\{\dfrac{1}{H_{22}}\right\}$ $\{H_{12}\}$ $E1\{H_{21}\}$		

Tab. C.2: Component Attribute Editor

Attribute	Value
Prefix	X
InstName	U1
SpiceModel	Transformator
Value	H11=
Value2	H12=
SpiceLine	H21=
SpiceLine2	H22=

Die Eingabe des Größenwertes der Hybridmatrix erfolgt im Component Attribute Editor unter den Punkten *Value, Value2, SpiceLine* und *SpiceLine2*.

https://doi.org/10.1515/9783110470857-006

C.2 Gyrator (Zweitor)

Tab. C.3: Gyrator

Beschreibung	Größe	Größenwert	Maßeinheit
Bauelement	Gyrator	1	[x]
Flussgröße	beliebig	1	[x]
Differenzgröße	beliebig	1	[x]
Symbol	$\begin{bmatrix} Y_{11} & Y_{12} \\ Y_{21} & Y_{22} \end{bmatrix}$		
Ersatzschaltbild			

Tab. C.4: Component Attribute Editor

Attribute	Value
Prefix	X
InstName	U1
SpiceModel	Gyrator
Value	Y11=
Value2	Y12=
SpiceLine	Y21=
SpiceLine2	Y22=

Die Eingabe des Größenwertes der Leitwertmatrix erfolgt im Component Attribute Editor unter den Punkten *Value, Value2, SpiceLine* und *SpiceLine2*.

Bsp.: Y11=1, Y12=10, Y21=Y12, Y22=100

D Control.lib

D.1 P-Glied (Proportionalglied)

Tab. D.1: P-Glied

Beschreibung	Größe	Größenwert	Maßeinheit
Bauelement	P-Glied	1	[x]
Flussgröße	–	–	–
Differenzgröße	Potentialdifferenz	1	[x]
Symbol			
Funktion	$y(t) = K_P \cdot u(t)$		

Tab. D.2: Component Attribute Editor

Attribute	Value
Prefix	X
InstName	P-Glied
SpiceModel	
Value	P-Glied
Value2	
SpiceLine	Kp=
SpiceLine2	

Das P-Glied führt eine einfache Verstärkung des Eingangssignals (Differenzgröße) um den Faktor Kp durch. Dabei ist es unerheblich, um welches physikalische System es sich handelt.

Bsp.: Verstärkung des Eingangssignals um den Faktor Kp=2
$$u(t) = \hat{x} \cdot \sin(\Omega t) \rightarrow y(t) = 2 \cdot \hat{x} \cdot \sin(\Omega t)$$

https://doi.org/10.1515/9783110470857-007

D.2 I-Glied (Integrator)

Tab. D.3: I-Glied

Beschreibung	Größe	Größenwert	Maßeinheit
Bauelement	I-Glied	1	[x]
Flussgröße	–	–	–
Differenzgröße	Potentialdifferenz	1	[x]
Symbol			
Funktion	$y(t) = K \cdot \int_0^t u(\tau)d\tau + C$		

Tab. D.4: Component Attribute Editor

Attribute	Value
Prefix	X
InstName	Integrator
SpiceModel	
Value	I-Glied
Value2	
SpiceLine	ic=
SpiceLine2	

Das I-Glied führt eine einfache Integration des Eingangssignals (Differenzgröße) durch. Dabei ist es unerheblich, um welches physikalische System es sich handelt. Die Eingabe der Anfangsbedingungen für die Integration erfolgt im Component Attribute Editor unter *SpiceLine*.

Bsp.: Integration der Funktion $u(t) = \hat{x} \cdot \sin(\Omega t) \rightarrow y(t) = -\dfrac{\hat{x}}{\Omega} \cdot \cos(\Omega t)$

$$ic = -\dfrac{1}{\Omega}$$

D.3 D-Glied (Differenzierer)

Tab. D.5: D-Glied

Beschreibung	Größe	Größenwert	Maßeinheit
Bauelement	D-Glied	1	[x]
Flussgröße	–	–	–
Differenzgröße	Potentialdifferenz	1	[x]
Symbol			
Funktion	$y(t) = K \cdot \dot{u}(t)$		

Tab. D.6: Component Attribute Editor

Attribute	Value
Prefix	X
InstName	Differenzierer
SpiceModel	
Value	D-Glied
Value2	
SpiceLine	ic=
SpiceLine2	

Das D-Glied führt eine einfache Differentiation des Eingangssignals (Differenzgröße) durch. Dabei ist es unerheblich, um welches physikalische System es sich handelt. Die Eingabe der Anfangsbedingungen für die Integration erfolgt im Component Attribute Editor unter *SpiceLine*.

Bsp.: Differentiation der Funktion $u(t) = \hat{x} \cdot \sin(\Omega t) \rightarrow y(t) = \hat{x} \cdot \Omega \cdot \cos(\Omega t)$

E Gesetze/Zusammenhänge

E.1 Elektrotechnik – elektrische Ladung

Zusammenhänge und Einheiten

Grundgrößen

Zeit $\qquad\qquad t := 1\,\text{s}$

Energie $\qquad\qquad E := 1\,\text{J}$

Energiedichte (Volumendichte) $\qquad\qquad \rho_E := 1\,\dfrac{\text{J}}{\text{m}^3}$

lokales Flächenelement $\qquad\qquad A_1 := 1\,\text{m}^2$

Basisgrößen global

Primärgröße (elektrische Ladung) $\qquad\qquad X := 1\,\text{C}$

Flussgröße (elektrischer Strom) $\qquad\qquad I_X := X \cdot \dfrac{1}{t} = 1\,\text{A}$

Potentialdifferenz (elektrische Spannung) $\qquad\qquad Y := \dfrac{E}{X} = 1\,\text{V}$

Extensum (magnetischer Fluss) $\qquad\qquad \text{Ex} := Y \cdot t = 1\,\text{Wb}$

Basisgrößen lokal

Primärgröße (elektrische Flussdichte) $\qquad\qquad X_1 := \dfrac{X}{A_1} = 1\,\dfrac{\text{C}}{\text{m}^2}$

Flussgröße (elektrische Stromdichte) $\qquad\qquad I_{X1} := X_1 \cdot \dfrac{1}{t} = 1\,\dfrac{\text{A}}{\text{m}^2}$

Potentialdifferenz (elektrische Feldstärke) $\qquad\qquad Y_1 := \dfrac{\rho_E}{X_1} = 1\,\dfrac{\text{V}}{\text{m}}$

Extensum $\qquad\qquad \text{Ex}_1 := Y_1 \cdot t = 1\,\dfrac{\text{Wb}}{\text{m}}$

konstitutive Gesetze global

Kapazität $\qquad\qquad C := \dfrac{X}{Y} = 1\,\dfrac{\text{C}}{\text{V}} \qquad\qquad C = 1\,\text{F}$

Induktivität $\qquad\qquad L := \dfrac{\text{Ex}}{I_X} = 1\,\dfrac{\text{Wb}}{\text{A}} \qquad\qquad L = 1\,\text{H}$

Widerstand $\qquad\qquad R := \dfrac{Y}{I_X} = 1\,\dfrac{\text{V}}{\text{A}} \qquad\qquad R = 1\,\Omega$

Prozessleistung $\qquad\qquad P := Y \cdot I_X = 1\,\text{V} \cdot \text{A} \qquad\qquad P = 1\,\text{W}$

https://doi.org/10.1515/9783110470857-008

konstitutive Gesetze lokal

elektrische Suszeptibilität I

$$\chi_{XY} := \frac{X_l}{Y_l} = 1\,\frac{\mathrm{C}}{\mathrm{V} \cdot \mathrm{m}}$$

elektrische Suszeptibilität (dimsionslos)

$$\chi_e := \frac{\chi_{XY}}{\varepsilon_0}$$

elektrische Suszeptibilität II

$$\chi_{\mathrm{Exlx}} := \frac{\mathrm{Ex}_l}{I_{Xl}} = 1\,\frac{\mathrm{N} \cdot \mathrm{m}^2}{\mathrm{A}^2}$$

spezifischer Widerstand

$$\rho_l := \frac{Y_l}{I_{Xl}} = 1\,\Omega \cdot \frac{\mathrm{m}^2}{\mathrm{m}}$$

Prozessleistungdichte

$$\rho_\mathrm{P} := Y_l \cdot I_{Xl} = 1\,\frac{\mathrm{W}}{\mathrm{m}^3}$$

E.2 Elektrotechnik – magnetische Ladung

Zusammenhänge und Einheiten

Grundgrößen

Zeit

$$t := 1\,\mathrm{s}$$

Energie

$$E := 1\,\mathrm{J}$$

Energiedichte (Volumendichte)

$$\rho_E := 1\,\frac{\mathrm{J}}{\mathrm{m}^3}$$

lokales Flächenelement

$$A_l := 1\,\mathrm{m}^2$$

Basisgrößen global

Primärgröße (mag. Ladung)

$$X := 1\,\mathrm{Wb}$$

Flussgröße (mag. Strom)

$$I_X := X \cdot \frac{1}{t} = 1\,\mathrm{V}$$

Potentialdifferenz (mag. Spannung)

$$Y := \frac{E}{X} = 1\,\mathrm{A}$$

Extensum (el. Fluss)

$$\mathrm{Ex} := Y \cdot t = 1\,\mathrm{C}$$

Basisgrößen lokal

Primärgröße (mag. Flussdichte)

$$X_l := \frac{X}{A_l} = 1\,\mathrm{T}$$

Flussgröße (mag. Stromdichte)

$$I_{Xl} := X_l \cdot \frac{1}{t} = 1\,\frac{\mathrm{T}}{\mathrm{s}}$$

Potentialdifferenz (mag. Feldstärke)

$$Y_l := \frac{\rho_E}{X_l} = 1\,\frac{\mathrm{A}}{\mathrm{m}}$$

Extensum

$$\mathrm{Ex}_l := Y_l \cdot t = 1\,\frac{\mathrm{C}}{\mathrm{m}}$$

konstitutive Gesetze global

Kapazität

$$C := \frac{X}{Y} = 1\,\frac{Wb}{A} \qquad C = 1\,H$$

Induktivität (existiert nicht)

$$L := \frac{Ex}{I_X} = 1\,\frac{C}{V} \qquad L = 1\,F$$

Widerstand

$$R := \frac{Y}{I_X} = 1\,\frac{A}{V} \qquad R = 1\,S$$

Prozessleistung

$$P := Y \cdot I_X = 1\,V \cdot A \qquad P = 1\,W$$

konstitutive Gesetze lokal

magnetische Suszeptibilität I

$$\chi_{XY} := \frac{X_1}{Y_1} = 1\,\frac{T \cdot m}{A}$$

magnetische Suszeptibilität (dimsionslos)

$$\chi_e := \frac{\chi_{XY}}{\mu_0}$$

magnetische Suszeptibilität II

$$\chi_{Exlx} := \frac{Ex_1}{I_{X1}} = 1\,\frac{C \cdot s}{T \cdot m}$$

spezifischer Widerstand

$$\rho_1 := \frac{Y_1}{I_{X1}} = 1\,\frac{C}{T \cdot m}$$

Prozessleistungdichte

$$\rho_P := Y_1 \cdot I_{X1} = 1\,\frac{W}{m^3}$$

E.3 Mechanik – schwere Masse

Zusammenhänge und Einheiten

Grundgrößen

Zeit

$$t := 1\,s$$

Energie

$$E := 1\,J$$

Energiedichte (Volumendichte)

$$\rho_E := 1\,\frac{J}{m^3}$$

lokales Flächenelement

$$A_1 := 1\,m^2$$

Basisgrößen global

Primärgröße (schwere Masse)

$$X := 1\,kg$$

Flussgröße (Massestrom)

$$I_X := X \cdot \frac{1}{t} = 1\,\frac{kg}{s}$$

Potentialdifferenz

$$Y := \frac{E}{X} = 1\,\frac{m^2}{s^2}$$

Extensum

$$Ex := Y \cdot t = 1\,\frac{m^2}{s}$$

Basisgrößen lokal

Primärgröße (Flächendichte)

$$X_1 := \frac{X}{A_1} = 1\,\frac{kg}{m^2}$$

Flussgröße (Dichtestrom)

$$I_{X1} := X_1 \cdot \frac{1}{t} = 1\,\frac{kg}{m^2 \cdot s}$$

Potentialdifferenz

$$Y_1 := \frac{\rho_E}{X_1} = 1\,\frac{m}{s^2}$$

Extensum

$$Ex_1 := Y_1 \cdot t = 1\,\frac{m}{s}$$

konstitutive Gesetze global

Kapazität

$$C := \frac{X}{Y} = 1\,\frac{kg \cdot s^2}{m^2}$$

Induktivität

$$L := \frac{Ex}{I_X} = 1\,\frac{m^2}{kg}$$

Widerstand

$$R := \frac{Y}{I_X} = 1\,\frac{m^2}{kg \cdot s}$$

Prozessleistung

$$P := Y \cdot I_X = 1\,W$$

konstitutive Gesetze lokal

mechanische Suszeptibilität I

$$\chi_{XY} := \frac{X_1}{Y_1} = 1\,\frac{kg \cdot s^2}{m^3}$$

mechanische Suszeptibilität II

$$\chi_{Ex1x} := \frac{Ex_1}{I_{X1}} = 1\,\frac{m^3}{kg}$$

spezifischer Widerstand

$$\rho_1 := \frac{Y_1}{I_{X1}} = 1 \cdot \frac{m^3}{kg \cdot s}$$

Prozessleistungdichte

$$\rho_P := Y_1 \cdot I_{X1} = 1\,\frac{W}{m^3}$$

E.4 Mechanik – schwere Masse (Vereinfachung bei konstanter Dichte)

Zusammenhänge und Einheiten

Grundgrößen

Zeit

$$t := 1\,s$$

Energie

$$E := 1\,J$$

Energiedichte (Volumendichte)

$$\rho_E := 1\,\frac{J}{m^3}$$

lokales Flächenelement

$$A_1 := 1\,m^2$$

Basisgrößen global

Primärgröße (Volumen)

$$X := 1\,\mathrm{m}^3$$

Flussgröße (Volumenstrom)

$$I_X := X \cdot \frac{1}{t} = 1\,\frac{\mathrm{m}^3}{\mathrm{s}}$$

Potentialdifferenz (Druck)

$$Y := \frac{E}{X} = 1\,\mathrm{Pa}$$

Extensum

$$\mathrm{Ex} := Y \cdot t = 1\,\mathrm{Pa} \cdot \mathrm{s}$$

Basisgrößen lokal

Primärgröße (Länge)

$$X_1 := \frac{X}{A_1} = 1\,\mathrm{m}$$

Flussgröße (Geschwindigkeit)

$$I_{X1} := X_1 \cdot \frac{1}{t} = 1\,\frac{\mathrm{m}}{\mathrm{s}}$$

Potentialdifferenz

$$Y_1 := \frac{\rho_E}{X_1} = 1\,\frac{\mathrm{kg}}{\mathrm{m}^2 \cdot \mathrm{s}^2}$$

Extensum

$$\mathrm{Ex}_1 := Y_1 \cdot t = 1\,\frac{\mathrm{kg}}{\mathrm{m}^2 \cdot \mathrm{s}}$$

konstitutive Gesetze global

Kapazität

$$C := \frac{X}{Y} = 1\,\frac{\mathrm{m}^3}{\mathrm{Pa}}$$

Induktivität

$$L := \frac{\mathrm{Ex}}{I_X} = 1\,\mathrm{s}^2 \cdot \frac{\mathrm{Pa}}{\mathrm{m}^3}$$

Widerstand

$$R := \frac{Y}{I_X} = 1\,\frac{\mathrm{Pa} \cdot \mathrm{s}}{\mathrm{m}^3}$$

Prozessleistung

$$P := Y \cdot I_X = 1\,\mathrm{W}$$

konstitutive Gesetze lokal

mechanische Suszeptibilität I

$$\chi_{XY} := \frac{X_1}{Y_1} = 1\,\frac{\mathrm{m}^3 \cdot \mathrm{s}^2}{\mathrm{kg}}$$

mechanische Suszeptibilität II

$$\chi_{\mathrm{Ex1x}} := \frac{\mathrm{Ex}_1}{I_{X1}} = 1\,\frac{\mathrm{kg}}{\mathrm{m}^3}$$

spezifischer Widerstand

$$\rho_1 := \frac{Y_1}{I_{X1}} = 1 \cdot \frac{\mathrm{kg}}{\mathrm{m}^3 \cdot \mathrm{s}}$$

Prozessleistungdichte

$$\rho_P := Y_1 \cdot I_{X1} = 1\,\frac{\mathrm{W}}{\mathrm{m}^3}$$

E.5 Mechanik – Impuls

Zusammenhänge und Einheiten

Grundgrößen

Zeit
$$t := 1\,\text{s}$$

Energie
$$E := 1\,\text{J}$$

Energiedichte (Volumendichte)
$$\rho_E := 1\,\frac{\text{J}}{\text{m}^3}$$

lokales Flächenelement
$$A_l := 1\,\text{m}^2$$

Basisgrößen global

Primärgröße (Impuls)
$$X := 1\,\text{N} \cdot \text{s}$$

Flussgröße (Kraft)
$$I_X := X \cdot \frac{1}{t} = 1\,\text{N}$$

Potentialdifferenz (Geschwindigkeit)
$$Y := \frac{E}{X} = 1\,\frac{\text{m}}{\text{s}}$$

Extensum (Weg)
$$\text{Ex} := Y \cdot t = 1\,\text{m}$$

Basisgrößen lokal

Primärgröße
$$X_l := \frac{X}{A_l} = 1\,\frac{\text{kg}}{\text{m} \cdot \text{s}}$$

Flussgröße (Spannung)
$$I_{Xl} := X_l \cdot \frac{1}{t} = 1\,\text{Pa}$$

Potentialdifferenz
(Dehnungsgeschwindigkeit)
$$Y_l := \frac{\rho_E}{X_l} = 1\,\frac{1}{\text{s}}$$

Extensum (Dehnung)
$$\text{Ex}_l := Y_l \cdot t = 1$$

konstitutive Gesetze global

Kapazität
$$C := \frac{X}{Y} = 1\,\text{kg}$$

Induktivität
$$L := \frac{\text{Ex}}{I_X} = 1\,\frac{\text{m}}{\text{N}} \qquad c := \frac{1}{L} = 1\,\frac{\text{N}}{\text{m}}$$

Widerstand
$$R := \frac{Y}{I_X} = 1\,\frac{\text{m}}{\text{N} \cdot \text{s}} \qquad k := \frac{1}{R} = 1\,\frac{\text{N} \cdot \text{s}}{\text{m}}$$

Prozessleistung
$$P := Y \cdot I_X = 1\,\text{W}$$

konstitutive Gesetze lokal

mechanische Suszeptibilität I

$$\chi_{XY} := \frac{X_1}{Y_1} = 1 \, \frac{\mathrm{kg}}{\mathrm{m}}$$

mechanische Suszeptibilität II
(1/E-Modul)

$$\chi_{\mathrm{Exlx}} := \frac{\mathrm{Ex}_1}{I_{X1}} = 1 \, \frac{\mathrm{m}^2}{\mathrm{N}}$$

spezifischer Widerstand

$$\rho_1 := \frac{Y_1}{I_{X1}} = 1 \cdot \frac{\mathrm{m} \cdot \mathrm{s}}{\mathrm{kg}}$$

Prozessleistungdichte

$$\rho_{\mathrm{P}} := Y_1 \cdot I_{X1} = 1 \, \frac{\mathrm{W}}{\mathrm{m}^3}$$

E.6 Mechanik – Drehimpuls

Zusammenhänge und Einheiten

Grundgrößen

Zeit

$$t := 1 \, \mathrm{s}$$

Energie

$$E := 1 \, \mathrm{J}$$

Energiedichte (Volumendichte)

$$\rho_E := 1 \, \frac{\mathrm{J}}{\mathrm{m}^3}$$

lokales Flächenelement

$$A_1 := 1 \, \mathrm{m}^2$$

Basisgrößen global

Primärgröße (Drehimpuls)

$$X := 1 \, \mathrm{N} \cdot \mathrm{m} \cdot \mathrm{s}$$

Flussgröße (Moment)

$$I_X := X \cdot \frac{1}{t} = 1 \, \mathrm{N} \cdot \mathrm{m}$$

Potentialdifferenz
(Winkelgeschwindigkeit)

$$Y := \frac{E}{X} = 1 \, \frac{\mathrm{rad}}{\mathrm{s}}$$

Extensum (Winkel)

$$\mathrm{Ex} := Y \cdot t = 1 \, \mathrm{rad}$$

Basisgrößen lokal

Primärgröße

$$X_1 := \frac{X}{A_1} = 1 \, \frac{\mathrm{kg}}{\mathrm{s}}$$

Flussgröße

$$I_{X1} := X_1 \cdot \frac{1}{t} = 1 \, \frac{\mathrm{kg}}{\mathrm{s}^2}$$

Potentialdifferenz

$$Y_1 := \frac{\rho_E}{X_1} = 1 \, \frac{1}{\mathrm{m} \cdot \mathrm{s}}$$

Extensum

$$\mathrm{Ex}_1 := Y_1 \cdot t = 1 \, \frac{1}{\mathrm{m}}$$

konstitutive Gesetze global

Kapazität
(Massenträgheitsmoment)

$$C := \frac{X}{Y} = 1\,\text{N} \cdot \text{m} \cdot \text{s}^2$$

Induktivität

$$L := \frac{\text{Ex}}{I_X} = 1\,\frac{1}{\text{N} \cdot \text{m}} \qquad c_t := \frac{1}{L} = 1\,\text{N} \cdot \text{m}$$

Widerstand

$$R := \frac{Y}{I_X} = 1\,\frac{\text{rad}}{\text{N} \cdot \text{m} \cdot \text{s}} \qquad k_t := \frac{1}{R} = 1\,\frac{\text{N} \cdot \text{m} \cdot \text{s}}{\text{rad}}$$

Prozessleistung

$$P := Y \cdot I_X = 1\,\text{W}$$

konstitutive Gesetze lokal

mechanische Suszeptibilität I

$$\chi_{XY} := \frac{X_{\text{l}}}{Y_{\text{l}}} = 1\,\text{kg} \cdot \text{m}$$

mechanische Suszeptibilität II

$$\chi_{\text{Exlx}} := \frac{\text{Ex}_{\text{l}}}{I_{X\text{l}}} = 1\,\frac{1}{\text{N}}$$

spezifischer Widerstand

$$\rho_{\text{l}} := \frac{Y_{\text{l}}}{I_{X\text{l}}} = 1 \cdot \frac{\text{s}}{\text{kg} \cdot \text{m}}$$

Prozessleistungdichte

$$\rho_{\text{P}} := Y_{\text{l}} \cdot I_{X\text{l}} = 1\,\frac{\text{W}}{\text{m}^3}$$

E.7 Thermodynamik – Entropie

Zusammenhänge und Einheiten

Grundgrößen

Zeit

$$t := 1\,\text{s}$$

Energie

$$E := 1\,\text{J}$$

Energiedichte (Volumendichte)

$$\rho_E := 1\,\frac{\text{J}}{\text{m}^3}$$

lokales Flächenelement

$$A_{\text{l}} := 1\,\text{m}^2$$

Basisgrößen global

Primärgröße (Entropie)

$$X := 1\,\frac{\text{J}}{\text{K}}$$

Flussgröße (Entropiestrom)

$$I_X := X \cdot \frac{1}{t} = 1\,\frac{\text{J}}{\text{K} \cdot \text{s}}$$

Potentialdifferenz (Temperatur)

$$Y := \frac{E}{X} = 1\,\text{K}$$

Extensum

$$\text{Ex} := Y \cdot t = 1\,\text{K} \cdot \text{s}$$

Basisgrößen lokal

Primärgröße
$$X_1 := \frac{X}{A_1} = 1 \, \frac{kg}{s^2 \cdot K}$$

Flussgröße
$$I_{X1} := X_1 \cdot \frac{1}{t} = 1 \, \frac{kg}{s^3 \cdot K}$$

Potentialdifferenz
$$Y_1 := \frac{\rho_E}{X_1} = 1 \, \frac{K}{m}$$

Extensum
$$Ex_1 := Y_1 \cdot t = 1 \, \frac{s \cdot K}{m}$$

konstitutive Gesetze global

Kapazität
$$C := \frac{X}{Y} = 1 \, \frac{J}{K^2}$$

Induktivität (existiert nicht)
$$L := \frac{Ex}{I_X} = 1 \, \frac{K^2 \cdot s^2}{J}$$

Widerstand
$$R := \frac{Y}{I_X} = 1 \, \frac{K^2 \cdot s}{J}$$

Prozessleistung
$$P := Y \cdot I_X = 1 \, W$$

konstitutive Gesetze lokal

thermische Suszeptibilität I
$$\chi_{XY} := \frac{X_1}{Y_1} = 1 \, \frac{J}{m \cdot K^2}$$

thermische Suszeptibilität II
$$\chi_{Ex1x} := \frac{Ex_1}{I_{X1}} = 1 \, \frac{m \cdot s^2 \cdot K^2}{J}$$

spezifischer Widerstand
$$\rho_1 := \frac{Y_1}{I_{X1}} = 1 \cdot m \cdot s \cdot \frac{K^2}{J}$$

Prozessleistungdichte
$$\rho_P := Y_1 \cdot I_{X1} = 1 \, \frac{W}{m^3}$$

E.8 Energie – allgemeine Darstellung

Zusammenhänge und Einheiten

Grundgrößen

Zeit
$$t := 1 \, s$$

Entropie
$$S := 1 \, \frac{J}{K}$$

Basisgrößen

Primärgröße (Energie)

$$X := 1\,\text{J}$$

Flussgröße (Energiestrom)

$$I_X := X \cdot \frac{1}{t} = 1\,\text{W}$$

Potentialdifferenz

$$Y := \frac{S}{X} = 1\,\frac{1}{\text{K}}$$

Extensum

$$\text{Ex} := Y \cdot t = 1\,\frac{\text{s}}{\text{K}}$$

konstitutive Gesetze

Kapazität

$$C := \frac{X}{Y} = 1\,\text{J} \cdot \text{K}$$

Induktivität (existiert nicht)

$$L := \frac{\text{Ex}}{I_X} = 1\,\frac{\text{s}}{\text{W} \cdot \text{K}}$$

Widerstand

$$R := \frac{Y}{I_X} = 1\,\frac{1}{\text{W} \cdot \text{K}}$$

Entropiestrom

$$P := Y \cdot I_X = 1\,\frac{\text{J}}{\text{K} \cdot \text{s}} \qquad P = 1\,\frac{\text{W}}{\text{K}}$$

F Aufgaben und Lösungen

F.1 Mechanik – Translation

Komplexaufgabe 2.6 Schwingungstilger für ein Brückenbauwerk

Annahmen

Bei der Berechnung des Schwingungstilgers gelten die folgenden Voraussetzungen:
- linearer Zweimassenschwinger mit konzentrierten Ersatzelementen
- harmonische Krafterregung am Hauptsystem

Analyse

Modelle
Für die Brücke und den Schwingungstilger werden jeweils Voigt-Kelvin-Körper verwendet. Der Schwingungstilger wird in der Mitte der Brücke angebracht (Abb. F.1).

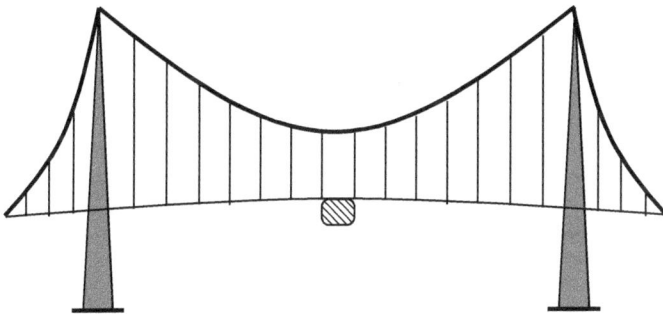

Abb. F.1: Brücke mit Schwingungstilger

Betrachtet man den Brückenträger als elastischen Stab und bringt das Tilgersystem an der Stabmitte an, so kann die Brücke durch das folgende Modell vereinfacht werden.

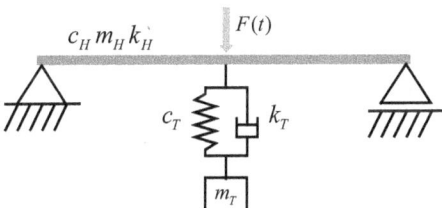

Abb. F.2: Stabmodell mit Schwingungstilger

https://doi.org/10.1515/9783110470857-009

Wird der elastische Stab zu einem linearen Einmassenschwinger vereinfacht, so erhalten wir das Modell eines linearen Zweimassenschwingers.

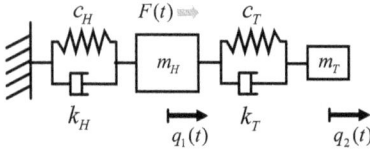

Abb. F.3: Modell eines linearen Zweimassenschwingers

Eingaben

Parameter der Brücke und des Tilgersystems

Auslegungsdaten für das Hauptsystem (Brücke)

generalisierte Hauptmasse
der Brücke

$m_\mathrm{H} := 10.000\,\mathrm{kg}$

Steifigkeit der Brücke

$c_\mathrm{H} := 9{,}87 \cdot 10^6\,\dfrac{\mathrm{N}}{\mathrm{m}}$

Dämpfung der Brücke

$D_\mathrm{H} := 0{,}016$

Erregerkraft

$F_0 := 10.000 \cdot \mathrm{N}$

Auslegungsdaten für das Tilgersystem

Tilgermasse

$m_\mathrm{T} := 300\,\mathrm{kg}$

Aus statischen Gesichtspunkten sollte die Tilgermasse nicht größer als 5 % der Masse des Hauptsystems sein.

Berechnungen

Bestimmung der Parameter des Tilgersystems

Massenverhältnis

$\gamma := \dfrac{m_\mathrm{T}}{m_\mathrm{H}}$

$\gamma = 30 \cdot 10^{-3}$

Eigenkreisfrequenz des
Hauptsystems

$\omega_{0\mathrm{H}} := \sqrt{\dfrac{c_\mathrm{H}}{m_\mathrm{H}}}$

$\omega_{0\mathrm{H}} = 31{,}417\,\dfrac{1}{\mathrm{s}}$

Eigenfrequenz des Hauptsystems	$f_H := \dfrac{\omega_{0H}}{2 \cdot \pi}$
	$f_H = 5\,\dfrac{1}{s}$
optimale Tilgerfrequenz	$f_T := \dfrac{f_H}{1 + \gamma}$
	$f_T = 4{,}854\,\dfrac{1}{s}$
Eigenkreisfrequenz des Tilgersystems	$\omega_{0T} := 2 \cdot \pi \cdot f_T$
	$\omega_{0T} = 30{,}502\,\dfrac{1}{s}$
optimale Tilgerdämpfung	$D_T := \sqrt{\dfrac{3 \cdot \gamma}{8 \cdot (1 + \gamma)^3}}$
	$D_T = 101{,}466 \cdot 10^{-3}$
optimale Dämpfung des Hauptsystems	$D_{Ho} := \dfrac{1}{2 \cdot \sqrt{1 + \frac{2}{\gamma}}}$
	$D_{Ho} = 60{,}783 \cdot 10^{-3}$

Ergebnisse

Berechnungsergebnisse für das Tilgersystem

Tilgersteifigkeit	$c_T := \omega_{0T}2 \cdot m_T$
	$c_T = (279{,}103 \cdot 10^3)\dfrac{N}{m}$
Tilgerdämpfung	$k_T := 2 \cdot D_T \cdot \omega_{0T} \cdot m_T$
	$k_T = (1{,}857 \cdot 10^3)\dfrac{N \cdot s}{m}$
Dämpfung der Brücke	$k_H := 2 \cdot D_H \cdot \omega_{0H} \cdot m_H$
	$k_H = (10{,}053 \cdot 10^3)\dfrac{N \cdot s}{m}$
Eigenkreisfrequenz des Tilgersystems	$\omega_{0T} := 2 \cdot \pi \cdot f_T$
	$\omega_{0T} = 30{,}502\,\dfrac{1}{s}$

Berechnungen

Bestimmung der Parameter des ungedämpften Zweimassensystems

Hauptmasse	$m_1 := m_H$
Tilgermasse	$m^2 := m_T$

Steifigkeit der Brücke $\qquad\qquad c_1 := c_H$

Steifigkeit des Tilgers $\qquad\qquad c_2 := c_T$

Massenmatrix $\qquad\qquad M := \begin{bmatrix} m_1 & 0 \\ 0 & m_2 \end{bmatrix}$

Steifigkeitsmatrix $\qquad\qquad C := \begin{bmatrix} c_1 + c_2 & -c_2 \\ -c_2 & c_2 \end{bmatrix}$

Lösung des gewöhnlichen Eigenwertproblems

Freiheitsgrad $\qquad\qquad f := \text{rank}(M)$

Systemmatrix $\qquad\qquad A := M^{-1} \cdot C$

Berechnung der Eigenwerte $\qquad\qquad \lambda := \text{eigenvals}(A) = \begin{bmatrix} 1{,}139 \cdot 10^{-3} \\ 806{,}031 \end{bmatrix} \dfrac{1}{s^2}$

Berechnung der ungedämpften
Eigenkreisfrequenzen $\qquad\qquad \omega_0 := \sqrt[2]{\lambda}$

$$\omega_0 = \begin{bmatrix} 33{,}752 \\ 28{,}391 \end{bmatrix} \dfrac{1}{s}$$

Berechnung der
Eigenvektoren $\qquad\qquad \Psi := \text{eigenvecs}(A)$

Eigenvektormatrix $\qquad\qquad \Psi = \begin{bmatrix} 219{,}065 \cdot 10^{-3} & 132{,}442 \cdot 10^{-3} \\ -975{,}71 \cdot 10^{-3} & 991{,}191 \cdot 10^{-3} \end{bmatrix}$

Betragsmaximum
jeder Spalte $\qquad$ $\text{Max}(M_N, i) := \begin{Vmatrix} \text{if} \, | \, \min(Re(M_N)^{(i)})| < \max(Re(M_N)^{(i)}) \\ \quad \begin{Vmatrix} \max(Re(M_N)^{(i)}) \end{Vmatrix} \\ \text{else} \\ \quad \begin{Vmatrix} |\min(Re(M_N)^{(i)})| \end{Vmatrix} \end{Vmatrix}$

Laufindex $\qquad\qquad i := 0 \ldots f - 1$

Normierung $\qquad\qquad \Psi^{(i)} := \dfrac{\Psi^{(i)}}{\text{Max}(\Psi, i)}$

normierte Eigenvektormatrix $\qquad \Psi = \begin{bmatrix} 224{,}519 \cdot 10^{-3} & 133{,}619 \cdot 10^{-3} \\ -1 & 1 \end{bmatrix}$

Ergebnisse

Darstellung der Knotenbilder

Hilfsmatrix

$$A_{\mathrm{H}} := [0\ 0] \quad K_{\mathrm{P}} := \mathrm{stack}(A_{\mathrm{H}}, \Psi)$$

$$i := 0\ldots f \quad K_{\mathrm{N}} := \mathrm{stack}(A_{\mathrm{H}}, \Psi \cdot (-1))$$

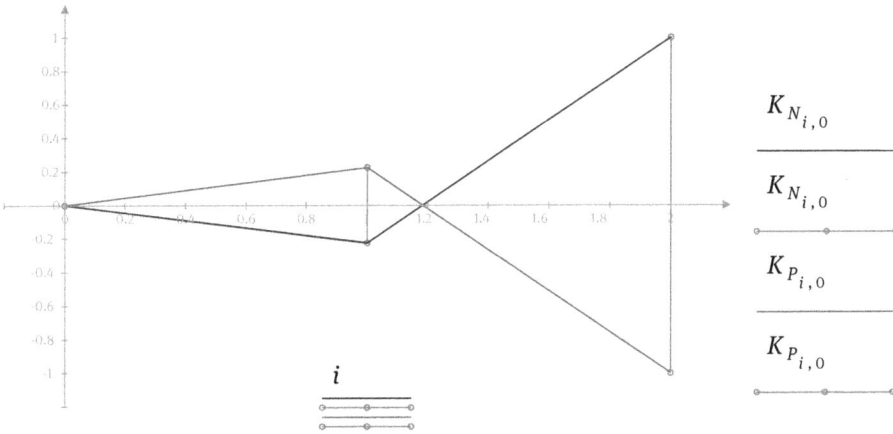

Abb. F.4: Knotenbild für die erste Oberwelle

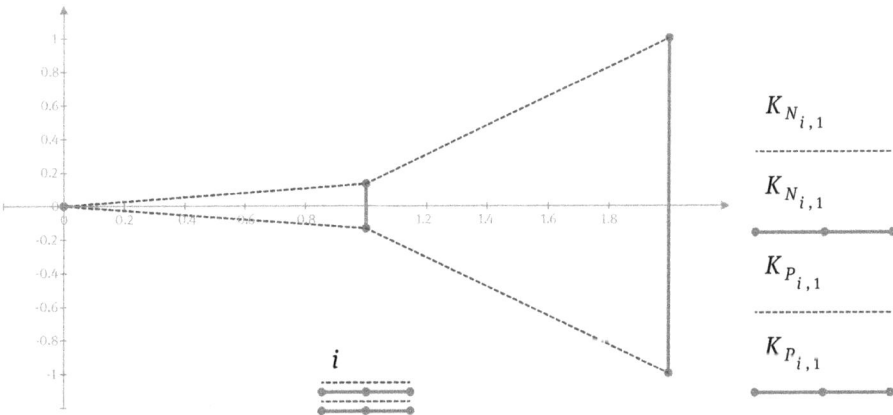

Abb. F.5: Knotenbild für die Grundwelle

Berechnungen

Lösung des Differentialgleichungssystems mittels harmonischem Ansatz

Laufindex der Erregerkreis-
frequenz

$$\Omega := 20 \cdot \frac{1}{s}, 20,1 \cdot \frac{1}{s}, \ldots 40 \cdot \frac{1}{s}$$

Determinante

$$\Delta(\Omega) := (\Omega^2 - \omega_{0_0}^2) \cdot (\Omega^2 - \omega_{0_1}^2)$$

Amplitude q_1

$$q_1(\Omega) := \frac{\frac{F_0}{m_1}(\frac{c_2}{m_2} - \Omega^2)}{\Delta(\Omega)}$$

Amplitude q_2

$$q_2(\Omega) := \frac{\frac{F_0}{m_1}\frac{c_2}{m_2}}{\Delta(\Omega)}$$

Tilgereigenfrequenz
bei $q_1 = 0$

$$\Omega_T := \sqrt{\frac{c_2}{m_2}} \qquad \Omega_T = 30,502 \frac{1}{s}$$

$$\overline{q_1(\Omega) \ (m)}$$

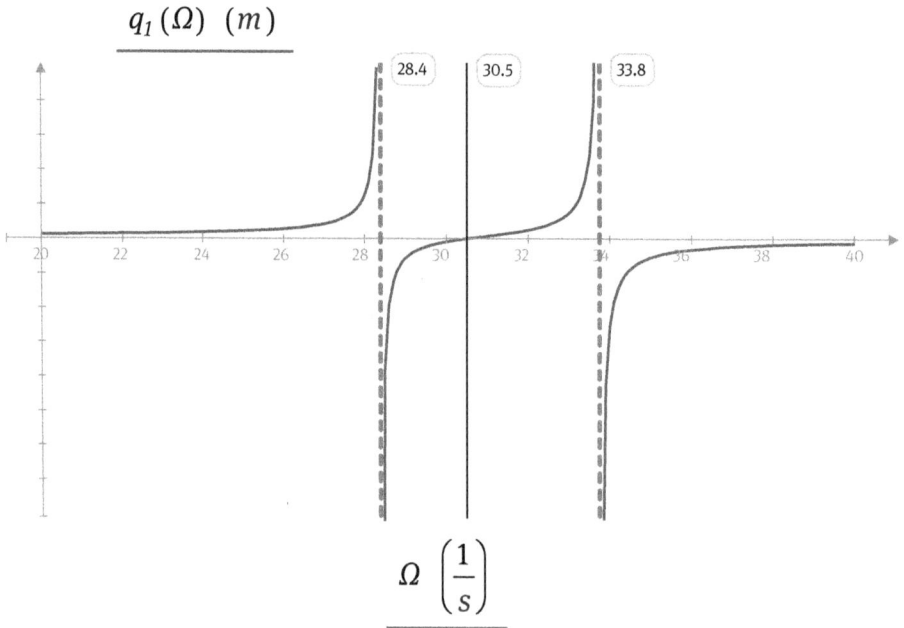

$$\Omega \ \overline{\left(\frac{1}{s}\right)}$$

$$\underline{q_2(\Omega)\ (m)}$$

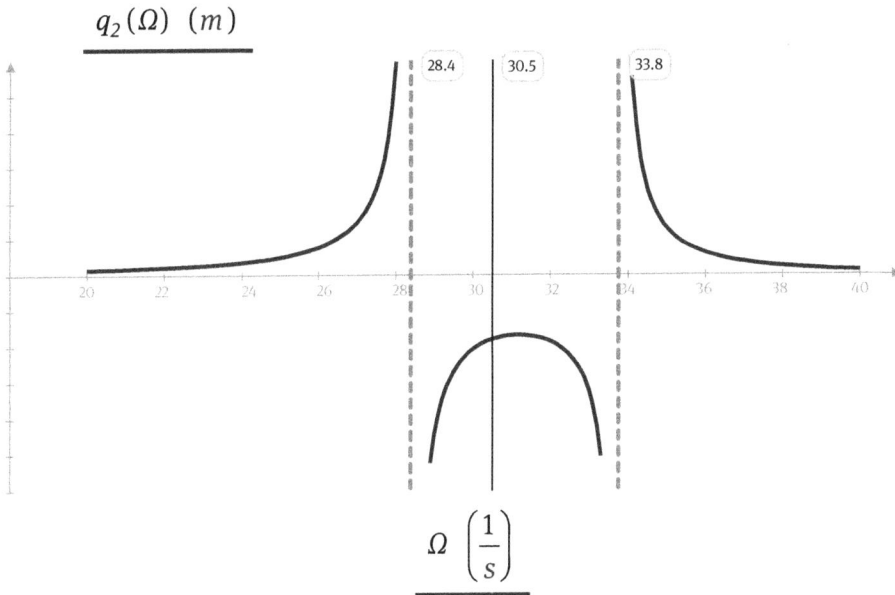

F.2 Mechanik – Rotation

Übungsaufgabe 2.8 Satellit

Annahmen

Bei der Berechnung des Satelliten gelten die folgenden Voraussetzungen:
- Der Satellit besteht aus einem homogenen Hohlzylinder ohne Deckel und Boden.
- Die Solarpaneele werden als homogene Rechteckplatten angenommen.
- Zwei Schubdüsen wirken tangential jeweils am Außenradius des Satelliten.

Analyse

Modelle
Nach dem Start des Satelliten wird er im Orbit über zwei Schubdüsen in Rotation versetzt. Ist ω_0 erreicht, werden die Schubdüsen deaktiviert, und der Satellit rotiert mit angelegten Solarpaneelen bis zur Versuchszeit t_0. Im Anschluss werden die Solarpaneele entriegelt und entfalten sich automatisch über die Radialkräfte. Dabei soll sich die Drehzahl ω_1 einstellen, die am Außenradius des Satelliten die Schwerkraft des Planeten Mars erzeugt.

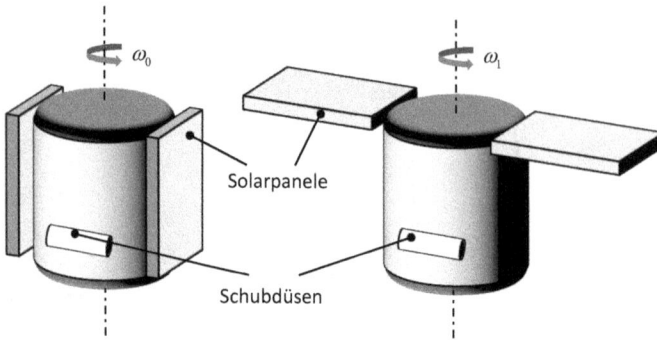

Abb. F.6: Zustand des Satelliten bei beiden Drehzahlpositionen

Der Satellitenkörper wird durch einen einfachen Hohlzylinder abgebildet, die Solarpaneele durch Rechteckplatten.

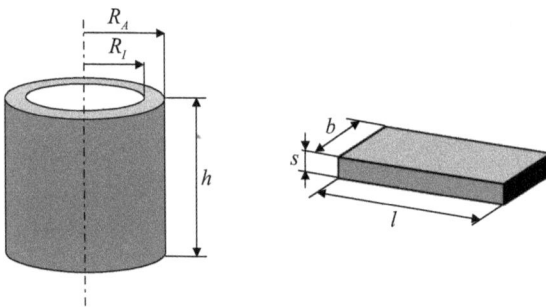

Abb. F.7: Modell des Satellitenkörpers und der Solarpaneele

Eingaben

Parameter des Satelliten und der Solarpaneele

Satellitenkörper (Hohlzylinder)

Außenradius	$R_\mathrm{A} := 50\,\mathrm{cm}$
Innenradius	$R_\mathrm{I} := 47\,\mathrm{cm}$
Höhe	$h := 1\,\mathrm{m}$
Dichte des Zylinders	$\rho_\mathrm{Alu} := 2.300\,\dfrac{\mathrm{kg}}{\mathrm{m}^3}$

Solarpaneel (Rechteckplatte)

Paneellänge	$l := 1\,\text{m}$
Paneelbreite	$b := 0{,}7\,\text{m}$
Paneeldicke	$s := 2\,\text{cm}$
Dichte des Paneels	$\rho_\text{P} := 714\,\dfrac{\text{kg}}{\text{m}^3}$

weitere Vorgaben

Marsfaktor (Gravitationsbeschleunigung)	$g_\text{M} := 0{,}38$
Summenschub von zwei Düsen	$F_\text{Schub} := 0{,}2\,\text{N}$

Berechnungen

Satellitenkörper (Hohlzylinder)

Grundfläche	$A_\text{G} := \dfrac{\pi}{4}((2R_\text{A})^2 - (2R_\text{I})^2)$
Volumen	$V_\text{Sat} := A_\text{G} \cdot h$
Masse	$m_\text{Sat} := V_\text{Sat} \cdot \rho_\text{Alu} = 210{,}267\,\text{kg}$
Massenträgheitsmoment des Hohlzylinders	$J_\text{Sat} := m_\text{Sat} \cdot \left(\dfrac{R_\text{A}^2}{2} + \dfrac{R_\text{I}^2}{2}\right) 49{,}507\,\text{kg} \cdot \text{m}^2$

Solarpaneel (Rechteckplatte)

Masse eines Paneels	$m_\text{P} := l \cdot b \cdot s \cdot \rho_\text{P} = 9{,}996\,\text{kg}$
Massenträgheitsmoment um die Rotationsachse (entfaltet)	$J_{zz} := \dfrac{m_\text{P}}{12} \cdot (l^2 + b^2) = 1{,}241\,\text{kg} \cdot \text{m}^2$
Massenträgheitsmoment um die Rotationsachse (angelegt)	$J_{yy} := \dfrac{m_\text{P}}{12} \cdot (s^2 + b^2) = (408{,}503 \cdot 10^{-3})\,\text{kg} \cdot \text{m}^2$

Gesamtsystem

Massenträgheitsmoment um die Rotationsachse Zustand 0 (Gesamtsystem)	$J_0 := J_\text{Sat} + 2 \cdot J_{yy} + 2 \cdot m_\text{P} \cdot \left(R_\text{A} + \dfrac{s}{2}\right)^2$ $J_0 = 55{,}524\,\text{kg} \cdot \text{m}^2$
Massenträgheitsmoment um die Rotationsachse Zustand 1 (Gesamtsystem)	$J_1 := J_\text{Sat} + 2 \cdot J_{zz} + 2 \cdot m_\text{P} \cdot \left(R_\text{A} + \dfrac{l}{2}\right)^2$ $J_1 = 71{,}982\,\text{kg} \cdot \text{m}^2$

Änderung des Massenträg- $\qquad$ $J_1 - J_0 = 16{,}457\,\text{kg}\cdot\text{m}^2$
heitsmomentes während der
Entfaltung

Herleitung der Winkelgeschwin- $\qquad$ $F_M = g_M \cdot g \cdot m = \omega_1^2 \cdot R_A$
digkeit für Marsschwerkraft

Winkelgeschwindigkeit $\qquad$ $\omega_1 := \sqrt{\dfrac{g_M \cdot g}{R_A}} = 2{,}73\,\dfrac{1}{s}$

Ergebnisse

Berechnungsergebnisse für den Satellitenversuch

mechatronische Kapazität zum $\qquad$ $J_0 = 55{,}524\,\text{kg}\cdot\text{m}^2$
Start

veränderliche Kapazität für den $\qquad$ $J_1 - J_0 = 16{,}457\,\text{kg}\cdot\text{m}^2$
Wechsel zum Zustand 1

Antriebsmoment $\qquad$ $M_0 := F_{\text{Schub}} \cdot R_A = 0{,}1\,\text{N}\cdot\text{m}$

Winkelgeschwindigkeit im $\qquad$ $\omega_0 := \dfrac{J_1}{J_0} \cdot \omega_1 = 3{,}539\,\dfrac{1}{s}$
Zustand 0
(Drehimpulserhaltungssatz)

Drehzahl $\qquad$ $n_0 := \dfrac{\omega_0}{2 \cdot \pi} = 0{,}563\,\dfrac{1}{s}$

Zeit bis zum Erreichen von ω_0 $\qquad$ $t_0 := \dfrac{\omega_0}{M_0} \cdot J_0 = 1.965{,}12\,\text{s}$

F.3 Mechanik – Rotation

Übungsaufgabe 2.9 Gravitationsdrehwaage nach Cavendish

Annahmen

Bei der Berechnung der Drehwaage gelten die folgenden Voraussetzungen:
- Vernachlässigung aller Reibeffekte;
- kleine Drehwinkelausschläge (lineares System);
- Vernachlässigung der Masse des Hantelstabes.

Analyse

Modell

Das Prinzip der Torsionsdrehwaage basiert auf dem Momentengleichgewicht durch die Gravitationskräfte und dem Rückstellmoment durch die Torsion eines Drahtes. An einem Torsionsdraht hängt eine Hantel mit zwei kleinen Massen m_1. Werden nun zwei größere Massen m_2 in die Nähe von m_1 gebracht, wird die Hantel durch die Gravitationskräfte um einen Drehwinkel φ ausgelenkt (Abb. F.8).

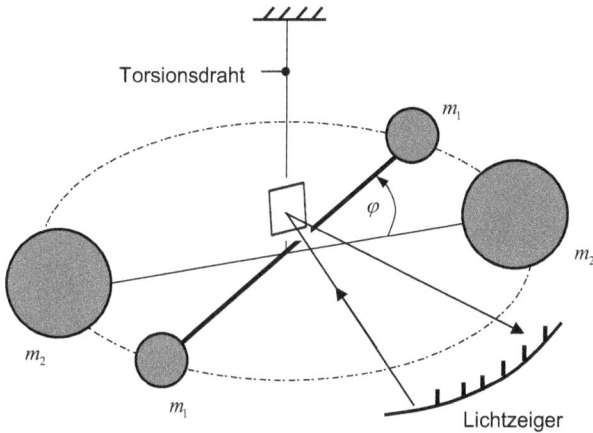

Abb. F.8: Prinzipaufbau der Torsionswaage nach Cavendish

Für das Simulationsmodell sollen die Daten des Originalversuchsaufbaus nach Cavendish verwendet werden. Da Cavendish insgesamt die Daten von 17 Experimenten veröffentlicht hat, wird für diese Aufgabenstellung ein mittlerer Datensatz gewählt.

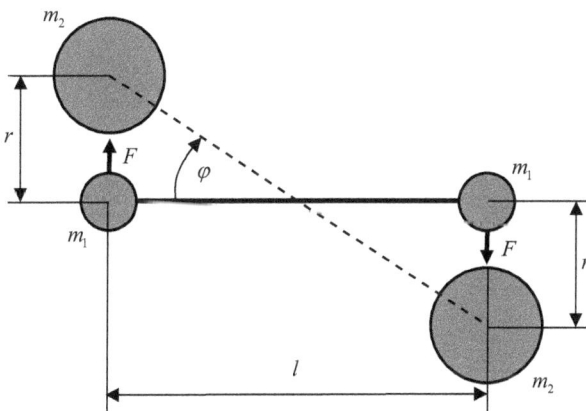

Abb. F.9: Geometrische Zusammenhänge an der Torsionswaage

Eingaben

Parameter der Torsionswaage nach Cavendish

Geometrie

Hantellänge (6 feet)	$l := 1,8288 \cdot \text{m}$
Abstand der Massen	$r := 2 \cdot \text{cm}$
Länge des Torsionsdrahtes	$l_\text{D} := 1,016 \cdot \text{m}$

weitere Vorgaben

kleine Masse $\qquad\qquad\qquad m_1 := 0,73 \cdot \text{kg}$

große Masse $\qquad\qquad\qquad m_2 := 158 \cdot \text{kg}$

Periodendauer aus $\qquad\quad T_0 := 425 \cdot \text{s}$
Schwingversuch

Gleitmodul des Torsionsdrahtes $\quad G := 47 \cdot 10^9 \cdot \text{Pa}$

Gravitationskonstante $\qquad\quad y := 6,74 \cdot 10^{-11} \cdot \dfrac{\text{m}^3}{\text{kg} \cdot \text{s}^2}$

Massenträgheitsmoment $\qquad J_S := \dfrac{m_1 \cdot l^2}{2} = 1,22075 \, \text{kg} \cdot \text{m}^2$
der Hantel
(mechatronische Kapazität)

Torsionssteifigkeit $\qquad\qquad c_t := \dfrac{2 \cdot \pi^2 \cdot l^2 \cdot m_1}{T_0^2} = (266,813 \cdot 10^{-6}) \, \text{N} \cdot \text{m}$
(mechatronische Induktivität)

Moment durch Gravitation $\qquad M_0 := y \cdot \dfrac{m_1 \cdot m_2}{r^2} \cdot l = (35,542 \cdot 10^{-6}) \, \text{N} \cdot \text{m}$

Drehwinkel $\qquad\qquad\qquad \varphi := \dfrac{T_0^2 \cdot y \cdot m_2}{2 \cdot \pi \cdot l \cdot r^2} = 7,63241 \, \text{deg}$

Rückrechnung

Durchmesser Torsionsdraht $\quad d_\text{D} := \dfrac{32^{1/4} \cdot l_\text{D}^{1/4} \cdot c_t^{1/4}}{\pi^{1/4} \cdot G^{1/4}} = (492,324 \cdot 10^{-3}) \, \text{mm}$

polares Flächenmoment $\qquad I_\text{T} := \cdot \dfrac{\pi}{32} \cdot d_\text{D}^4$

Torsionssteifigkeit $\qquad\qquad c_t :== G \cdot \dfrac{I_\text{T}}{l_\text{D}} = (266,813 \cdot 10^{-6}) \, \text{N} \cdot \text{m}$

Periodendauer $\qquad\qquad\qquad T_0 := 2 \cdot \pi \cdot \sqrt{\dfrac{J_S}{c_t}} = 425 \, \text{s}$

Winkelgeschwindigkeit
$$\omega := \frac{2 \cdot \pi}{T_0} = (14{,}78397 \cdot 10^{-3})\frac{1}{s}$$

Gravitationskonstante
$$\gamma := \frac{2 \cdot \pi^2 \cdot l \cdot r^2 \cdot \varphi}{T_0^2 \cdot m_2} = (67{,}4 \cdot 10^{-12})\frac{m^3}{kg \cdot s^2}$$

Korrekturfaktor
$$K := \frac{1}{1 - \frac{r^3}{(\sqrt{l^2+r^2})^3}} = 1{,}00000130771772$$

F.4 Mechanik – Rotation

Übungsaufgabe 2.10 Wirbelstrombremse

Annahmen

Bei der Berechnung der Bremsscheibe gelten die folgenden Voraussetzungen:
- konstanter Widerstandsbeiwert
- konstante Reynolds-Zahl
- konstante Fluiddichte (Luft)

Analyse

Modelle
Eine Wirbelstrombremse ist eine verschleißfreie Bremse, die auf Basis von Wirbel-strömen durch magnetische Felder in bewegten Scheiben ein Bremsmoment erzeugt (Abb. F.10).
Um die Strömungsverluste der rotierenden Scheibe möglichst gering zu halten, be-findet sich die Bremsscheibe in einem speziellen Gehäuse. Da der Wirkungsgrad der

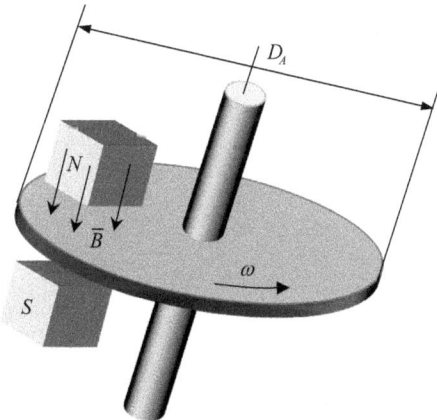

Abb. F.10: Prinzip der Wirbelstrombremse

Bremse stark vom magnetischen Luftspalt b beeinflusst wird, müsste er aus Sicht einer optimalen Dimensionierung des Magnetkreises sehr gering gestaltet werden. Dem spricht jedoch eine endliche Grenzschichtdicke im Strömungsvolumen entgegen (Abb. F.11). Bei zu geringem Luftspalt b steigen die Reibungsverluste zwischen Bremsscheibe und Wand sehr stark an.

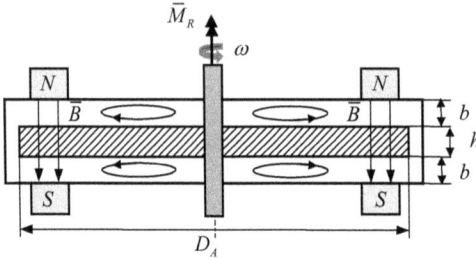

Abb. F.11: Modell einer umströmten Scheibe

Eingaben

Parameter der Wirbelstrombremse

Bremsscheibe

Außenradius	$R_A := 70 \, \text{mm}$
Wellenradius	$R_W := 3 \, \text{mm}$
Scheibendicke	$h := 4 \, \text{mm}$
Dichte der Scheibe	$\rho_{Alu} := 2.300 \, \dfrac{\text{kg}}{\text{m}^3}$

weitere Vorgaben

Drehzahl der Bremsscheibe	$n_0 := 20.000 \, \dfrac{\text{rad}}{\text{min}}$
Dichte der Luft	$\rho_L := 1 \, \dfrac{\text{kg}}{\text{m}^3}$
Reynolds-Zahl (turbulent)	$Re := 10^6$
konstantes Bremsmoment	$M_0 := 0,001 \cdot \text{N} \cdot \text{m}$

1. Berechnungen (Arbeitspunkt n_0)

Masse der Scheibe	$m_S := \dfrac{\pi}{4}(2 \cdot R_A)^2 \cdot h \cdot \rho_{\text{Alu}} = 0,142\,\text{kg}$
Massenträgheitsmoment der Scheibe	$J_S := \dfrac{m_S}{2} \cdot R_A^2 = (346,976 \cdot 10^{-6})\,\text{kg} \cdot \text{m}^2$
Reibbeiwert	$c_W := \dfrac{0,074}{\text{Re}^{1/5}} = 4,669 \cdot 10^{-3}$
Winkelgeschwindigkeit	$\omega_0 := 2 \cdot \pi \cdot n_0 = (2,094395 \cdot 10^3)\dfrac{1}{s}$

Reibmoment (beide Seiten)

$$M_R := \frac{2}{5} \cdot \pi \cdot c_W \cdot \rho_L \cdot (R_A^5 - R_W^5) \cdot \omega_0^2$$

$$M_R = (43,256 \cdot 10^{-3})\,\text{N} \cdot \text{m}$$

Newton'scher Reibfaktor

$$k_N := \frac{2}{5} \cdot \pi \cdot c_W \cdot \rho_L \cdot (R_A^5 - R_W^5)$$

$$k_N = (9,86124 \cdot 10^{-9})\,\text{kg} \cdot \text{m}^2$$

Mechatronischer Widerstand

$$R_M(\omega_0) := \frac{5}{2 \cdot \pi \cdot c_W \cdot \rho_L \cdot (R_A^5 - R_W^5)} \cdot \frac{1}{\omega_0}$$

Reibleistung

$$M_R \cdot \omega_0 = 90,596\,\text{W}$$

2. Berechnungen (Lösung der Differentialgleichung über Trennung der Variablen)

Differentialgleichung

$$J_S = \frac{d}{dt}\omega = -M_R - M_0$$

$$J_S = \frac{d}{dt}\omega = -k_N \cdot \omega^2 - M_0$$

Trennung der Variablen

$$\frac{J_S \cdot d\omega}{-k_N \omega^2 - M_0} = dt$$

$$\frac{J_S \cdot \text{atan}(\frac{\omega \cdot \sqrt{k_N}}{\sqrt{M_0}})}{\sqrt{M_0 \cdot k_N}} = t + C$$

Winkelgeschwindigkeit

$$\omega(t) = \frac{\sqrt{M_0} \cdot \tan(\frac{(C+t) \cdot \sqrt{M_0 \cdot k_N}}{J_S})}{\sqrt{k_N}}$$

Randbedingung

$$\omega(t = 0) = \omega_0$$

Integrationskonstante
$$C = \frac{J_S \cdot \text{atan}(\frac{\sqrt{k_N} \cdot \omega_0}{\sqrt{M_0}})}{\sqrt{M_0 \cdot k_N}}$$

Lösung der Differential-
gleichung
$$\omega(t) := -\frac{M_0 \cdot \tan(\frac{t \cdot \sqrt{M_0 \cdot k_N}}{J_S}) - \sqrt{M_0} \cdot \sqrt{k_N} \cdot \omega_0}{\sqrt{M_0} \cdot \sqrt{k_N} + k_N \cdot \omega_0 \cdot \tan(\frac{t \cdot \sqrt{M_0 \cdot k_N}}{J_S})}$$

Zeit bis zum Stillstand
$$t_0 := \frac{J_S \cdot \text{atan}(\frac{\sqrt{k_N} \cdot \omega_0}{\sqrt{M_0}})}{\sqrt{M_0 \cdot k_N}} = 156{,}889\,\text{s}$$

$$t := 0 \cdot \text{s}, 1 \cdot \text{s} \ldots 157 \cdot \text{s}$$

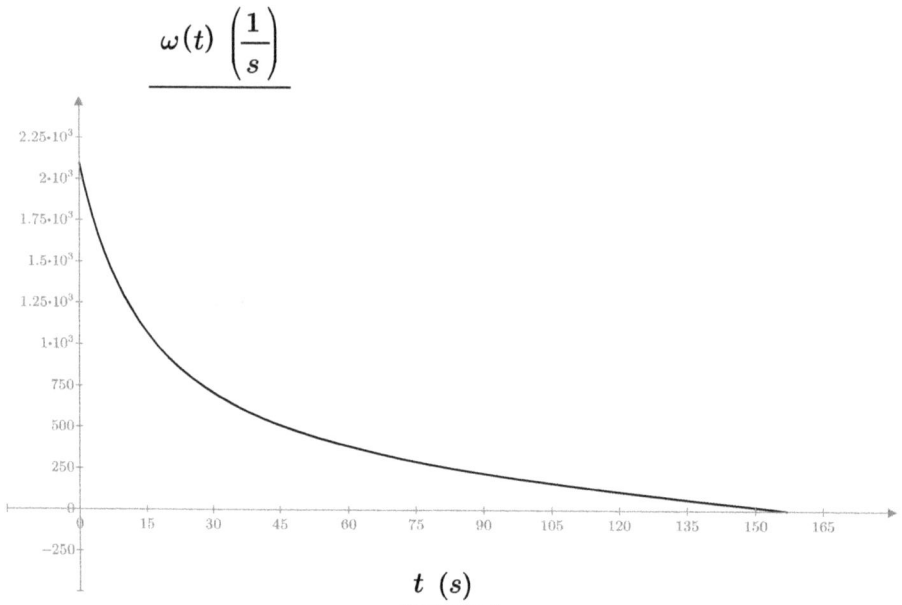

Abb. F.12: Verlauf der Winkelgeschwindigkeit über der Zeit

$$M_R := \frac{2 \cdot \pi \cdot c_W \cdot \rho_L \cdot (R_A^5 - R_W^5) \cdot (M_0 \cdot \tan(\frac{t \cdot \sqrt{M_0 \cdot k_N}}{J_S}) - \sqrt{M_0} \cdot \sqrt{k_N} \cdot \omega_0)^2}{5 \cdot (\sqrt{M_0} \cdot \sqrt{k_N} + k_N \cdot \omega_0 \cdot \tan(\frac{t \cdot \sqrt{M_0 \cdot k_N}}{J_S}))^2}$$

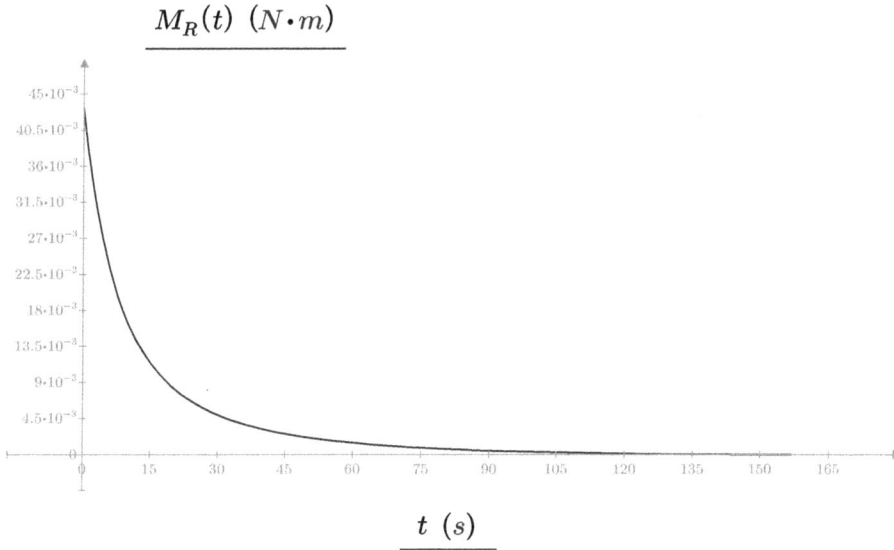

Abb. F.13: Verlauf des Reibmomentes über der Zeit

F.5 Mechanik – schwere Masse

Übungsaufgabe 2.11 Wassertank

Annahmen

Bei der Berechnung des Wassertanks gelten die folgenden Voraussetzungen:
- konstante Fluiddichte
- inkompressibles Fluid
- konstante Erdbeschleunigung

Analyse

Modelle
Ein zylindrischer und ein kegelförmiger Tank mit gleicher Grundfläche werden mit einem konstanten Massestrom befüllt.

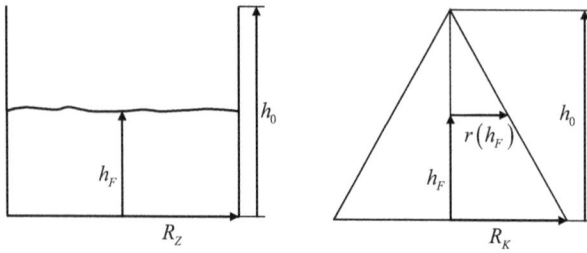

Abb. F.14: Geometrie am zylindrischen und kegelförmigen Tank

Eingaben

Parameter der Wassertanks

zylindrischer Tank

Tankradius	$R_Z := 5\,\text{m}$
Tankhöhe	$h_0 := 10\,\text{m}$
Fluiddichte	$\rho_F := 1000\,\dfrac{\text{kg}}{\text{m}^3}$

kegelförmiger Tank

Tankradius	$R_K := 5\,\text{m}$
Tankhöhe	$h_0 := 10\,\text{m}$
Fluiddichte	$\rho_F := 1000\,\dfrac{\text{kg}}{\text{m}^3}$
Füllstand	$h_F := 10 \cdot \text{m}$

weitere Vorgaben

Erdbescheunigung	$g_0 := g = 9{,}807\,\dfrac{\text{m}}{\text{s}^2}$

1. Berechnungen Zylinder

Grundfläche $\qquad A_G := \pi \cdot R_Z^2 = 78{,}54\,\text{m}^2$

Volumen $\qquad V_Z := A_G \cdot h_0 = 785{,}398\,\text{m}^3$

Fluidmasse $\qquad m_Z := V_Z \cdot \rho_F = (785{,}398 \cdot 10^3)\,\text{kg}$

Schweredruck am Boden	$\Delta p_Z := \rho_F \cdot g_0 \cdot h_0 = (98{,}067 \cdot 10^3)\,\mathrm{Pa}$
Potentialdifferenz	$Y_{GZ} := h_0 \cdot g_0 = 98{,}067\,\dfrac{\mathrm{m}^2}{\mathrm{s}^2}$
Kapazität	$C_Z = \dfrac{m_Z}{Y_{GZ}} = \dfrac{A_G \cdot \rho_F}{g_0}$
	$C_Z := \dfrac{m_Z}{Y_{GZ}}(8{,}009 \cdot 10^3)\,\dfrac{\mathrm{kg} \cdot \mathrm{s}^2}{\mathrm{m}^2}$

2. Berechnungen Kegel

Grundfläche	$A_G := \pi \cdot R_Z^2 = 78{,}54\,\mathrm{m}^2$
geometrische Verhältnisse	$\dfrac{R_K}{h_0} = \dfrac{r}{h_0 - h_F} \qquad r := R_K - \dfrac{R_K \cdot h_F}{h_0}$
Volumen	$V_K := \dfrac{h_F \cdot \pi}{3} \cdot (R_K^2 + R_K \cdot r + r^2) = 261{,}799\,\mathrm{m}^3$
Fluidmasse	$m_K := V_K \cdot \rho_F = (261{,}799 \cdot 10^3)\,\mathrm{kg}$
Schweredruck als Funktion des Füllstandes	$\Delta p_K(h_F) := \rho_F \cdot g_0 \cdot h_F$
Potentialdifferenz als Funktion des Füllstandes	$Y_{GK}(h_F) := h_F \cdot g_0$
Kapazität als Funktion des Füllstandes	$C_K(h_F) := \dfrac{m_K}{Y_{GK}(h_F)}$
	$C_K(10 \cdot \mathrm{m}) = (2{,}67 \cdot 10^3)\,\dfrac{\mathrm{kg} \cdot \mathrm{s}^2}{\mathrm{m}^2}$

3. Berechnung der nichtlinearen Kapazität des Kegels

$$C_K(h_F) := \frac{\pi \cdot R_K^2 \cdot \rho_F}{g_0} - \frac{\pi \cdot R_K^2 \cdot Y_{GK}(h_F) \cdot \rho_F}{g_0^2 \cdot h_0} + \frac{\pi \cdot R_K^2 \cdot Y_{GK}(h_F)^2 \cdot \rho_F}{3 \cdot g_0^3 \cdot h_0^2}$$

$$C_K(h_F) := \frac{A_G \cdot \rho_F}{g_0} \cdot \left(1 - \frac{1}{g_0 \cdot h_0} \cdot Y_{GK}(h_F) + \frac{1}{3 \cdot g_0^2 \cdot h_0^2} \cdot G_K(h_F)^2\right)$$

Koeffizienten des Polynoms	$a_0 := \dfrac{A_G \cdot \rho_F}{g_0} = (8{,}009 \cdot 10^3)\,\dfrac{\mathrm{kg} \cdot \mathrm{s}^2}{\mathrm{m}^2}$
	$a_1 := \dfrac{a_0}{g_0 \cdot h0} = 81{,}667\,\dfrac{\mathrm{kg} \cdot \mathrm{s}^4}{\mathrm{m}^4}$
	$a_2 := \dfrac{a_0}{3 \cdot g_0^2 \cdot h_0^2} = (277{,}592 \cdot 10^{-3})\,\dfrac{\mathrm{kg} \cdot \mathrm{s}^6}{\mathrm{m}^6}$

nichtlineare Kapazität $\qquad C_K(h_F) := a_0 - a_1 \cdot Y_{GK}(h_F) + a_2 \cdot Y_{GK}(h_F)^2$

Laufindex $\qquad h_F := 0 \cdot m, 0{,}01 \cdot m \ldots 10 \cdot m$

nichtlineare Kapazität $\qquad C_K(h_F) := a_0 - a_1 \cdot Y_{GK}(h_F) + a_2 \cdot Y_{GK}(h_F)^2$

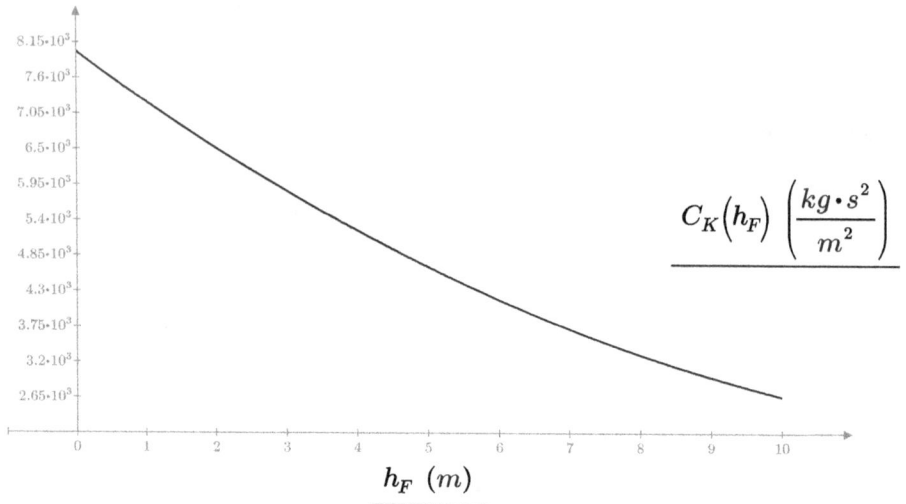

$$C_K\!\left(h_F\right) \left(\frac{kg \cdot s^2}{m^2}\right)$$

$$\underline{h_F \ (m)}$$

5. Füllzeit des Kegels und des Zylinders

Massestrom der Pumpe $\qquad m_P := 1000 \cdot \dfrac{kg}{s}$

Füllhöhe $\qquad h_F := 9{,}5 \, m$

Kegelvolumen als Funktion des Füllstandes $\qquad V_K(h_F) := \pi \cdot h_F \cdot R_K^2 - \dfrac{\pi \cdot h_F^2 \cdot R_K^2}{h_0} + \dfrac{\pi \cdot h_F^3 \cdot R_K^2}{3 \cdot h_0^2}$

Masse als Funktion des Füllstandes $\qquad m_K(h_F) := V_K(h_F) \cdot \rho_F$

Füllzeit Kegel $\qquad t_K := \dfrac{m_K(h_F)}{m_P} = 261{,}767 \, s$

Zylindervolumen $\qquad V_Z(h_F) := \pi \cdot h_F \cdot R_K^2$

Masse als Funktion des Füllstandes $\qquad m_Z(h_F) := V_Z(h_F) \cdot \rho_F$

Füllzeit Zylinder $\qquad t_Z := \dfrac{m_Z(h_F)}{m_P} = 746{,}128 \, s$

F.6 Mechanik – schwere Masse – Hydraulik

Übungsaufgabe 2.12 Rohrleitung

Annahmen
Bei der Berechnung der Rohrleitung gelten die folgenden Voraussetzungen:
- konstante Fluiddichte
- konstantes Elastizitätsmodul

Analyse

Modelle
zylindrisches Rohr mit konstantem Querschnitt der Länge l

Eingaben

Parameter des Rohres und des Schiebers

zylindrisches Rohr

Rohrdurchmesser $\qquad d_T := 50 \cdot \mathrm{mm}$

Länge der Rohrleitung $\qquad l_T := 10 \cdot \mathrm{m}$

weitere Eingaben

Fluiddichte Wasser $\qquad \rho_F := 1000 \, \dfrac{\mathrm{kg}}{\mathrm{m}^3}$

E-Modul Wasser $\qquad E_W := 2060 \cdot 10^6 \, \dfrac{\mathrm{N}}{\mathrm{m}^2}$

Volumenstrom $\qquad V_P := 60 \cdot \dfrac{\mathrm{l}}{\mathrm{min}}$

Schließzeit des Schiebers $\qquad T_S := 0{,}05 \cdot \mathrm{s}$

1. Berechnung der Druckdifferenz (vereinfacht)

Massestrom $\qquad m_P := V_P \cdot \rho_F = 1 \, \dfrac{\mathrm{kg}}{\mathrm{s}}$

Querschnitt Rohrleitung $\qquad A_T := \dfrac{\pi}{4} \cdot d_T^2 = (1{,}963 \cdot 10^{-3}) \, \mathrm{m}^2$

| Induktivität der Rohrleitung | $L_T := \dfrac{l_T}{\rho_F \cdot A_T} = 5{,}093\,\dfrac{m^2}{kg}$ |

Druckdifferenz

$$\Delta p := \frac{L_T \cdot \rho_F \cdot m_P}{T_S} = (101{,}859 \cdot 10^3)\,\text{Pa}$$

$$\Delta p := \frac{L_T \cdot \rho_F \cdot m_P}{T_S} = (101{,}859 \cdot 10^3)\,\text{Pa}$$

$$\Delta p = 1{,}019\,\text{bar}$$

2. Berechnung der Druckdifferenz (Joukowsky-Gesetz)

Fließgeschwindigkeit
$$v := \frac{m_P}{\rho_F \cdot A_T} = 0{,}509\,\frac{m}{s}$$

Fluid-Schallgeschwindigkeit
$$a := \sqrt{\frac{E_W}{\rho_F}} = 1.435{,}27\,\frac{m}{s}$$

Druckdifferenz ohne Schließzeit
$$\Delta p := a \cdot \rho_F \cdot v = (730{,}977 \cdot 10^3)\,\text{Pa}$$
$$\Delta p = 7{,}31\,\text{bar}$$

Reflexionszeit
$$T_R := \frac{2 \cdot l_T}{a} = (13{,}935 \cdot 10^{-3})\,\text{s}$$

Druckdifferenz mit Schließzeit
$$\Delta p := a \cdot \rho_F \cdot v \cdot \frac{T_R}{T_S} = 2{,}037\,\text{bar}$$

korrigierte Induktivität
$$L_{Korr} := 2 \cdot L_T = 10{,}186\,\frac{m^2}{kg}$$

F.7 Mechanik – schwere Masse – Hydraulik

Übungsaufgabe 2.13 Rohrleitung als hydraulischer Widerstand

Annahmen
Bei der Berechnung des Widerstandes gelten die folgenden Voraussetzungen:
- konstante Fluiddichte
- konstante Viskosität
- hydraulisch glattes Rohr

Analyse

Modelle
zylindrisches Rohr mit konstantem Querschnitt der Länge l

Eingaben

Parameter des Rohres
zylindrisches Rohr

Rohrdurchmesser $\qquad$ $d_T := 50 \cdot mm$

Länge der Rohrleitung $\qquad$ $l_T := 10 \cdot m$

weitere Eingaben

Fluiddichte (Wasser 10 °C) $\qquad$ $\rho_F := 999{,}7 \, \dfrac{kg}{m^3}$

dynamische Viskosität
(Wasser 10 °C) $\qquad$ $\eta := 1{,}297 \cdot 10^{-3} \, Pa \cdot s$

Rohrreibungszahl $\qquad$ $k := 0{,}05 \, mm$

Volumenstrom $\qquad$ $V_P := 60 \cdot \dfrac{l}{min}$

Berechnung des Druckverlustes und des hydraulischen Widerstandes

Massestrom $\qquad$ $m_P := V_P \cdot \rho_F = (999{,}7 \cdot 10^{-3}) \dfrac{kg}{s}$

Querschnitt Rohrleitung $\qquad$ $A_T := \dfrac{\pi}{4} \cdot d_T^2 = (1{,}963 \cdot 10^{-3}) \, m^2$

mittlere Strömungsgeschwindig-keit $\qquad$ $v_m := \dfrac{V_P}{A_T} = (509{,}296 \cdot 10^{-3}) \dfrac{m}{s}$

Reynolds-Zahl $\qquad$ $Re := \dfrac{\rho_F \cdot v_m \cdot d_T}{\eta} = 19.627{,}719$

turbulente Strömung $\qquad$ $Re > 2320$

hydraulisch glatt wenn $\qquad$ $Re \cdot \dfrac{k}{d_T} < 65 \qquad Re \cdot \dfrac{k}{d_T} = 19{,}628$

Rohrreibungszahl 2.320 < Re < 10^5 (nach Blasius) $\qquad$ $\lambda := 0{,}3164 \cdot Re^{-0{,}25} = 26{,}731 \cdot 10^{-3}$

Druckverlust $\qquad$ $\Delta p := \lambda \cdot \dfrac{l_T}{d_T} \cdot \dfrac{\rho_F}{2} \cdot v_m^2 = 693{,}153 \, Pa$

umformen zu $\qquad$ $\dfrac{\Delta p}{\rho_F} = \lambda \cdot \dfrac{l_T}{d_T} \cdot \dfrac{1}{2} \cdot v_m^2$

$v_m = \dfrac{m_P}{A_T \cdot \rho_F}$

$$\frac{\Delta p}{\rho_F} = \frac{\lambda \cdot l_T}{2 \cdot A_T^2 \cdot d_T \cdot \rho_F^2} \cdot m_P^2$$

$$Y = R_h \cdot I_X^2$$

hydraulischer Widerstand $R_h := \dfrac{\lambda \cdot l_T}{2 \cdot A_T^2 \cdot d_T \cdot \rho_F 2} = 0,694 \, \dfrac{m^2}{kg^2}$

Proberechnung $\Delta p := \rho_F \cdot R_h \cdot m_P^2 = 693,153 \, Pa$

Gültigkeitsbereiche $Re_{max} := 65 \cdot \dfrac{d_T}{k} = 65 \cdot 10^3$

$$m_{Pmax} := \frac{\pi \cdot \eta \cdot d_T \cdot Re_{max}}{4} = 3,311 \, \frac{kg}{s}$$

$$Re_{min} := 2.320$$

$$m_{Pmin} := \frac{\pi \cdot \eta \cdot d_T \cdot Re_{min}}{4} = 0,118 \, \frac{kg}{s}$$

F.8 Mechanik – schwere Masse – Hydraulik

Übungsaufgabe 2.14 Ausströmen aus einem Tankbehälter

Annahmen
Bei der Berechnung des Widerstandes gelten die folgenden Voraussetzungen:
-   konstante Fluiddichte
-   konstante Erdbeschleunigung

Analyse

Modelle
hydraulische Kapazität mit nichtlinearem hydraulischen Widerstand

Eingaben

Parameter des Tanks

Tankdurchmesser $d_T := 1 \cdot m$

Abflussdurchmesser $d_{Ab} := 2 \cdot cm$

Fluiddichte $\rho_F := 1000 \cdot \dfrac{kg}{m^3}$

1. Lösung der Differentialgleichung numerisch

Tankfläche $\qquad A_T := \frac{\pi}{4} \cdot d_T^2$

Abflussfläche $\qquad A_{Ab} := \frac{\pi}{4} \cdot d_{Ab}^2$

Flächenverhältnis $\qquad n := \frac{A_{Ab}}{A_T}$

Zeit für die Differentialgleichungslösung $\quad t_e := 800 \cdot s \qquad$ AB: $\quad h_0 := 1\,m$

Differentialgleichung $\qquad A_T \cdot h'(t) + A_{Ab} \cdot \sqrt{\frac{2 \cdot g}{1 - n^2}} \cdot \sqrt{h(t)} = 0$

Anfangsbedingung $\qquad h(0) = 1 \cdot m$

numerische Lösung der Differentialgleichung $\qquad h := odesolve(h(t), t_e)$

2. grafische Darstellung der numerischen Lösung

Abflusszeit für 63 % des Tankinhaltes $\qquad t_{63} := 442,257 \cdot s$

noch verbleibender Füllstand $\qquad h(t_{63}) = 0,37\,m$

Zeit $\qquad t := 0, 1 \cdot s \ldots t_e$

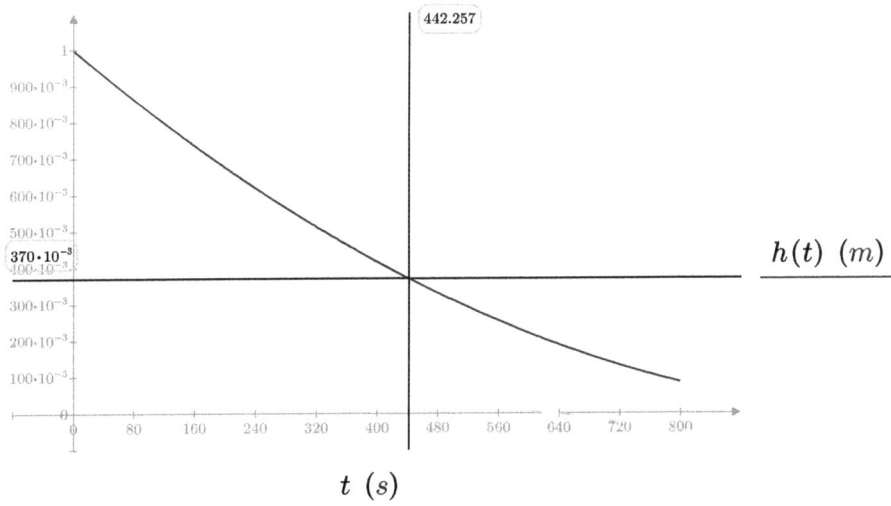

$h(t)\ (m)$

$t\ (s)$

3. analytische Lösung

Differentialgleichung $\qquad A_T \cdot h'(t) + A_{Ab} \cdot \sqrt{\frac{2 \cdot g}{1 - n^2}} \cdot \sqrt{h(t)} = 0$

Lösung über Trennung der Variablen

Trennung der Variablen

$$\frac{dh}{\sqrt{h}} = \frac{-A_{Ab}}{A_T} \cdot \sqrt{\frac{2g}{1-n^2}} \cdot dt$$

Abkürzung

$$a = \frac{A_{Ab}}{A_T} \cdot \sqrt{\frac{2g}{1-n^2}}$$

unbestimmte Integration

$$\int \frac{1}{\sqrt{h}} dh = -a \cdot \int 1 dt$$

Lösung des Integrals

$$2 \cdot \sqrt{h} = -a \cdot t + C_1$$

allgemeine Lösung

$$h = \left(\frac{C_1}{2} - \frac{a \cdot t}{2} \right)^2$$

Anfangsbedingung zur
Bestimmung der
Integrationskonstanten

$$h(t = 0) = h_0$$

$$h_0 = \left(\frac{C_1}{2} - \frac{a \cdot 0}{2} \right)^2$$

Integrationskonstanten

$$C_1 = \begin{bmatrix} 2 \cdot \sqrt{h_0} \\ -2 \cdot \sqrt{h_0} \end{bmatrix}$$

Konstante

$$a := \frac{A_{Ab}}{A_T} \cdot \sqrt{\frac{2g}{1-n^2}}$$

analytische Lösung der
Differentialgleichung

$$h_a(t) := \left(\sqrt{h_0} - \frac{a}{2} \cdot t \right)^2$$

Abflusszeit

$$t_{63} := \frac{2 \cdot (\sqrt{h_0} - \sqrt{0{,}37 h_0})}{a} = 442{,}257 \, s$$

4. grafische Darstellung der analytischen Lösung

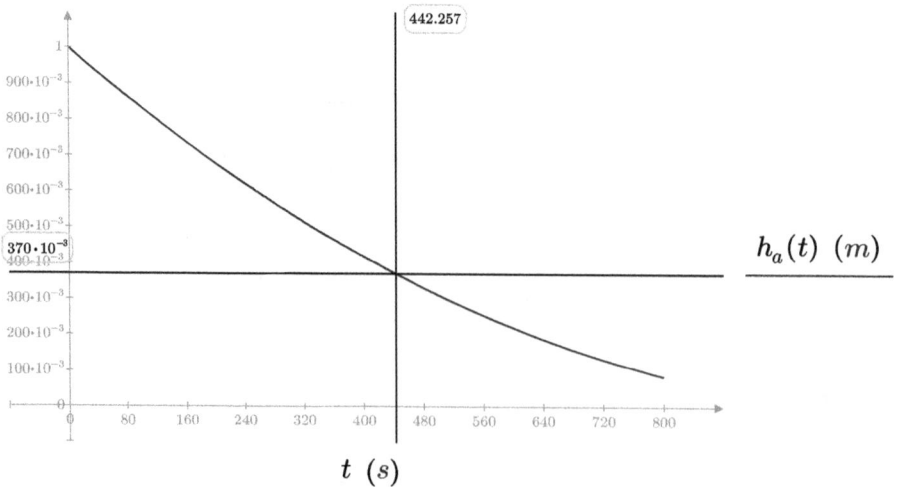

$h_a(t) \; (m)$

$t \; (s)$

5. Bestimmung der mechatronischen Bauelemente

hydraulische Kapazität
$$C_h := \frac{A_T \cdot \rho_F}{g} = 80{,}0883 \ \frac{kg \cdot s^2}{m^2}$$

hydraulischer Widerstand
$$R_1 := \frac{A1 - n^2}{2 \cdot \rho_F^2 \cdot A_{Ab}^2} = 5{,}0661 \ \frac{m^2}{kg^2}$$

F.9 Mechanik – schwere Masse – Hydraulik

Übungsaufgabe 2.15 Schlauchwaage

Annahmen

Bei der Berechnung der Schlauchwaage gelten die folgenden Voraussetzungen:
- konstante Fluiddichte
- konstante dynamische Viskosität
- konstante Erdbeschleunigung

Analyse

Modelle
   hydraulische Kapazität
   hydraulische Induktivität
   hydraulische Widerstände (linear, nichtlinear)

Eingaben

Parameter des Gefäßes

Gefäßdurchmesser $d_G := 6{,}1359 \cdot cm$

Gefäßhöhe $h_G := 22 \cdot cm$

Anfangshöhe in einem Gefäß $h_0 := 3 \, cm$

Parameter des Schlauches

Schlauchdurchmesser $d_S := 1 \cdot cm$

Schlauchlänge $l_S := 20 \cdot m$

weitere Eingaben

Fluiddichte $\qquad \rho_F := 1000 \cdot \dfrac{\text{kg}}{\text{m}^3}$

dynamische Viskosität $\qquad \eta_F := 1{,}0087 \cdot 10^{-3}\,\text{Pa} \cdot \text{s}$
(Wasser bei 20 °C)

1. Berechnung der mechatronischen Bauelemente

Gefäßfläche $\qquad A_G := \dfrac{\pi}{4} \cdot d_G^2$

Schlauchfläche $\qquad A_S := \dfrac{\pi}{4} \cdot d_S^2$

Flächenverhältnis $\qquad n := \dfrac{A_S}{A_G}$

hydraulische Kapazität (Gefäß) $\qquad C_{hG} := \dfrac{A_G \cdot \rho_F}{g} = (301{,}527 \cdot 10^{-3})\dfrac{\text{kg} \cdot \text{s}^2}{\text{m}^2}$

hydraulische Induktivität (Gefäß) $\qquad L_{hG} := \dfrac{h_G}{\rho_F \cdot A_G} = 0{,}074\,\dfrac{\text{m}^2}{\text{kg}}$

hydraulischer Widerstand (Gefäß) $\qquad R_{hG} := \dfrac{8 \cdot \pi \cdot \eta_F}{\rho_F^2} \cdot \dfrac{h_G}{A_G^2} = 0{,}001\,\dfrac{\text{m}^2}{\text{kg} \cdot \text{s}}$

nichtlinearer hydraulischer Widerstand (Gefäß/Schlauch) $\qquad R_{hnl} := 2 \cdot \dfrac{1-n^2}{2 \cdot \rho_F^2 \cdot A_S^2} = 162\,\dfrac{\text{m}^2}{\text{kg}^2}$

hydraulische Induktivität (Schlauch) $\qquad L_{hS} := \dfrac{l_S}{\rho_F \cdot A_S} = 254{,}648\,\dfrac{\text{m}^2}{\text{kg}}$

hydraulischer Widerstand (Schlauch) $\qquad R_{hS} := \dfrac{8 \cdot \pi \cdot \eta_F}{\rho_F^2} \cdot \dfrac{l_S}{A_S^2} = 82{,}196\,\dfrac{\text{m}^2}{\text{kg} \cdot \text{s}}$

2. Abschätzung der Größenordnungen der Bauelemente

hydraulische Induktivität $\qquad L_h := L_{hS}$

hydraulischer Widerstand $\qquad R_h := R_{hS}$

hydraulische Kapazität $\qquad C_h := C_{hG}$

3. Bestimmung des maximalen und optimalen Gefäßdurchmessers

Differentialgleichung aus Maschensatz $\qquad \dfrac{1}{C_h} \cdot I + R_h \cdot \dfrac{d}{dt}I + L_h \cdot \dfrac{d^2}{dt^2}I + \dfrac{1}{C_h} \cdot I = 0$

Eigenkreisfrequenz $\qquad \omega_0 := \sqrt{\dfrac{\frac{1}{C_h} + \frac{1}{C_h}}{L_h}} = (161{,}392 \cdot 10^{-3})\dfrac{1}{s}$

Dämpfungsgrad $\qquad D = \dfrac{R_h}{2 \cdot L_h \cdot \omega_0}$

hydraulische Kapazität $\qquad C_h = \dfrac{8 \cdot L_h \cdot D^2}{R_h^2}$

Durchmesser Gefäß $\qquad d_G = \dfrac{\sqrt{32} \cdot \sqrt{L_h} \cdot \sqrt{g} \cdot D}{\sqrt{\pi} \cdot R_h \cdot \sqrt{\rho_F}}$

optimale Dämpfung $\qquad D := \dfrac{1}{2} \cdot \sqrt{2}$

hydraulische Kapazität $\qquad C_h = \dfrac{8 \cdot L_h \cdot D^2}{R_h^2} = (150{,}763 \cdot 10^{-3})\dfrac{kg \cdot s^2}{m^2}$

Durchmesser Gefäß $\qquad d_G = \dfrac{\sqrt{32} \cdot \sqrt{L_h} \cdot \sqrt{g} \cdot D}{\sqrt{\pi} \cdot R_h \cdot \sqrt{\rho_F}} = 43{,}387 \text{ mm}$

aperiodischer Grenzfall $\qquad D := 1$

hydraulische Kapazität $\qquad C_h = \dfrac{8 \cdot L_h \cdot D^2}{R_h^2} = (301{,}527 \cdot 10^{-3})\dfrac{kg \cdot s^2}{m^2}$

Durchmesser Gefäß $\qquad d_G = \dfrac{\sqrt{32} \cdot \sqrt{L_h} \cdot \sqrt{g} \cdot D}{\sqrt{\pi} \cdot R_h \cdot \sqrt{\rho_F}} = 61{,}359 \text{ mm}$

Startpotential der Kapazität $\qquad Y_0 := g \cdot h_0 = (294{,}2 \cdot 10^{-3})\dfrac{m^2}{s^2}$

4. Abschätzung der Nichtlinearitäten

maximaler Massestrom $\qquad m_P := 3 \cdot 10^{-3} \cdot \dfrac{kg}{s}$

nichtlinearer Widerstand (Gefäß/Schlauch) $\qquad R_{hnl} := 2 \cdot \dfrac{1 - n^2}{2 \cdot \rho_F^2 \cdot A_S^2} = 162 \dfrac{m^2}{kg^2}$

linearer Widerstand $\qquad R_{hnl} \cdot m_P = 0{,}486 \dfrac{m^2}{kg \cdot s}$

kann vernachlässigt werden $\qquad R_{hnl} \cdot m_P < R_{hS}$

mittlere Strömungsgeschwindigkeit im Schlauch $\qquad v_m := \dfrac{m_P}{A_S \cdot \rho_F} = (38{,}197 \cdot 10^{-3})\dfrac{m}{s}$

Reynolds-Zahl $\qquad Re := \dfrac{\rho_F \cdot v_m \cdot d_S}{\eta_F} = 378{,}677$

laminare Strömung $\qquad Re \leq 2.320$

F.10 Mechanik – schwere Masse – Hydraulik

Übungsaufgabe 2.16 Hydraulischer Widder

Annahmen

Bei der Berechnung der Anlage gelten die folgenden Voraussetzungen:
- konstante Fluiddichte

Analyse

Modelle

Step-Up-Converter

Eingaben

Parameter der Anlage

Treibwassergefälle	$h_T := 1\,\mathrm{m}$
Förderhöhe	$h_F := 10\,\mathrm{m}$
Ripple im oberen Speicher	$h_R := 1\,\mathrm{cm}$
Schaltfrequenz Stoßventil	$f_0 := 1\,\mathrm{Hz}$
Dichte Wasser	$\rho_F := 1000\,\dfrac{\mathrm{kg}}{\mathrm{m}^3}$
Volumenstrom Ausgang	$V_P := 6\,\dfrac{\mathrm{l}}{\mathrm{min}}$
Durchmesser Treibleitung	$d_T := 50\,\mathrm{mm}$

Dimensionierung der Anlage

Eingangspotentialdifferenz	$Y_0 := g \cdot h_T = 9{,}807\,\dfrac{\mathrm{m}^2}{\mathrm{s}^2}$
Endpotentialdifferenz	$Y_1 := g \cdot h_F = 98{,}067\,\dfrac{\mathrm{m}^2}{\mathrm{s}^2}$
Ripplepotentialdifferenz	$Y_R := g \cdot h_R$
Eingangsdruck	$p_0 := Y_0 \cdot \rho_F = 9.806{,}65\,\mathrm{Pa}$
Enddruck	$p_1 := Y_1 \cdot \rho_F = 98.066{,}5\,\mathrm{Pa}$

Massestrom Ausgang
$$m_{p1} := V_P \cdot \rho_F$$

hydraulischer Abflusswiderstand
$$R_h := \frac{Y_1}{m_{p1}} = 980{,}665 \; \frac{m^2}{kg \cdot s}$$

notwendiger Duty-Cycle
$$D := 1 - \left(\frac{Y_0}{Y_1}\right) = 900 \cdot 10^{-3}$$

Berechnung der Bauelemente

hydraulische Induktivität
$$L_h := \frac{D \cdot Y_0 \cdot (1-D)}{2 \cdot f_0 \cdot m_{p1}} = 4{,}413 \; \frac{m^2}{kg}$$

notwendiger maximaler Massestrom durch Treibleitung
$$m_{p0} := \frac{Y_0 \cdot D}{f_0 \cdot L_h} = 2 \; \frac{kg}{s}$$

hydraulische Kapazität des oberen Speichers
$$C_h := \frac{m_{p1}}{Y_R \cdot f_0} = 1{,}02 \; \frac{kg \cdot s^2}{m^2}$$

Dimensionierung der Bauelemente

Fläche Treibleitung
$$A_T := \frac{\pi}{4} \cdot d_T^2$$

Länge der Treibleitung
$$l_T := L_h \cdot \rho_F \cdot A_T = 8{,}665 \; m$$

Durchmesser oberer Speicher
$$d_S := \sqrt{\frac{4 \cdot C_h \cdot g}{\rho_F \cdot \pi}} = 11{,}284 \; cm$$

mittlerer Wasserbedarf Treibleitung
$$V_{PT} := \frac{m_{p0}}{2 \cdot \rho_F} = 60 \; \frac{l}{min}$$

F.11 Mechanik – schwere Masse – Pneumatik

Übungsaufgabe 2.17 Radiallüfter

Annahmen

Bei der Berechnung der Drosselkennlinie gelten die folgenden Voraussetzungen:
- konstante Fluiddichte
- konstante Temperatur

Analyse

Modelle
Euler'sche Turbinengleichung mit drallfreiem Lufteintritt
theoretische Kennlinie vermindert um Wirkungsgrad und Stoßverluste

Eingaben

Parameter des Lüfters

Laufradgeometrie

Saugmunddurchmesser	$d_1 := 18\,\text{mm}$
Laufraddurchmesser	$d_2 := 300\,\text{mm}$
Austrittsbreite	$b_2 := 49\,\text{mm}$
Austrittswinkel	$\beta_2 := 33\,\text{deg}$

weitere Eingaben

Fluiddichte Luft (20 °C)	$\rho := 1{,}2 \cdot \dfrac{\text{kg}}{\text{m}^3}$
Drehzahl	$n := 3000 \cdot \dfrac{1}{\text{min}} = 50\,\dfrac{1}{\text{s}}$
Wirkungsgrad	$\eta := 0{,}7$
Volumenstrom im Arbeitspunkt	$V_{Px} := 0{,}48 \cdot \dfrac{\text{m}^3}{\text{s}}$
Stoßzahl	$S_1 := 90$
Volumenstrom maximal	$V_{pmax} := 1 \cdot \dfrac{\text{m}^3}{\text{s}}$

1. Berechnungen der Druckfunktionen

Umfangsgeschwindigkeit	$u_2 := \pi \cdot d_2 \cdot n$
Fläche	$A := \dfrac{\pi}{4} \cdot d_2^2$
Definition Durchflusszahl	$\varphi = \dfrac{V_P}{A \cdot u}$
Definition Druckzahl	$\psi = \dfrac{\Delta p}{\frac{\rho}{2} \cdot u^2}$
Druckzahl (theoretisch, verlustfrei)	$\psi(\varphi) = 2 - \dfrac{\varphi}{2 \cdot \frac{b_2}{d_2} \cdot \tan(\beta_2)}$

Druckzahl

$$2 - \frac{\varphi}{2 \cdot \frac{b_2}{d_2} \cdot \tan(\beta_2)} = 2 - \frac{\frac{V_P}{A \cdot u}}{2 \cdot \frac{b_2}{d_2} \cdot \tan(\beta_2)}$$

$$2 - \frac{\frac{V_P}{A \cdot u}}{2 \cdot \frac{b_2}{d_2} \cdot \tan(\beta_2)} = \psi = \frac{\Delta p}{\frac{\rho}{2} \cdot u^2}$$

Druckdifferenz (ideal)

$$\Delta p_{id}(V_P) := \pi^2 \cdot d_2^2 \cdot n^2 \cdot \rho - \frac{V_P \cdot \rho \cdot n}{b_2 \cdot \tan(\beta_2)}$$

Stoßverluste

$$\Delta p_{Stoß}(V_P) := S_1 \cdot \frac{\rho}{2} \cdot u_2^2 \cdot \left(\frac{d_1}{d_2}\right)^2 \cdot \left(\frac{V_P}{V_{Px}} - 1\right)^2$$

Gesamtfunktion

$$\Delta p(V_P) := \Delta p_{id}(V_P) \cdot \eta - \Delta p_{Stoß}(V_P)$$

Zerlegung der Funktionen

$$p_0 := \pi^2 \cdot d_2^2 \cdot n^2 \cdot \rho = (2{,}665 \cdot 10^3)\,\text{Pa}$$

$$R_0 := \frac{\rho \cdot n}{b_2 \cdot \tan(\beta_2)} = (1{,}886 \cdot 10^3)\frac{\text{kg}}{\text{m}^4 \cdot \text{s}}$$

Funktion (ideal)

$$\Delta p_{id}(V_P) := p_0 - V_P \cdot R_0$$

$$\Delta p_{Stoß}(V_P) := \frac{\rho \cdot S_1 \cdot d_1^2 \cdot u_2^2}{2 \cdot d_2^2} - \frac{\rho \cdot S_1 \cdot d_1^2 \cdot V_P \cdot u_2^2}{d_2^2 \cdot V_{Px}} + \frac{\rho \cdot S_1 \cdot d_1^2 \cdot V_P^2 \cdot u_2^2}{2 \cdot d_2^2 \cdot V_{Px}^2}$$

2. Zusammenfassung der Druckfunktionen

Stoßverluste

$$\Delta p_{Stoß}(V_P) := \frac{\rho \cdot S_1 \cdot d_1^2 \cdot u_2^2}{2 \cdot d_2^2}$$
$$- \frac{\rho \cdot S_1 \cdot d_1^2 \cdot V_P \cdot u_2^2}{d_2^2 \cdot V_{Px}} + \frac{\rho \cdot S_1 \cdot d_1^2 \cdot V_P^2 \cdot u_2^2}{2 \cdot d_2^2 \cdot V_{Px}^2}$$

konstanter Anteil

$$p_{30} := \frac{\rho \cdot S_1 \cdot d_1^2 \cdot u_2^2}{2 \cdot d_2^2} = 431{,}696\,\text{Pa}$$

linearer Anteil

$$R_{31} := \frac{\rho \cdot S_1 \cdot d_1^2 \cdot u_2^2}{d_2^2 \cdot V_{Px}} = 1798{,}735\,\frac{\text{kg}}{\text{m}^4 \cdot \text{s}}$$

quadratischer Anteil

$$R_{32} := \frac{\rho \cdot S_1 \cdot d_1^2 \cdot u_2^2}{2 \cdot d_2^2 \cdot V_{Px}^2} = 1873{,}683\,\frac{\text{kg}}{\text{m}^7}$$

Stoßverluste (Polynom)

$$\Delta p_{Stoß}(V_P) := p_{30} - R_{31} \cdot V_P + R_{32} \cdot V_P^2$$

Gesamtfunktion

$$\Delta p(V_P) := (\eta \cdot p_0 - p_{30}) + (R_{31} - \eta \cdot R_0) \cdot V_P - R_{32} \cdot V_P^2$$

konstanter Druck

$$a_0 := (\eta \cdot p_0 - p_{30}) = 1433{,}659\,\text{Pa}$$

linearer pneumatischer
Widerstand

$$a_1 := (R_{31} - \eta \cdot R_0) = 478.851 \, \frac{kg}{m^4 \cdot s}$$

quadratischer pneumatischer
Widerstand

$$a_2 := -R_{32} = -1{,}874 \cdot 10^3 \, \frac{kg}{m^7}$$

Gesamtfunktion als Polynom

$$\Delta p(V_P) := a_0 + a_1 \cdot V_P + a_2 \cdot V_P^2$$

3. Darstellung der Druckfunktionen

$$V_P := 0 \cdot \frac{m^3}{s}, 0{,}01 \cdot \frac{m^3}{s}, \ldots V_{pmax}$$

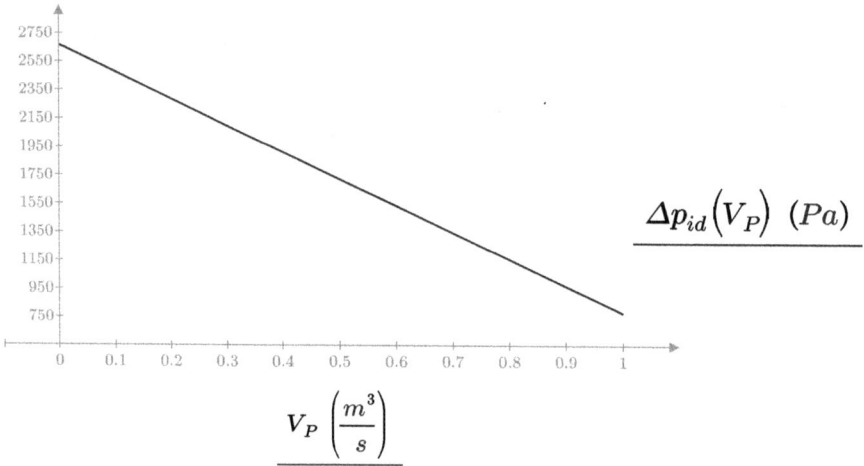

$$\Delta p_{id}(V_P) \ (Pa)$$

$$V_P \left(\frac{m^3}{s} \right)$$

Abb. F.15: Drosselkennlinie – ideal

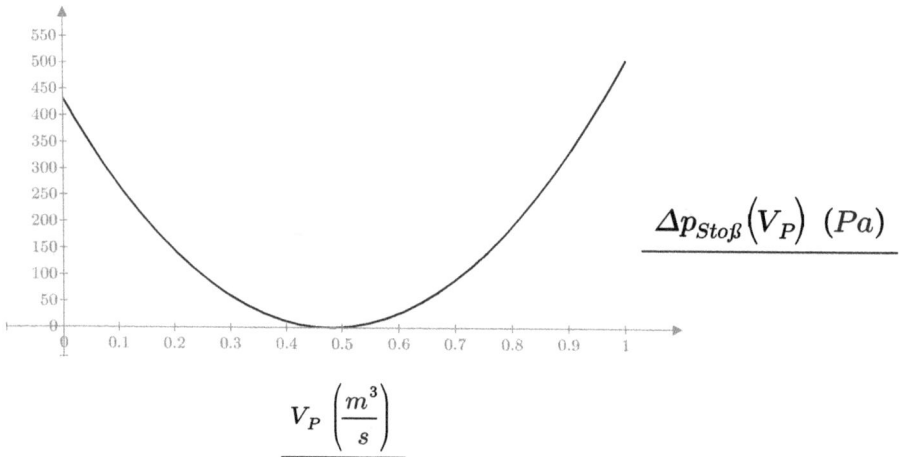

$$\Delta p_{Stoß}(V_P) \ (Pa)$$

$$V_P \left(\frac{m^3}{s} \right)$$

Abb. F.16: Stoßverluste

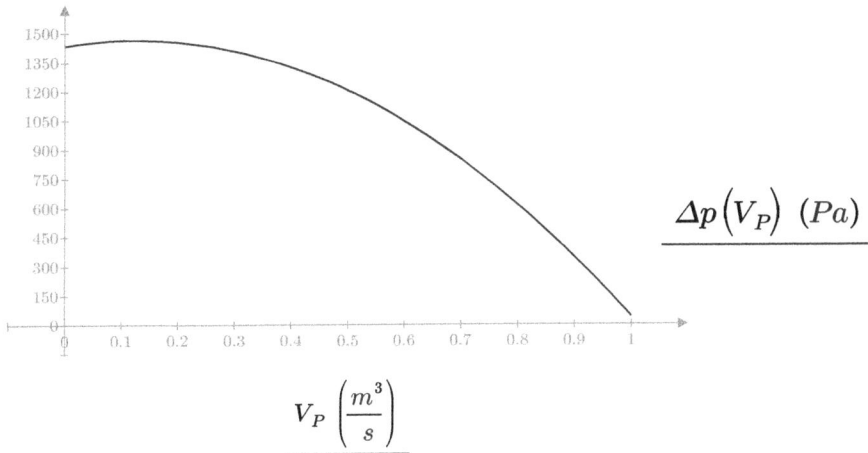

Abb. F.17: Drosselkennlinie mit Verlusten

F.12 Mechanik – schwere Masse – Pneumatik

Übungsaufgabe 2.18 Lüftungsanlage

Annahmen

Bei der Berechnung der Drosselkennlinie gelten die folgenden Voraussetzungen:
– konstante Fluiddichte
– konstante Temperatur

Analyse

Modelle

Euler'sche Turbinengleichung mit drallfreiem Lufteintritt
theoretische Kennlinie vermindert um Wirkungsgrad und Stoßverluste
nichtlineare Widerstände vom Typ 1

Eingaben

Parameter der Anlage

Rohrdurchmesser $\qquad d_N := 250\,\text{mm}$

Widerstandsbeiwerte aller Einbauteile

Drosselklappe Einlass in 30°-Stellung $\quad \xi_1 := 3{,}9$

Abzweige/Rohr/Krümmer $\quad \xi_2 := 0{,}69$

Einlass/Auslass/Raum $\quad \xi_3 := 0{,}98$

Drosselklappe Auslass in 40°-Stellung $\quad \xi_4 := 10{,}8$

weitere Eingaben

Fluiddichte Luft (20 °C) $\quad \rho_F := 1{,}2 \cdot \dfrac{kg}{m^3}$

Volumenstrom im Arbeitspunkt $\quad V_P := 0{,}48 \cdot \dfrac{m^3}{s}$

1. Berechnungen der nichtlinearen Widerstände

Rohrfläche $\quad A_N := \dfrac{\pi}{4} \cdot d_N^2$

Strömungswiderstand $\quad R(\xi) := \dfrac{\xi \cdot \rho_F}{2 \cdot A_N^2}$

Drosselklappe Einlass $\quad R_1 := R(\xi_1) = 971{,}127\,s^2 \cdot \dfrac{Pa}{m^6}$

Rückführung $\quad R_2 := R(\xi_2) = 171{,}815\,s^2 \cdot \dfrac{Pa}{m^6}$

Raum $\quad R_3 := R(\xi_3) = 244{,}027\,s^2 \cdot \dfrac{Pa}{m^6}$

Drosselklappe Auslass $\quad R_4 := R(\xi_4) = (2{,}689 \cdot 10^3)s^2 \cdot \dfrac{Pa}{m^6}$

Einzeldruckverlust im Arbeitspunkt $\quad \Delta p(R) := R \cdot V_P^2$

Drosselklappe Einlass $\quad \Delta p_1 := \Delta p(R_1) = 223{,}748\,Pa$

Rückführung $\quad \Delta p_2 := \Delta p(R_2) = 39{,}586\,Pa$

Raum $\quad \Delta p_3 := \Delta p(R_3) = 56{,}224\,Pa$

Drosselklappe Auslass $\quad \Delta p_4 := \Delta p(R_4) = 619{,}609\,Pa$

F.13 Mechatronischer Wandler – Transformator

Übungsaufgabe 3.1 Elektro-thermischer Wandler

Annahmen

Bei der Berechnung des Wandlers gelten die folgenden Voraussetzungen:
- homogener isotroper Leiter
- spezifische Leitfähigkeiten unabhängig von der Temperatur

Analyse

Modelle
  Onsager-Relation für lineare Transportprozesse

Eingaben

Parameter des Wandlerelementes aus Bismut-Tellurid (Bi$_2$Te$_3$)

Zylindergeometrie

Zylinderdurchmesser	$d_Z := 5\,\text{mm}$
Zylinderhöhe	$h_Z := 5\,\text{mm}$

weitere Eingaben

Temperatur (20 °C) $T_0 := 293,15 \cdot \text{K}$

Temperaturdifferenz $\Delta T := 200 \cdot \text{K}$

elektrische Leitfähigkeit $\sigma_{BT} := 51,3 \cdot 10^3 \cdot \dfrac{\text{S}}{\text{m}}$
                              $\sigma_P := \sigma_{BT}$
                              $\sigma_N := \sigma_{BT}$

Wärmeleitfähigkeit $\lambda_{BT} := 1,73 \cdot \dfrac{\text{W}}{\text{m} \cdot \text{K}}$

getrennt nach p- und n-Leiter $\lambda_P := 1,8 \cdot \dfrac{\text{W}}{\text{m} \cdot \text{K}}$ $\lambda_N := 1,3 \cdot \dfrac{\text{W}}{\text{m} \cdot \text{K}}$

Seebeck-Koeffizient $S_{BT} := -436 \cdot \dfrac{\mu\text{V}}{\text{K}}$

getrennt nach p- und n-Leiter $S_P := 188 \cdot \dfrac{\mu\text{V}}{\text{K}}$ $S_N := -248 \cdot \dfrac{\mu\text{V}}{\text{K}}$

1. Berechnungen der Koeffizienten

Zylinderfläche

$$A_P := \frac{\pi}{4} \cdot d_Z^2$$

elektrischer Widerstand

$$Re_{BT} := \frac{h_Z}{\sigma_{BT} \cdot A_P} \qquad Re_{BT} = 0{,}005\,\Omega$$

thermischer Widerstand
(klassische Formulierung)

$$Rth_{BT} := \frac{h_Z}{\lambda_{BT} \cdot A_P} \qquad Rth_{BT} = 147{,}195\,\frac{K}{W}$$

thermischer Widerstand
(mechatronische Formulierung)

$$RT_{BT} := Rth_{BT} \cdot T_0 \qquad RT_{BT} = 43.150{,}3\,\frac{K^2}{W}$$

Transportkoeffizienten

$$L_{11} := \sigma_{BT} = (5{,}13 \cdot 10^4)\frac{S}{m}$$

$$L_{12} := -S_{BT} \cdot \sigma_{BT} = 22{,}367\,\frac{A}{m \cdot K}$$

$$L_{21} := L_{12}$$

$$L_{22} := \frac{\lambda_{BT}}{T_0} + S_{BT}^2 \cdot \sigma_{BT} = 0{,}016\,\frac{W}{m \cdot K^2}$$

Thomson-Relation

$$\Pi := S_{BT} \cdot T_0 = -0{,}128\,V$$

2. Berechnungen der Koppelmatrix (Y-Parameter)

Y-Parameter

$$Y_{11} := L_{11} \cdot \frac{A_P}{h_Z} = 201{,}455\,S$$

$$Y_{12} := L_{12} \cdot \frac{A_P}{h_Z} = 0{,}088\,\frac{A}{K}$$

$$Y_{21} := L_{21} \cdot \frac{A_P}{h_Z} = 0{,}088\,\frac{A}{K}$$

$$Y_{22} := L_{22} \cdot \frac{A_P}{h_Z} = (61{,}471 \cdot 10^{-6})\frac{W}{K^2}$$

3. Berechnungen der Koppelmatrix (H-Parameter)

H-Parameter

elektrischer Widerstand

$$H_{11} := Re_{BT} = (4{,}964 \cdot 10^{-3})\,\Omega$$

Seebeck-Koeffizient

$$H_{12} := S_{BT} = -436 \cdot 10^{-6}\,\frac{V}{K} \qquad H_{21} := -H_{12}$$

thermischer Leitwert

$$H_{22} := \frac{1}{RT_{BT}} = (23{,}175 \cdot 10^{-6})\frac{W}{K^2}$$

Kontrollrechnung
$$Y_{11} := \frac{1}{H_{11}} = 201{,}455\,\text{S} \qquad Y_{12} := \frac{-H_{12}}{H_{11}} = 0{,}088\,\frac{A}{K}$$

$$Y_{21} := \frac{H_{21}}{H_{11}} = 0{,}088\,\frac{A}{K} \qquad Y_{22} := \frac{H_{11} \cdot H_{22} - (H_{12} \cdot H_{21})}{H_{11}}$$

$$= (61{,}471 \cdot 10^{-6})\frac{W}{K^2}$$

4. Berechnungen des Wirkungsgrades

elektrischer Widerstand von zwei verschalteten Elementen
$$H_{11} := 2 \cdot \text{Re}_{BT} = (9{,}928 \cdot 10^{-3})\,\Omega$$

thermischer Widerstand von zwei verschalteten Elementen
$$H_{22} := \frac{2}{RT_{BT}} = (46{,}35 \cdot 10^{-6})\frac{W}{K^2}$$

maximal möglicher Wirkungsgrad bei optimaler Anpassung

$$\eta_H := \left(\frac{H_{21}}{\sqrt{H_{11} \cdot H_{22}} + \sqrt{(H_{11} \cdot H_{22} - (H_{12} \cdot H_{21}))}} \right)^2 \qquad \eta_H = 0{,}086$$

thermoelektrische Leistungszahl (figure of merit)
$$ZT := \frac{(S_P - S_N)^2 \cdot (\Delta T + T_0)}{(\sqrt{\frac{\lambda_P}{\sigma_P}} + \sqrt{\frac{\lambda_N}{\sigma_N}})^2} = 0{,}781$$

Carnot-Wirkungsgrad
$$\eta_{car} := \frac{\Delta T}{T_0 + \Delta T} \qquad \eta_{car} = 0{,}406$$

Wirkungsgrad des Peltier-Elementes
$$\eta_{ZT} := \frac{\sqrt{1 + ZT} - 1}{\sqrt{1 + ZT} + \frac{\Delta T}{T_0 + \Delta T}} \cdot \eta_{car} = 0{,}0703$$

F.14 Mechatronischer Wandler – Gyrator

Übungsaufgabe 3.2 Elektro-mechanischer Wandler (Piezowandler)

Annahmen

Bei der Berechnung des Piezoaktors gelten die folgenden Voraussetzungen:
- Piezokeramik aus Blei-Zirkonat-Titanat
- isotherme Zustandsänderung
- piezoelektrischer Längseffekt

Analyse

Modelle

Onsager-Relation für lineare Transportprozesse

Eingaben

Parameter des Wandlerelementes aus PZT
Quadergeometrie

Kantenlänge $a := 5\,mm$
                                   $b := 5\,mm$

Quaderhöhe $h := 2\,mm$

PZT Materialkenndaten (PIC151 PI Ceramic GmbH)

relative Permittivität $\dfrac{\varepsilon_{33}}{\varepsilon_0}$ $\varepsilon_r := 2.400$

Permittivität $\varepsilon_{33} := \varepsilon_r \cdot \varepsilon_0 = (2{,}125 \cdot 10^{-8})\dfrac{A \cdot s}{V \cdot m}$

piezoelektrischer Ladungs- $d_{33} := 500 \cdot 10^{-12} \cdot \dfrac{C}{N}$
koeffizient (Piezomodul)
                                   $d_{33} = (5 \cdot 10^{-10})\dfrac{m}{V}$

elastische Nachgiebigkeit $s_{33} := 19 \cdot 10^{-12} \cdot \dfrac{m^2}{N}$

1. Berechnungen der Matrixkoeffizienten

Aktorfläche $A_P := a \cdot b$

E-Modul $c_{33} := \dfrac{1}{s_{33}} = (5{,}263 \cdot 10^{10})\,Pa$

mechanische Steifigkeit $c_m := c_{33} \cdot \dfrac{A_P}{h} = 657{,}895\,\dfrac{N}{\mu m}$

mechanische Induktivität $L_m := \dfrac{1}{c_m} = (1{,}52 \cdot 10^{-9})\dfrac{m}{N}$

elektrische Kapazität $C_{el} := \varepsilon_0 \cdot \varepsilon_r \cdot \dfrac{A_P}{h} = 265{,}626\,pF$

Piezomodul $e_{33} := \dfrac{d_{33}}{s_{33}} = 26{,}316\,\dfrac{s \cdot A}{m^2}$

Transportkoeffizienten $L_{11} := c_{33} \quad L_{12} := e_{33}$
                                   $L_{21} := L_{12} \quad L_{22} := \varepsilon_{33}$

2. Berechnungen der Koppelmatrix (Y-Parameter)

mechanische Induktivität $\qquad L_{\mathrm{m}} := \dfrac{1}{c_{\mathrm{m}}} = (1,52 \cdot 10^{-9}) \dfrac{\mathrm{m}}{\mathrm{N}}$

elektrische Kapazität $\qquad C_{\mathrm{el}} := \varepsilon_0 \cdot \varepsilon_{\mathrm{r}} \cdot \dfrac{A_{\mathrm{P}}}{h} = 265,626 \,\mathrm{pF}$

Piezomodul $\qquad e_{33} := \dfrac{d_{33}}{s_{33}} = 26,316 \,\dfrac{\mathrm{s} \cdot \mathrm{A}}{\mathrm{m}^2}$

Y-Parameter $\qquad Y_{11} := L_{11} \cdot \dfrac{A_{\mathrm{P}}}{h} = (6,579 \cdot 10^8) \dfrac{\mathrm{N}}{\mathrm{m}}$

$\qquad\qquad\qquad Y_{12} := L_{12} \cdot \dfrac{A_{\mathrm{P}}}{h} = 0,329 \,\dfrac{\mathrm{A} \cdot \mathrm{s}}{\mathrm{m}}$

$\qquad\qquad\qquad Y_{21} := Y_{12}$

$\qquad\qquad\qquad Y_{22} := L_{22} \cdot \dfrac{A_{\mathrm{P}}}{h} = 265,626 \,\mathrm{pF}$

3. Berechnungen der Auslenkung und Kräfte

elektrische Spannung $\qquad U_{\mathrm{el}} := 200 \cdot \mathrm{V}$

Aktuatorkraft $\qquad e_{33} \cdot \dfrac{A_{\mathrm{P}}}{h} \cdot U_{\mathrm{el}} = 65,789 \,\mathrm{N}$

elektrische Feldstärke $\qquad E_{\mathrm{el}} := \dfrac{U_{\mathrm{el}}}{h} = 100 \,\dfrac{\mathrm{V}}{\mathrm{mm}}$

Dehnung $\qquad \varepsilon_3 := d_{33} \cdot E_{\mathrm{el}} = 5 \cdot 10^{-5}$

Längenänderung $\qquad \Delta l := \varepsilon_3 \cdot h = 100 \,\mathrm{nm}$

F.15 Mechatronischer Wandler – Transformator

Übungsaufgabe 3.3 elektromechanischer Wandler (Gleichstrommotor)

Annahmen

Bei der Berechnung des Gleichstrommotors gelten die folgenden Voraussetzungen:
- konstante Motorparameter
- konstante Motorreibung

Analyse

Modelle
Induktionsgesetz und Lorentz-Kraft

Eingaben

**messtechnische Kenngrößen des Gleichstrommotors
elektrische Kenngrößen**

Gleichstromwiderstand des Ankers	$R_A := 0{,}4\,\Omega$
Ankerinduktivität	$L_A := 21\,\mu\text{H}$
Laststrom	$I_L := 770 \cdot \text{mA}$

mechanische Kenngrößen

Massenträgheitsmoment Anker	$J_A := 560 \cdot 10^{-9}\,\text{kg} \cdot \text{m}^2$
Massenträgheitsmoment Getriebe	$J_S := 24 \cdot 10^{-6} \cdot \text{kg} \cdot \text{m}^2$

1. Leerlaufversuch (kein Lastmoment)

Ankerspannung	$U_A := 6\,\text{V}$
Ankerstrom	$I_A := 150\,\text{mA}$
Leerlaufdrehzahl	$\omega_L := 930 \cdot \dfrac{1}{\text{s}}$
Lastmoment	$M_L := 0 \cdot \text{N} \cdot \text{m}$

2. Berechnungen der Koppelmatrix (H-Parameter)

Verluste $\qquad\qquad\qquad\qquad H_{11} := R_A$

Berechnungen der H-Parameter
$$U_A = H_{11} \cdot I_A + H_{12} \cdot \omega_L \qquad\qquad \text{(Gl. I)}$$
$$M_L = H_{21} \cdot I_A + H_{22} \cdot \omega_L \qquad\qquad \text{(Gl. II)}$$

Motorkonstante $\qquad\qquad H_{12} := \dfrac{U_A - H_{11} \cdot I_A}{\omega_L} = (6{,}387 \cdot 10^{-3})\,\text{V} \cdot \text{s}$

Reziprozität $\qquad\qquad\qquad H_{21} := -H_{12}$

Berechnung der inneren Reibung $\quad M_L = 0 = H_{21} \cdot I_A + H_{22} \cdot \omega_L$

$$H_{21} = \dfrac{H_{22} \cdot \omega_L}{I_A}$$

Reziprozität $\qquad\qquad -\dfrac{H_{22} \cdot \omega_L}{I_A} = -\dfrac{U_A - H_{11} \cdot I_A}{\omega_L}$

innere Reibung $\qquad\qquad\qquad H_{22} := \dfrac{I_A \cdot (U_A - I_A \cdot H_{11})}{\omega_L^2}$

Hybridparameter $\qquad\qquad H_{11} = 0,4\,\Omega \qquad\qquad\qquad H_{12} = (6,387 \cdot 10^{-3})\,\text{V}\cdot\text{s}$

$\qquad\qquad\qquad\qquad\qquad H_{21} = -6,387\cdot 10^{-3}\,\text{V}\cdot\text{s} \quad H_{22} = (1,03\cdot 10^{-6})\dfrac{\text{kg}\cdot\text{m}^2}{\text{s}}$

3. Berechnungen des Motormomentes

Gl. I Winkelgeschwindigkeit $\qquad \omega_L(I_A) = \dfrac{U_A - I_A \cdot H_{11}}{H_{12}}$

Gl. II Ankerstrom $\qquad\qquad\quad I_A(M_L) = \dfrac{M_L - H_{22}\cdot\omega_L}{H_{21}}$

Gl. I in Gl. II $\qquad\qquad\qquad I_A(M_L) = \dfrac{M_L - H_{22}\cdot\dfrac{U_A - I_A\cdot H_{11}}{H_{12}}}{H_{21}}$

Auflösen nach Motormoment $\quad M_L(I_A) := \dfrac{U_A\cdot H_{22} - I_A\cdot H_{11}\cdot H_{22} + I_A\cdot H_{12}\cdot H_{21}}{H_{12}}$

Motormoment $\qquad\qquad\qquad M_L(I_L) = -4\cdot 10^{-3}\,\text{N}\cdot\text{m}$

Literatur

[1] G. Falk; W. Ruppel. *Energie und Entropie. Eine Einführung in die Thermodynamik*, (Springer-Verlag Berlin Heidelberg New York, 1976).

[2] J. Grabow. Verallgemeinerte Netzwerke in der Mechatronik. (Oldenbourg Wissenschaftsverlag, 2013).

[3] G. Falk. Physik. *Zahl und Realität: Die begrifflichen und mathematischen Grundlagen einer universellen quantitativen Naturbeschreibung*, (Birkhäuser Verlag, Basel 1990).

[4] C. Strunk. *Moderne Thermodynamik: Von einfachen Systemen zu Nanostrukturen*, (De Gruyter Oldenbourg, 2015).

[5] L. O. Chua. *Memristor – The Missing Circuit Element*, (IEEE Transactions on Cicuit Theory, 1971).

[6] A. Sommerfeld. *Vorlesungen über theoretische Physik, Band V, Thermodynamik und Statistik.* (Leipzig, 1962).

[7] W. Mathis. *Theorie Nichtlinearer Netzwerke.* (Springer-Verlag, 1. Januar 1987).

[8] H. Göldner. *Lehrbuch Höhere Festigkeitslehre, Band 1.* (Fachbuchverlag Leipzig, 1991).

[9] H. Stephani; G. Kluge. *Grundlagen der theoretischen Mechanik.* (VEB Deutscher Verlag der Wissenschaften, Berlin 1975).

[10] R. Emden. *Why do we have Winter Heating?* (Nature 141, 908–909, 21. Mai 1938).

[11] E. Seidel. *Wirksamkeit von Konstruktionen zur Schwingungs- und Körperschalldämmung in Maschinen und Geräten.* (Schriftreihe der Bundesanstalt für Arbeitsschutz und Arbeitsmedizin Fb. 852, 1999).

[12] H. Cavendish. *Experiments to Determine the Density of the Earth. By Henry Cavendish.* (H Philosophical Transactions of the Royal Society of London (1776–1886). 1798-01-01. 88:469–526).

[13] O. E. Meyer. *Ueber die Reibung der Flüssigkeiten.* (Journal für die reine und angewandte Mathematik, 1861, Band 59, Heft 3, 229–303).

[14] O. E. Meyer. *Ein Verfahren zur Bestimmung der inneren Reibung von Flüssigkeiten.* (Annalen der Physik, 1891, Band 279, Heft 5, 1–14).

[15] W. Bohl. *Technische Strömungslehre*, (Vogel Verlag, 2002).

[16] H. L. Lüdecke; H.B. Horlacher. *Strömungsberechnung für Rohrsysteme.* 3. Auflage. (expert-Verlag, Ehningen bei Böblingen 2012).

[17] H. Sigloch. *Strömungsmaschinen: Grundlagen und Anwendungen.* 5. Auflage. (Carl Hanser Verlag GmbH & Co. KG 2013).

[18] B. Eck. *Ventilatoren – Entwurf und Betrieb der Schleuder- und Schraubengebläse.* 2. Auflage. (Springer-Verlag, 1952).

[19] C. H. Fritsche. *Lehrbuch der Bergbaukunde mit besonderer Berücksichtigung des Steinkohlenbergbaues* 9. Auflage. (Springer-Verlag, 1955).

[20] W. Bolton. *Bausteine mechatronischer Systeme*, (Pearson Studium 2004).

[21] E. Hering; H. Steinhart. *Taschenbuch der Mechatronik*, (Fachbuchverlag Leipzig 2005).

[22] L. Onsager. Reciprocal Relations in irreversible Processes. (I., Phys. Rev. Vol. 37, 1931).

[23] R. Haase. *Thermodynamik der irreversiblen Prozesse.* Fortschritte der physikalischen Chemie, (Dr. Dietrich Steinkopff Verlag, Darmstadt 1963).

https://doi.org/10.1515/9783110470857-010

Stichwortverzeichnis

https://doi.org/10.1515/9783110470857-011

www.ingramcontent.com/pod-product-compliance
Lightning Source LLC
Chambersburg PA
CBHW061403210326

41598CB00035B/6085